U0158679

C#程序设计案例教程

主　编　李　攀　孙晓叶
副主编　黄　猛　刘庆杰　陈新房　王金峰　王亚丽

清 华 大 学 出 版 社
北京交通大学出版社
·北京·

内 容 简 介

C#是一种由微软开发的通用的、安全的、面向对象的编程语言，它具有 Windows 应用程序开发、Web 应用开发，以及面向 Android、iOS 和 Windows 的混合应用、管理云应用、游戏开发、物联网嵌入式开发等功能。本书共有 10 章，主要包括 C#语言概述、C#语言基础、C#语言面向对象基础、异常处理与调试、Windows 窗体应用程序、文件操作、数据库开发、多线程技术、网络编程、图形图像等内容。通过本书的学习，可以让学生快速地掌握编程方法，进一步提高学生的实践应用能力。

本书可作为理工类各专业学生学习 C#语言的教材，也可作为编程爱好者的参考用书。

图书在版编目（CIP）数据

C#程序设计案例教程/李攀，孙晓叶主编．—北京：北京交通大学出版社：清华大学出版社，2022.11

ISBN 978-7-5121-4824-6

Ⅰ．①C…　Ⅱ．①李…　②孙…　Ⅲ．①C 语言-程序设计-教材　Ⅳ．①TP312.8

中国版本图书馆 CIP 数据核字（2022）第 203193 号

C#程序设计案例教程
C# CHENGXU SHEJI ANLI JIAOCHENG

责任编辑：韩素华
出版发行：清 华 大 学 出 版 社　邮编：100084　电话：010-62776969
　　　　　北京交通大学出版社　邮编：100044　电话：010-51686414
印 刷 者：北京鑫海金澳胶印有限公司
经　　销：全国新华书店
开　　本：185 mm×260 mm　印张：21.75　字数：557 千字
版 印 次：2022 年 11 月第 1 版　2022 年 11 月第 1 次印刷
印　　数：1~2 000 册　定价：68.00 元

本书如有质量问题，请向北京交通大学出版社质监组反映。对您的意见和批评，我们表示欢迎和感谢。
投诉电话：010－51686043，51686008；传真：010－62225406；E-mail：press@bjtu.edu.cn。

前　言

随着教育理念的发展，我国高等教育的教学模式也随之改变，从简单的“传道授业”向培养创新型、技能型人才转变。C#语言是高校理工科专业学生的一门专业课，在学科专业建设、人才培养中占有重要的地位和作用。作为普遍认可的程序设计工具，C#语言功能丰富、灵活性强，具有完全面向对象的特点，是一种面向对象的程序设计语言。

本书以注重实践教学，更好地提高学生的动手能力、编程能力为出发点，对传统教材内容进行重新组织，由易到难；为了解决学生“学什么”“为什么学”的困扰，本书通过知识点的提炼简化，循序渐进地引导学生思考学习，对培养和提高学生的编程实践能力有很好的效果。

本书全面系统地对C#语言的相关知识点进行了讲解，合理组织和划分知识单元，全书共有10章，包括C#语言概述、C#语言基础、C#语言面向对象基础、异常处理与调试、Windows窗体应用程序、文件操作、数据库开发、多线程技术、网络编程、图形图像等内容。每章开始有学习目标的提示，每章结尾附有多种类型的习题和实验内容指导。本书对理论进行了精简，基础理论以“实用、够用”为目的，淡化语法，使基础知识和理论体系删繁就简。本书通过具体实例引领知识点，重点内容多以案例说明，并尽可能选择趣味性较强的案例，以提高学生的学习兴趣。

本书可作为高等院校计算机类和非计算机类专业学生的教材和教学参考书，也可作为软件开发人员、编程爱好者的参考用书。

本书由李攀、孙晓叶主编，孙晓叶负责编写第1~2章、李攀负责编写第3~10章。黄猛、刘庆杰、陈新房和王金峰对本书的所有代码进行了测试。王亚丽对本书进行了初稿的校对。

由于编者水平有限，书中错误在所难免，敬请广大读者多提宝贵意见，编者邮箱：lipan@cidp.edu.cn。

本书由防灾科技学院教材建设项目资助。

编者

2022年10月

前言

目　　录

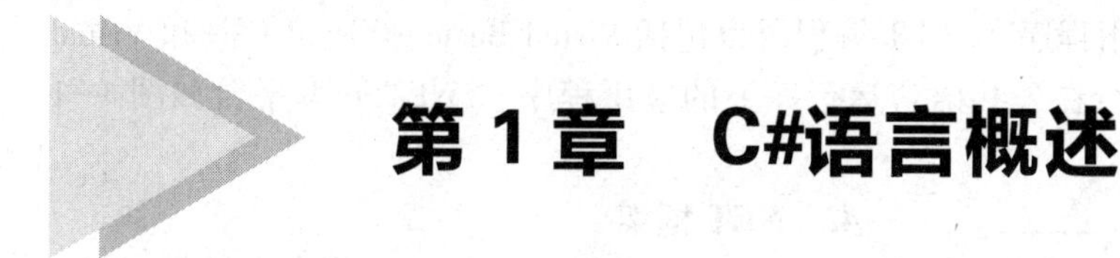

第1章　C#语言概述

本章学习目标

（1）.NET 概念及组成。
（2）Visual Studio 2022 集成开发环境。
（3）C#程序结构及特点。
（4）Visual Studio 2022 的安装。
（5）C#程序创建的一般方法。

1.1　.NET　简　介

1. .NET 战略的起因与发展

微软公司启动一个计划，开发一种独立于特定语言和平台的环境，在 2000 年 6 月正式推出了 .NET 战略。2002 年发布了 Microsoft Visual Studio. NET 软件包代替了原来的 Microsoft Visual Studio，该软件包的核心是 .NET Framework 1.0（简称 .NET 框架 1.0）。.NET 版本不断更新，较为流行的版本有 Microsoft Visual Studio 2008、Microsoft Visual Studio 2012、Microsoft Visual Studio 2015、Microsoft Visual Studio 2019，最新版 Microsoft Visual Studio 2022（简称 VS 2022）在北京时间 2021 年 11 月 9 日凌晨正式发布。

2. .NET 的定义

.NET 是一种用于构建多种应用的免费开源开发平台，可以使用多种语言，编辑器和库开发 Web 应用、Web API 和微服务、云中的无服务器函数、云原生应用、移动应用、桌面应用、Windows WPF、Windows 窗体、通用 Windows 平台（UWP）、游戏、物联网（IoT）、机器学习、控制台应用、Windows 服务。.NET 类库在不同应用和应用类型中共享功能，无论构建哪种类型的应用，代码和项目文件看起来都一样，可以访问每个应用的相同运行时、API 和语言功能。

.NET 战略是微软公司推出的一个全新概念，“它代表了一个集合、一个环境和一个可以作为平台支持下一代 Internet 的可编程结构”。.NET 的目的就是将互联网作为新一代操作系统的基础，对互联网的设计思想进行扩展。.NET 的最终目标就是让用户在任何地方、任何时间，利用任何设备都能访问所需的信息、文件和程序。

3. .NET 开发平台

.NET 开发平台包括 .NET 框架和 .NET 开发工具等组成部分。.NET 框架是整个开发平台的基础，包括公共语言运行库（common language runtime，CLR）和框架类库。.NET 开发工具包括 Visual Studio. NET 集成开发环境和 .NET 编程语言。Visual Studio. NET 集成开发环境用来开发和测试应用程序。.NET 编程语言包括 Visual Basic、Visual C++和 Visual C#等，这些语言用来创建运行在公共语言运行库上的应用程序。.NET 开发平台如图 1-1 所示。

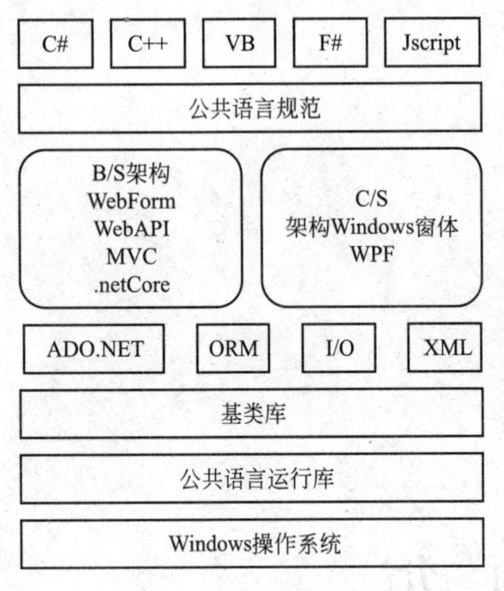

图 1-1 .NET 开发平台

4. .NET 框架

.NET 框架（.NET framework）是由微软开发，致力于敏捷软件开发（agile software development）、快速应用开发（rapid application development）、平台无关性和网络透明化的软件开发平台。.NET 是微软为下一个十年对服务器和桌面型软件工程迈出的第一步。.NET 包含许多有助于互联网和内部网应用迅捷开发的技术。

.NET 框架是一个多语言组件开发和执行环境，它提供了一个跨语言的统一编程环境。.NET 框架的目的是便于开发人员更容易地建立 Web 应用程序和 Web 服务，使得 Internet 上的各应用程序之间，可以使用 Web 服务进行沟通。从层次结构来看，.NET 框架又包括三个主要组成部分：公共语言运行库、服务框架（services framework）和上层的两类应用模板——传统的 Windows 应用程序模板（win forms）和基于 ASP.NET 的面向 Web 的网络应用程序模板（web forms 和 web services）。

5. Visual Studio 2022 新功能

Visual Studio 2022 已正式发布，是 Windows 上的 64 位应用程序，主要新增以下新功能。

（1）默认启用文件中的索引查找，将代码搜索时间缩短至 1 s 左右。

（2）引入自动保存文件的新功能，都会尝试保存 IDE 中的包括项目代码、解决方案及其他杂项文件。

（3）智能感知与智能编码。微软融入了大量的人工智能因素，系统可以根据用户前面代码的内容、关键字等因素，自动提示下面的编码内容，用户只需要按一下 Tab 键，一长串代码就自动填充在用户的方法中了。

（4）.NET 6.0。VS 2022 全面支持.NET 6.0，这个框架为网站应用、客户端应用和移动应用提供了统一的技术支持，同时支持 Windows 和 MacOS 平台；这个框架还支持.NET 多平台的界面开发（multi-platform APP UI，也称为.NET MAUI）。这个跨平台的开发利器，为开发人员编写基于多种平台的应用（Windows、Android、MacOS、iOS）提供便捷的途径。对于需求客户端程序的开发，如 Web 应用、桌面程序或移动应用，使用.NET Hot Reload，不需要重新启动程序，就可以将修改的代码应用到程序中，从而避免在调试修改过程中丢失状态。

（5）改良方案过滤器。方案过滤器可以筛选加载的项目，如可以选择加载单个项目，或者加载带有整个依赖关系树的项目。

（6）调试和诊断功能增强，安装和更新优化。

1.2　C#语言简介

1.2.1　C#语言背景

1995年，Sun公司正式推出面向对象的开发语言Java，并提出跨平台、跨语言的概念，之后，Java就逐渐成为企业级应用系统开发的首选工具。微软开发出基于Java语言的编译器Visual J++，并在很短的时间里由1.1版本升级到6.0版本，其中Visual J++ 6.0版集成在Visual Studio 6.0中。.NET计划是微软发展的战略核心，其内容非常庞大。它的技术开发平台是Visual Studio.NET，而C#作为Visual J++的替代语言也集成在该平台中。

C#（英文名为C Sharp）是微软开发的一种面向对象的编程语言。微软公司对C#的定义是："C#是一种类型安全的、现代的、简单的、由C和C++衍生出来的面向对象的编程语言，它是牢牢根植于C和C++语言之上的，并可立即被C和C++开发人员所熟悉。C#的目的就是综合Visual Basic的高生产率和C++的行动力。"提到C#不得不介绍其创始人Anders，他可谓是编程语言的奇才。他在开发C#语言之前曾开发了大家熟知的Delphi语言。微软在研发C#语言之初是高薪聘请了这位奇才来主持开发的。C#语言是一种安全的、稳定的、简单的、面向对象的编程语言，它不仅去掉了C++和Java语言中的一些复杂特性，还提供了可视化工具，能够高效地编写程序。

1.2.2　C#语言特点

（1）简单安全。在C++和C语言中程序员最头疼的问题就是指针问题，在C#语言中已经不再使用指针，而且不允许直接读取内存等不安全的操作。它比C、C++、Java提供了更多的数据类型，并且每个数据类型都是固定大小的。此外，C#还提供了命名空间来管理C#文件，命名空间相当于一个文件夹，在创建程序时，允许在一个命名空间中创建一个或多个类，方便调用和重用。

（2）面向对象。C#语言与其他面向对象语言一样，也具有面向对象语言的基本特征，即封装、继承、多态。封装：就是将代码看作一个整体，如使用类、方法、接口等。在使用定义好的类、方法、接口等对象时不必考虑其细节，只需要知道其对象名及所需要的参数即可，也是一种提升代码安全性的方法。继承：是一种体现代码重用性的特性，减少代码的冗余，但在C#语言中仅支持单继承。多态：不仅体现了代码的重用性，也体现了代码的灵活性，它主要通过继承和实现接口的方式，让类或接口中的成员表现出不同的作用。

（3）支持跨平台。最早的C#语言仅能在Windows平台上开发并使用，目前最新的C# 6.0版本已经能在多个操作系统上使用，如在Mac、Linux等操作系统上使用。此外，还能将其应用到手机、PDA等设备上。

（4）开发多种类型的程序。使用C#语言不仅能开发在控制台下运行的应用程序，也能开发Windows窗体应用程序、网站、手机应用等多种应用程序，并且其提供的Visual Studio 2019开发工具中也支持多种类型的程序，让开发人员能快速地构建C#应用程序。

1.2.3 C#与.NET的关系

.NET是一个开发平台，而C#是一种在.NET开发平台上使用的编程语言，目前能在.NET平台上使用的开发语言很多，如Visual Basic.NET、Python、J#、Visual C++.NET等。但在.NET平台上使用最多的是C#语言。.NET框架是一个多语言组件开发和执行环境，它提供了一个跨语言的统一编程环境。.NET框架的目的是便于开发人员容易地建立Web应用程序和Web服务，使得Internet上的各应用程序之间可以使用Web服务进行沟通。

1.2.4 面向对象程序设计基础

（1）类与对象。类是对象的模板，它定义了对象的特征和行为规则，对象是通过类产生的，类和对象都由唯一的名字进行标识，即类名和对象名。

（2）属性。属性是类或对象的一种成分，它反映类创建的对象的特征，如对象的名称、大小、标题等。

（3）方法与事件。对象功能就是方法，能够响应的刺激就是事件。

（4）事件驱动的程序设计。面向对象的程序设计语言的基本编程模式是事件驱动。程序的执行是由事件驱动的，一旦程序启动后就根据发生的事件执行相应的程序代码（事件过程），如果无事件发生，程序就空闲着，等待事件的发生，此时用户也可以启动其他的应用程序。在这种程序设计模式下，程序员只需考虑发生了某事件时，系统该做什么，从而编制出相应的事件过程代码。图1-2为面向对象编程过程。

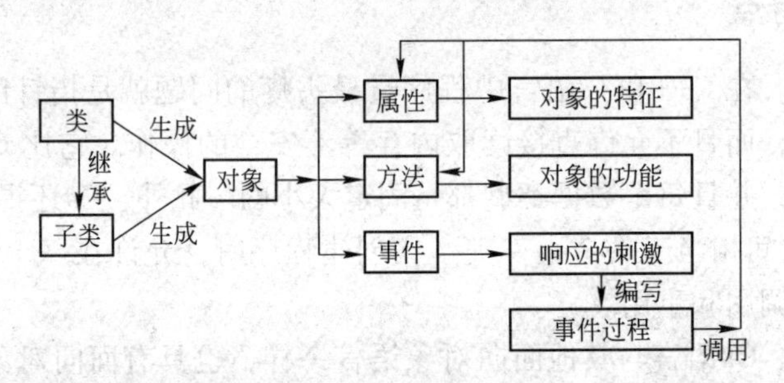

图1-2 面向对象编程过程

（5）可视化程序设计的一般步骤。首先利用系统给定的可视化类设计出程序运行界面，然后设计窗口和可视化工具的属性，最后编写事件过程代码。

1.3 C#安装与使用

1.3.1 Visual Studio 2022的安装

在使用C#语言进行应用程序开发之前，首先需要安装Visual Studio 2022，官网地址为：https：//visualstudio. microsoft. com/zh-hans/downloads/，进行下载，下载页面如图1-3

所示，其中社区版免费使用，Professional 和企业版都需要输入密钥。

图 1-3　下载页面

安装步骤如下。

（1）检查安装环境。在开始安装 Visual Studio 前，查看系统要求。应用最新的 Windows 更新，可确保计算机包含最新的安全更新程序和 Visual Studio 所需的系统组件。重新启动，可确保挂起的任何安装或更新都不会影响 Visual Studio 安装。释放空间，通过运行磁盘清理应用程序等方式，从%SystemDrive%删除不需要的文件和应用程序。

（2）下载 Visual Studio 2022。下载 Visual Studio 2022 安装程序文件 VisualStudioSet-up. exe。

（3）运行 Visual Studio 2022 安装程序。双击 VisualStudioSetup. exe 文件，安装 Visual Studio 2022 Community（社区版），将出现如图 1-4 所示界面，要求确认 Microsoft 软件许可条款和 Microsoft 隐私声明，单击“继续”按钮。

图 1-4　安装条款阅读页面

（4）选择工作负荷。安装该安装程序后，可以通过选择所需的功能集或工作负荷来使用该程序自定义安装。操作方法如图 1-5 所示，在“Visual Studio 安装程序”中找到所需的工作负荷。

例如，选择“ASP. NET 和 Web 开发”工作负荷。它附带默认核心编辑器，该编辑器针对超过 20 种语言提供基本代码编辑支持，能够打开和编辑任意文件夹中的代码（而无

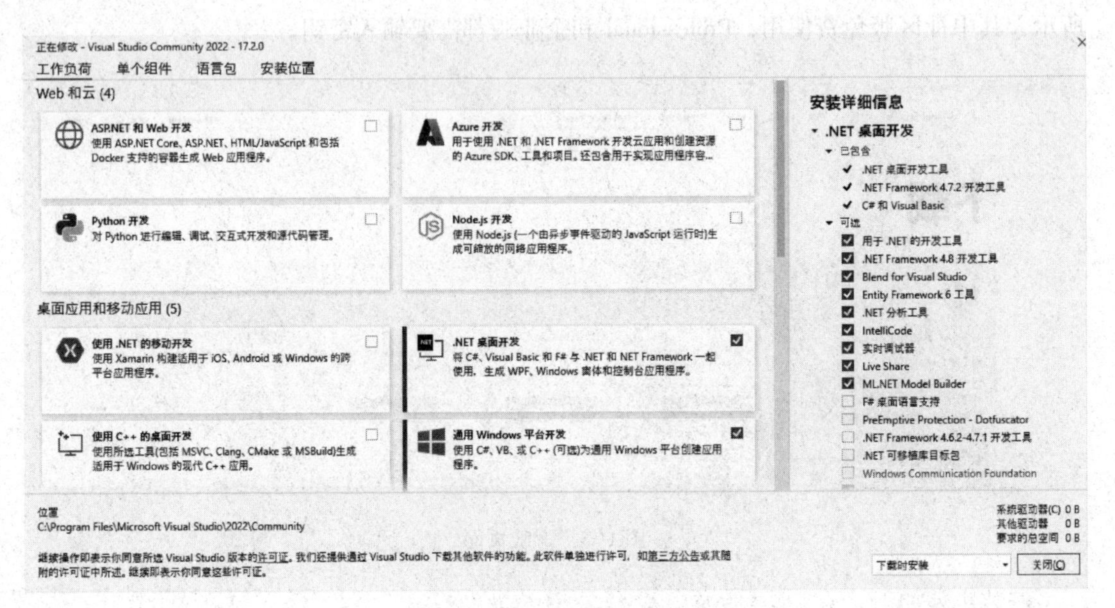

图 1-5　安装负荷选择

须使用项目)，还提供集成的源代码管理。选择所需的工作负荷后，单击“安装”按钮。接下来，会出现多个显示 Visual Studio 安装进度的状态屏幕。图 1-6 为安装提示。

提示

在安装之后，可以随时安装最初未安装的工作负荷或组件。如果已打开 Visual Studio，请转到“工具” > “获取工具和功能...”，这会打开 Visual Studio 安装程序。或者，从“开始”菜单打开“Visual Studio 安装程序”。在此处可以选择要安装的工作负荷或组件。然后，选择“修改”。

图 1-6　安装提示

（5）选择各个组件（可选）。如果不想使用工作负荷功能来自定义 Visual Studio 安装，或者想要添加比工作负载安装更多的组件，可通过从“各个组件”选项卡上安装或添加各个组件来完成此操作。选择所需组件，然后按照提示进行操作，如图 1-7 所示。

（6）安装语言包（可选）。默认情况下，安装程序首次运行时会尝试匹配操作系统语言。若要以所选语言安装 Visual Studio，请从 Visual Studio 安装程序中选择“语言包”选项卡，然后按照提示进行操作，如图 1-8 所示。

（7）选择安装位置（可选）。为减少系统驱动器上 Visual Studio 的安装占用，可以选择将下载缓存、共享组件、SDK 和工具移动到不同驱动器，并将 Visual Studio 安装在其运行速度最快的驱动器上，如图 1-9 所示。只有首次安装才可选择其他驱动器。

（8）安装完成。

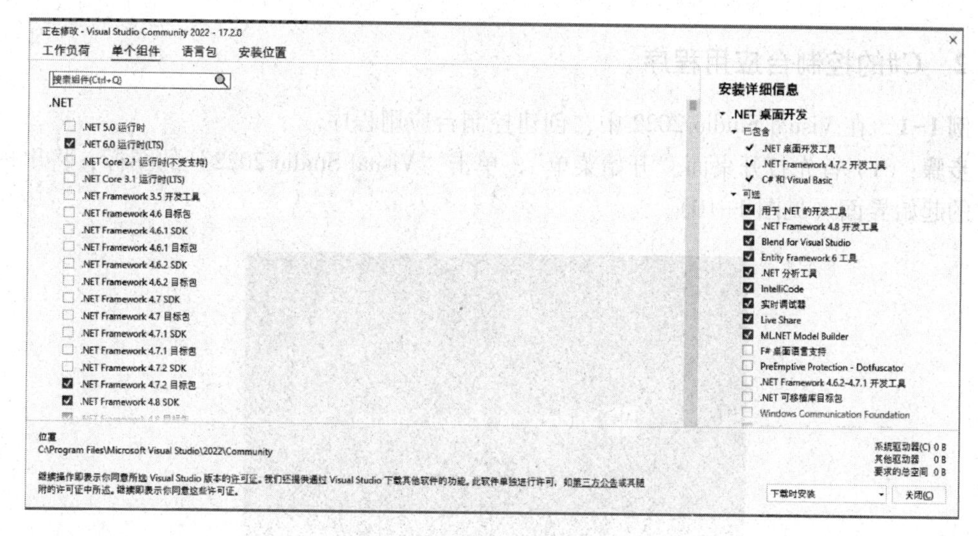

图 1-7　组件选择

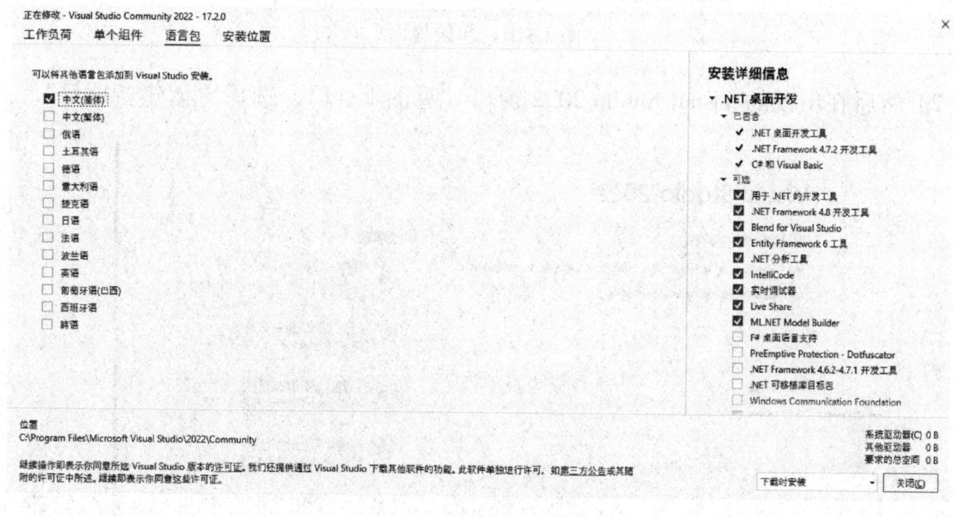

图 1-8　安装语言选择

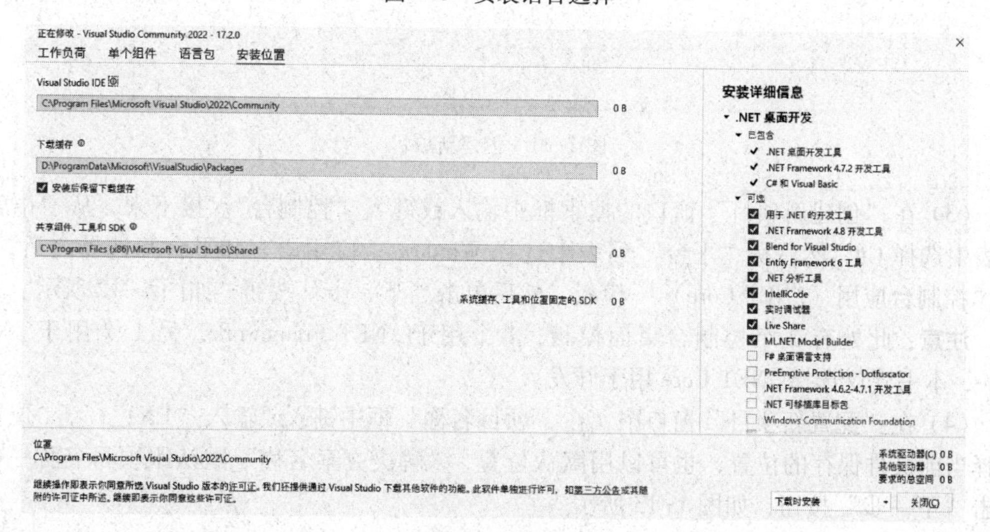

图 1-9　安装位置

1.3.2 C#的控制台应用程序

例 1-1 在 Visual Studio 2022 中，创建控制台应用程序。

步骤: (1) 首先打开桌面“开始菜单”，单击“Visual Studio 2022”的图标，将出现该软件的起始界面（见图 1-10）。

图 1-10 起始界面

（2）然后在出现的 Visual Studio 2022 窗口（见图 1-11），选择“创建新项目”。

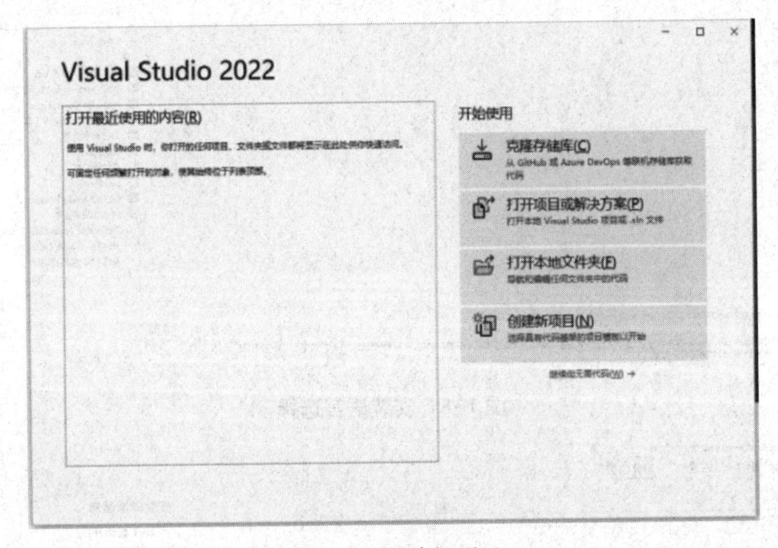

图 1-11 创建新项目

（3）在“创建新项目”窗口的搜索框中输入或键入“控制台”。接下来，从“语言”列表中选择 C#，然后从“平台”列表中选择 Windows。应用语言和平台筛选器之后，选择“控制台应用（. NET Core）”模板，然后单击“下一步”按钮，如图 1-12 所示。

注意: 此处有 2 个控制台桌面模板，1 个用于 . NET Framework，另 1 个用于 . NET Core，本书建议选择 . NET Core 用于开发。

（4）在“配置新项目”窗口中，在“项目名称”框中键入或输入“EX1_1”，“位置”选择当前文件保存的位置，也可以用默认位置，“解决方案名称”默认跟项目名称一样，单击“下一步”按钮，如图 1-13 所示。

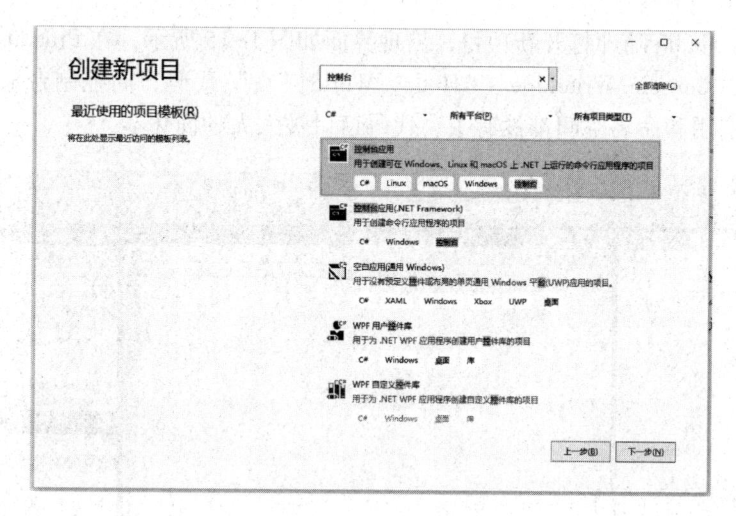

图 1-12　控制台模板

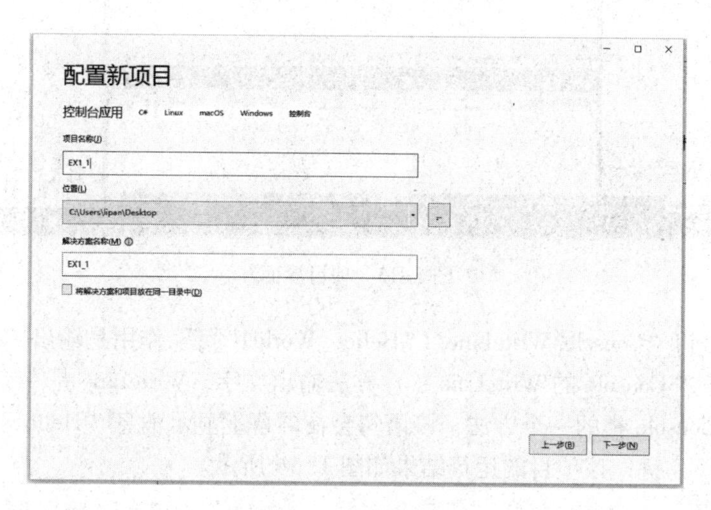

图 1-13　项目名称

（5）在“其他信息”窗口，直接选择“创建”进行项目的新建，如图 1-14 所示。

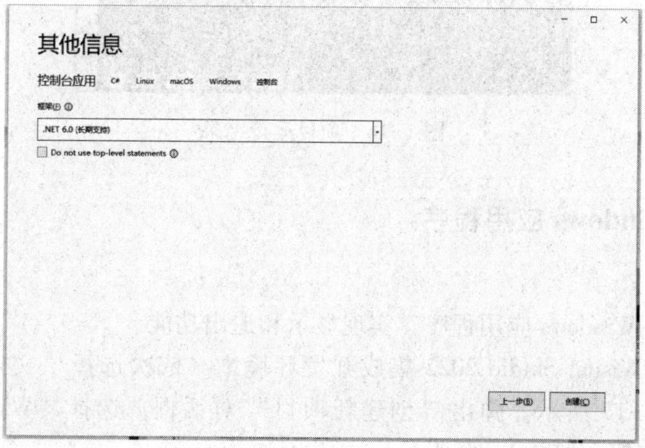

图 1-14　项目创建

(6) Visual Studio 随即打开新项目，出现界面如图 1-15 所示，在 Program. cs 文件中包含默认的 1 行“Console. WriteLine ("Hello, World!");”代码，向控制台输出一行文字，以往版本中的引用和命名空间都没有了，代码窗口被大大的简化。

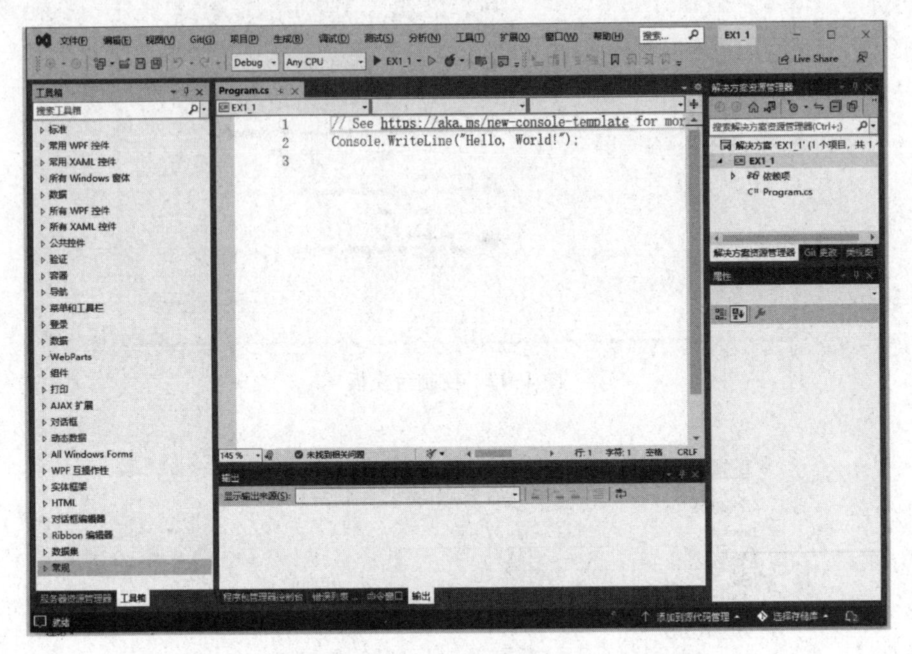

图 1-15 项目界面

程序中的语句“Console. WriteLine ("Hello, World!");”作用是输出“Hello, World!”信息。该语句通过 Console 的 WriteLine ( ) 方法输出文字，WriteLine 是一个定义在 System 命名空间中的 Console 类的一个方法，该语句会在屏幕上显示消息“Hello, World!”。

(7) 按“F5”键，该项目的运行结果如图 1-16 所示。

图 1-16 项目运行结果

1.3.3 C#的 Windows 应用程序

1. 案例

例 1-2 新建 Windows 应用程序，实现显示和退出功能。

步骤：(1) 在 Visual Studio 2022 集成开发环境中，依次选择“文件”|“新建”|“项目”菜单，如图 1-17 所示。弹出“创建新项目”对话框，选择“Windows 窗体应用”，单击“下一步”按钮，如图 1-18 所示。

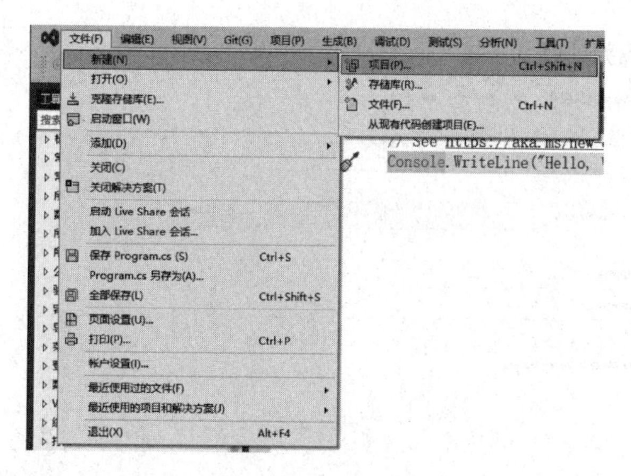

图 1-17　新建项目

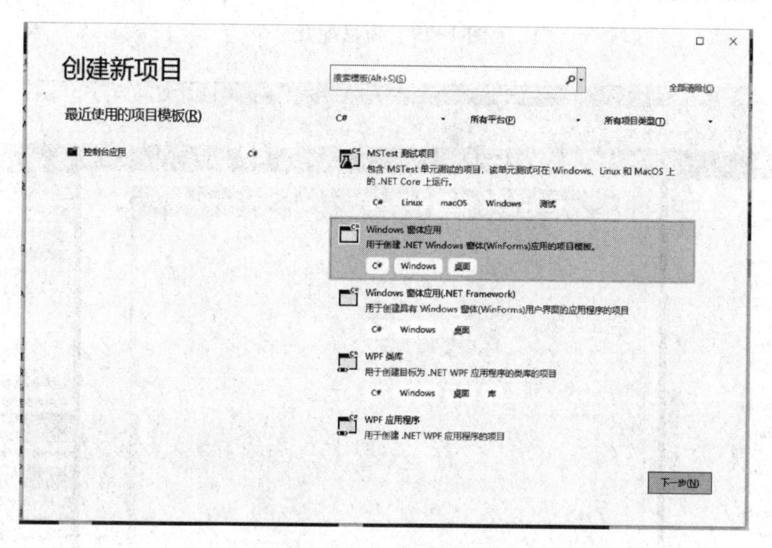

图 1-18　创建新项目

(2) 在“配置新项目”窗口，输入项目的名称，选择保存路径，然后单击“下一步”按钮，再单击“创建”按钮，即可创建 1 个 Windows 窗体应用程序，如图 1-19 所示。

(3) 打开的窗口为 Visual Studio 2022 集成开发环境，如图 1-20 所示。

2. Visual Studio 2022 集成开发环境介绍

Visual Studio 是微软公司的开发工具包系列产品。VS 是一个基本完整的开发工具集，它包括了整个软件生命周期中所需要的大部分工具，如 UML 工具、代码管控工具、集成开发环境（IDE）等。所写的目标代码适用于微软支持的所有平台，包括 Microsoft Windows、Windows Mobile、Windows CE、.NET Framework、.NET Compact Framework 和 Microsoft Silverlight 及 Windows Phone。

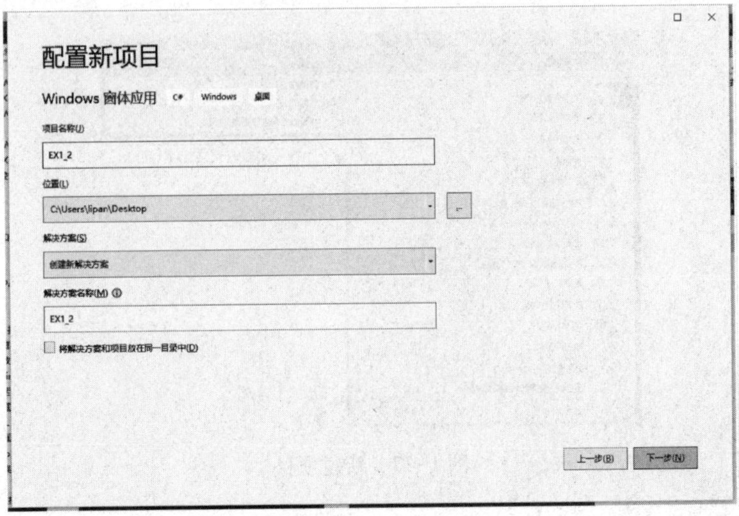

图 1-19　项目配置

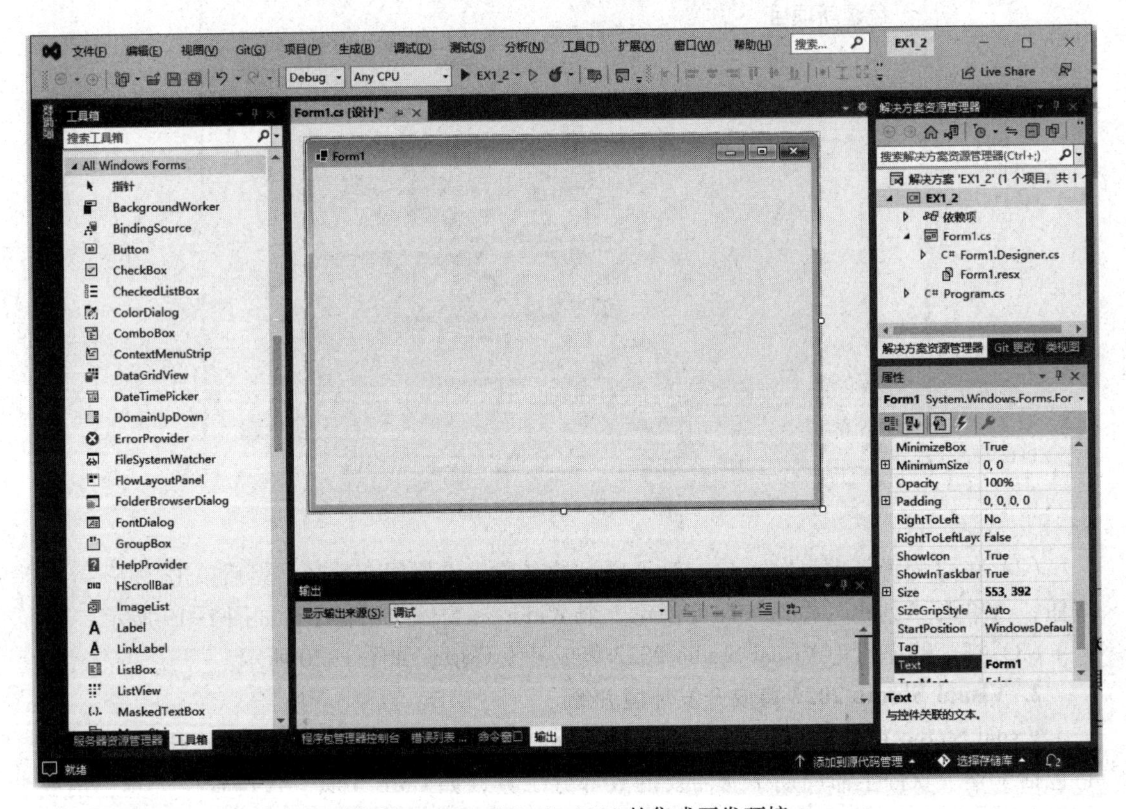

图 1-20　Visual Studio 2022 的集成开发环境

1）“决方案资源管理器” 窗口

项目可以视为编译后的一个可执行单元，可以是应用程序、动态链接库等，而企业级的解决方案往往需要多个可执行程序的合作，为便于管理，在 Visual Studio. NET 集成环境中引入了解决方案资源管理器，如图 1-21 所示。如果没有出现“解决方案资源管理器”窗口，可以通过“视图”|“解决方案资源管理器” 命令来显示。

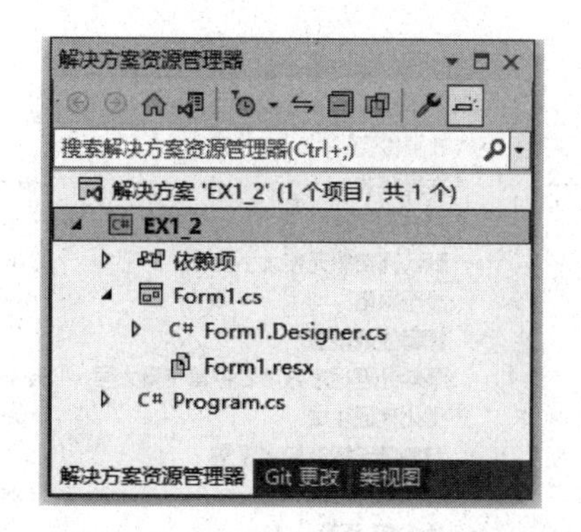

图 1-21　解决方案资源管理器

2)“工具箱”窗口

Visual Studio 2022 的“工具箱”功能强大，里面含有各类控件，如图 1-22 所示。“工具箱”控件种类众多，展开“常规”控件，显示如 Button、Text、Lable、CheckBox 等命令。如果集成环境里面没有“工具箱”，可以通过“视图”|“工具箱”命令来实现。

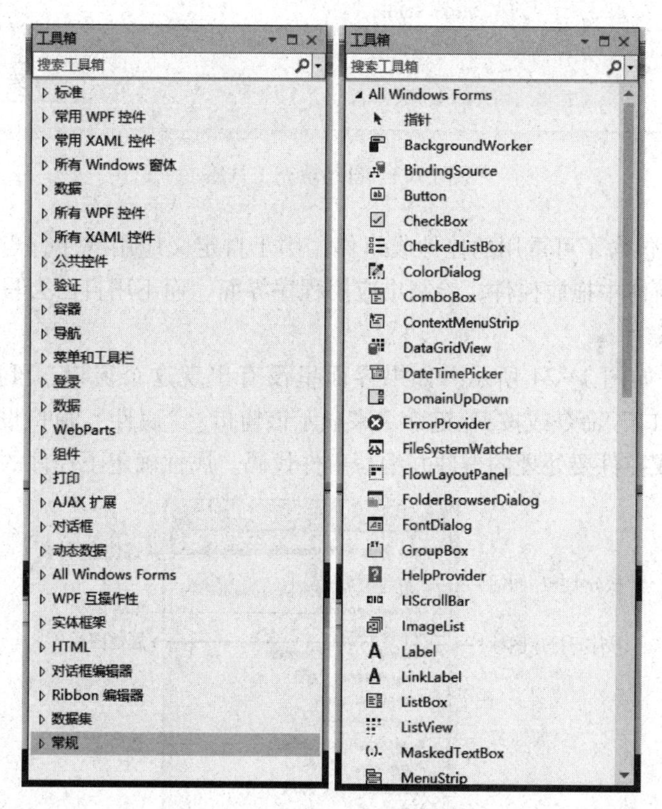

图 1-22　工具箱

Visual Studio 2022 里面还可以添加新工具，通过选择工具|选项|Windows 窗体设计器|常规|工具箱|自动填充工具箱|True 来添加，如图 1-23 所示。

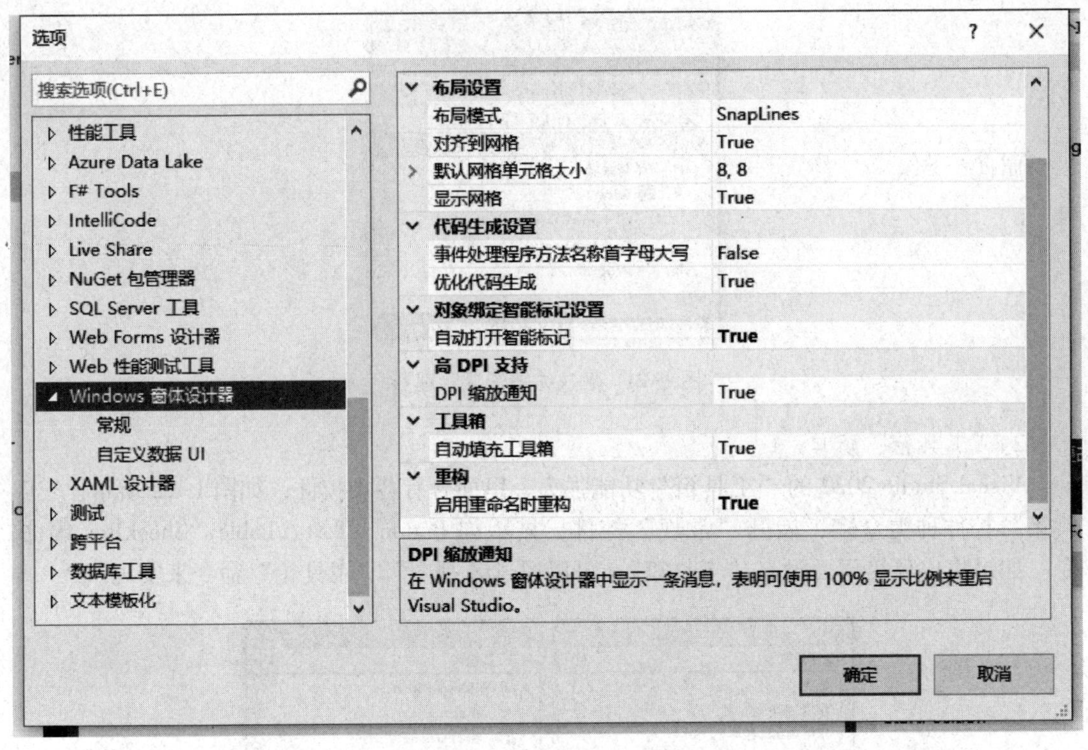

图 1-23　自动填充工具箱

“工具箱”中包含了可重用的控件或组件，用于自定义应用程序，当使用可视化的方法编程时，可在窗体中拖放控件，绘制出应用程序界面，而不用自己去写代码。

3）“属性”窗口

“属性”窗口如图 1-24 所示。如果界面里没有出现这个窗口，可以通过选择菜单“视图”|“属性窗口”命令或按 F4 键命令来显示该窗口。“属性”窗口设置窗体或控件的属性，选择窗体或控件要处理的事件并编写事件代码。属性确定了控件的基本信息，如字

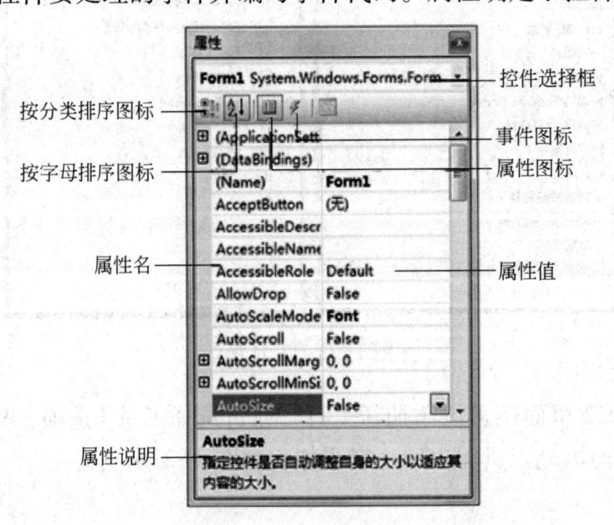

图 1-24　属性窗口

体、大小、边框、数据等，每个控件都有自己的属性。事件与具体的对象相关，由系统或用户激发，事件一旦激发将执行相应的事件代码。

当"属性"窗口中的"属性"图标处于被按下状态时，左边一栏显示选中对象（窗体或控件）的属性名，右边一栏显示属性的当前值，如图 1-24 所示。当"属性"窗口中"事件"图标处于被按下状态时，左边一栏显示选中窗体或控件的事件名，右边一栏显示事件过程名，如图 1-25 所示。属性分别有"按字母排序图标"和"按分类排序图标"两种排序。其中"按分类排序图标"是指属性名或事件名按照分类顺序排列，是默认方式，"按字母排序图标"是属性名或事件名按照字母顺序排列。

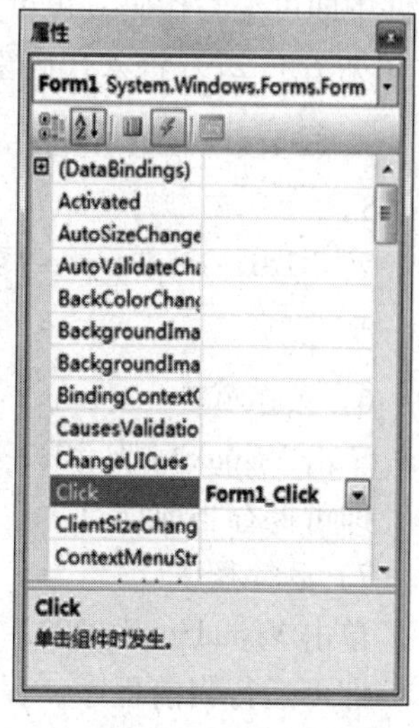

图 1-25　属性事件

在"属性"窗口顶部是一个下拉列表，被称为控件或组件选择框，是一个列表框。列表框显示当前正在修改的控件或组件，可以使用该列表框来选择一个控件或组件进行修改。例如，窗体上有几个 Button 按钮，可以通过它选择指定按钮的 Text 属性来进行修改。"属性"窗口的底部有 1 个小窗口，可以显示选中属性或事件的说明，也就是属性的作用和事件发生的时机。

4）界面设计

创建完项目后，在 VisualStudio 2022 开发环境中会有 1 个默认的窗体，可以通过工具箱向其中添加各种控件来设计窗体界面。具体步骤是：用鼠标按住工具箱中要添加的控件，然后将其拖放到窗体中的指定位置即可。本实例分别向窗体中添加 1 个 Label 控件和 1 个 Button 控件，设置窗体和控件的属性（见表 1-1），界面设计效果如图 1-26 所示。

表 1-1　例 1-2 的对象设置属性值

名称	属性	设置值
Form1	Text	C#窗口
Label1	Text	" "
	Font	四号
Button1	Text	显示

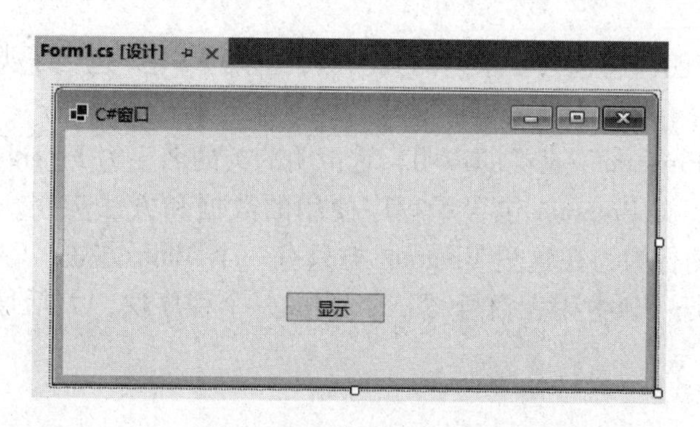

图 1-26　界面设计效果

5）编写程序代码

双击 Button 控件，即可进入代码编辑器，并自动触发 Button 控件的 Click 事件，在该事件中即可编写代码，也可以选中 Button，在属性窗口单击事件按钮，然后双击 Click 事件（见图 1-27）进入代码窗口，Button 控件的默认代码如下：

```
private void button1_Click(object sender,EventArgs e)
{
    label1.Text="欢迎进入 Visual C#2022 编程世界!";
}
```

6）保存项目

单击 VisualStudio 2022 开发环境工具栏中的按钮，或者选择“文件”|“全部保存”菜单，即可保存当前项目。

7）运行程序

单击 VisualStudio 2022 开发环境工具栏中的按钮，或者选择“调试”|“开始调试”菜单，即可运行当前程序，程序效果如图 1-28 所示。

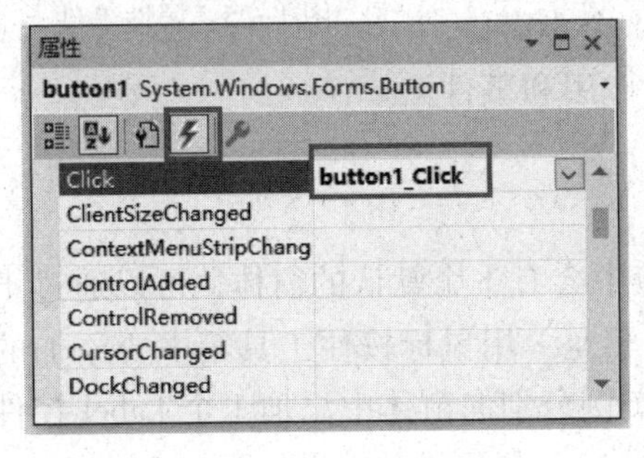

图 1-27　button1 事件

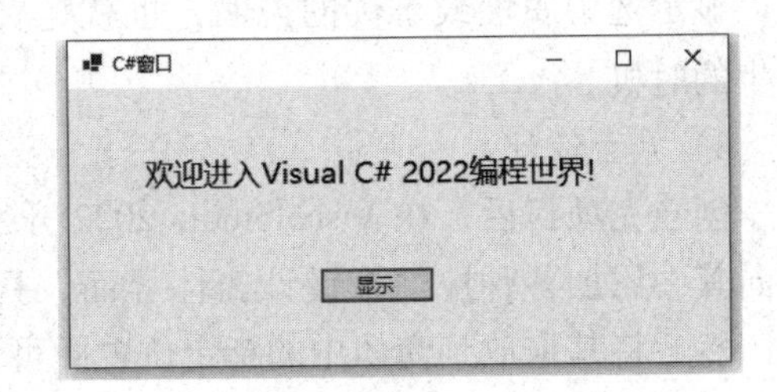

图 1-28　程序效果

1.4　C#程序代码

结合例 1-2 中出现的代码，下面进行 C#语言的简单语法介绍，在 Windows 应用程序项目中，默认有 1 个 Program. cs 代码文件，自动生成代码如图 1-29 所示。

1. 命名空间

用 namespace 声明，它包含一系列的类。命名空间 EX1_2 包含了类 Program。

2. 类

程序的“class Program”是类的声明，它声明的类的名字为 Program，程序的功能就是依靠该类来完成的。类 Program 包含了程序使用的数据和方法声明，类一般包含多个方法，方法定义了类的行为，在这里 Program 类只有一个 Main 方法。C#要求程序中的每个元素都要属于一个类。C#中用大括号“{}”构成一个程序块，大括号应成对出现，可以嵌套。

```
Program.cs  ⊕ ×
EX1_2                          EX1_2.Program                    Main()
1   namespace EX1_2
2   {
3       internal static class Program
4       {
5           /// <summary>
6           ///  The main entry point for the application.
7           /// </summary>
8           [STAThread]
9           static void Main()
10          {
11              // To customize application configuration such as set high DPI settings or default font,
12              // see https://aka.ms/applicationconfiguration.
13              ApplicationConfiguration.Initialize();
14              Application.Run(new Form1());
15          }
16      }
17  }
```

图 1-29　控制台程序代码

3. 类的方法

程序中的语句"public static void Main（string [ ] args）"为 Program 类声明了一个方法。程序的执行总是从 Main( ) 方法开始的，是 C#程序的入口点。一个程序中不允许出现两个或两个以上的 Main( ) 方法，而且 C#中 Main( ) 方法必须被包含在一个类中。

4. 注释

(1) 使用"//"。"//"符号后面的内容就是注释的内容（单行）。

(2) 使用"/ * * /"符号对。"/ * * /"符号对之间的内容都是注释内容（单行或多行）。

5. 语句书写规则

(1) C#程序对大小写是区分的。

(2) C#的每条语句都必须是分号"；"结尾。

(3) 可以在一行上写多条 C#的语句，也可以把一条 C#语句写在多行上。

(4) 程序的执行从 Main 方法开始。

(5) 与 Java 不同的是，文件名可以不同于类的名称。

6. using 关键字

代码窗口中可以在一开始添加语句"using System;"using 关键字用于在程序中包含 System 命名空间。一个程序一般有多个 using 语句。它的作用是导入命名空间，该语句类似于 C 和 C++中的#include 命令。导入命名空间之后，就可以自由地使用其中的元素。

7. 整体排版

单击 F7 键可直接从窗体设计进入窗体的代码窗口，删去最后一个大括号，然后再次输入一个大括号"}"，可以自动对代码进行整体排版。

8. 删除自动生成控件代码

在窗体 Form1 上删除控件，有时需要在 Form1. Designer. cs 代码中同步删除自动生成控件代码，否则程序报错。

习　题　1

1. 单选题

(1) C#程序设计语言属于什么类型的编程语言？(　　)

A. 汇编语言　　B. 机器语言　　C. 高级语言　　D. 自然语言

(2) 在 Visusl Studio 2022 开发环境中，在代码编辑器内输入对象的名称后将自动显示出对应的属性、方法、时间列表，以方便选择和避免书写错误，这种技术被称为（　　）。

A. 自动访问　　B. 动态帮助　　C. 协助编码　　D. 智能感知

(3) 打开 Visusl Studio 2022，出现主界面窗口，(　　) 窗口显示了当前 Visual Studio 解决方案的树型结构。

A. 类视图　　B. 解决方案资源管理器

C. 资源视图　　D. 属性

2. 填空题

(1) C#程序的入口是____________方法。

(2) 在 C#中，进行注释有两种方法：使用“//”和使用“/* */”符号对，其中__________只能进行单行注释。

(3) C#程序的基本单位是____________。

3. 判断题

(1) C#是一种安全的、稳定的、简单的、优雅的，面向对象的编程语言。(　　)

(2) C#不是由 C 和 C++衍生出来的面向对象的编程语言。(　　)

(3) C#源程序文件一般用 .cs 作为扩展名。(　　)

(4) C#是大小写不敏感的语言。(　　)

实　验　1

1. 实验目的与要求

(1) 熟悉 Visual Studio 2022 集成开发环境（IDE）。

(2) 熟练掌握 C#程序语言的编辑、编译和运行过程。

(3) 掌握创建、编译和执行一个简单的 C#程序。

2. 实验内容与步骤

实验 1-1　用 C#语言编写控制台应用程序，显示一行字符：“Hello，这是我的第一个 C#程序”。

步骤：

(1) 打开记事本，编写以下代码：

```
using System;
class HelloWorld
{
    public static void Main()
```

```
        {
            Console.WriteLine("Hello,这是我的第一个 C#程序");
        }
    }
```

（2）在 D 盘保存文件为 HelloWorld. cs，保存类型选择“所有文件”。然后打开“开始”菜单（见图 1-30），进行选择：开始｜Visual Studio 2022｜Developer Command Prompt for VS 2022，打开命令提示窗口。在命令提示窗口输入命令：CSC/?，然后单击回车键，显示出编译器的各种相关命令参数，如图 1-31 所示。

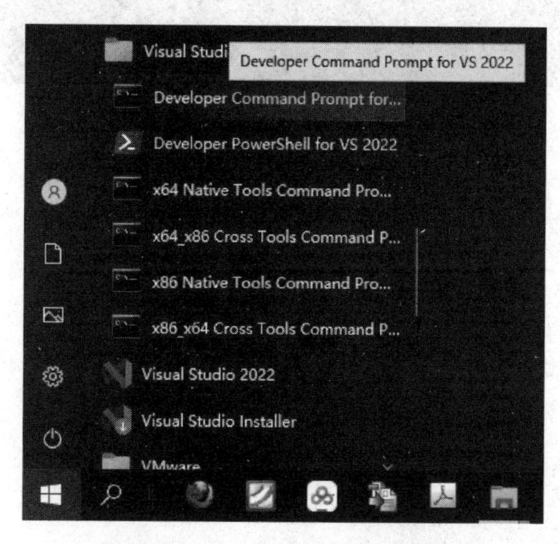

图 1-30　“开始”菜单选择

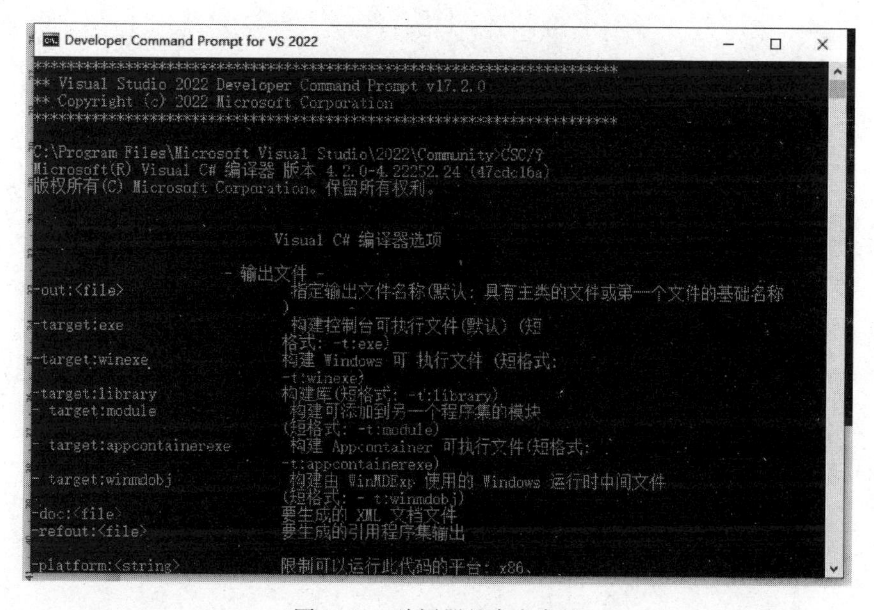

图 1-31　编译器的命令参数

（3）输入 CSC D:\HelloWorld. cs 命令，单击回车键，如果程序没有出错，然后再输入文件名 HelloWorld，单击回车键，输出字符串如图 1-32 所示。

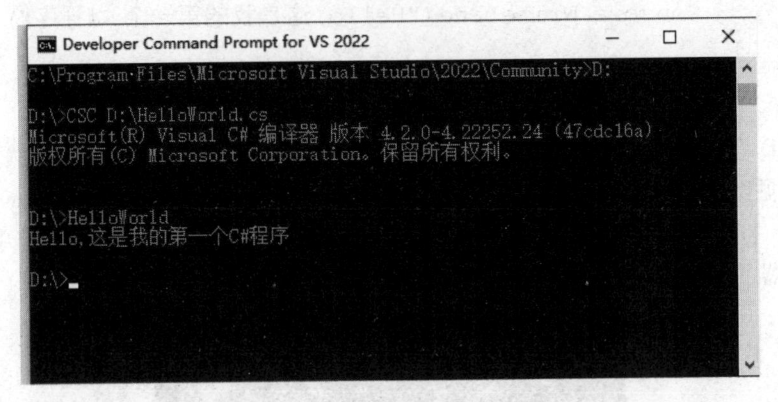

图 1-32　Hello World 运行结果

实验 1-2　用 C#语言编写 Windows 应用程序，在窗体界面上显示一行字符："你好"

```
using System;
using System.Windows.Forms;
namespace WinFormsApp1
{
    public partial class Form1 : Form
    {
        TextBox txtTest;
        public Form1()
        {
            InitializeComponent();
            Form myfrm = new Form();
            txtTest = new TextBox();
            txtTest.Size = new System.Drawing.Size(100, 20);
            txtTest.Location = new System.Drawing.Point(20, 20);
            Button btnOk = new Button();
            btnOk.Size = new System.Drawing.Size(80, 25);
            btnOk.Location = new System.Drawing.Point(140, 20);
            btnOk.Text = "Click Me";
            btnOk.Click += new System.EventHandler(btnClick);
            this.Controls.Add(txtTest);
            this.Controls.Add(btnOk);
        }
        void btnClick(object sender, System.EventArgs e)
        {
            string userInput;
```

```
            userInput = txtTest.Text;
            MessageBox.Show(userInput);
        }
    }
}
```

运行结果如图 1-33 所示。

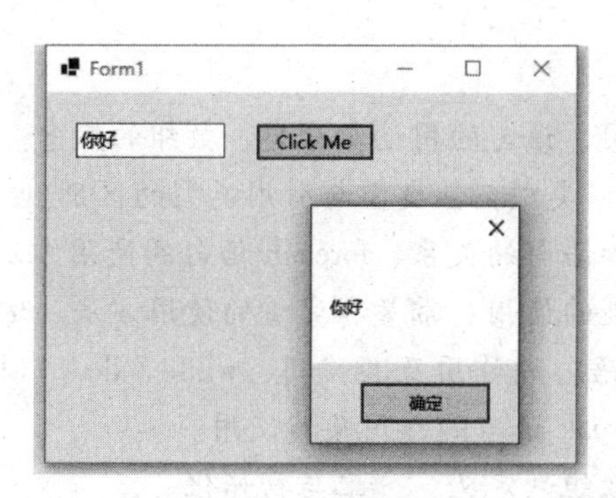

图 1-33　运行结果

实验 1-3　编写一个应用程序，输入一个圆的半径，打印该圆的直径、周长和面积，使用下面的公式：R 为半径，直径等于 $2R$，周长等于 $2\pi R$，面积等于 πR^2。

实验 1-4　编写 1 个应用程序，输入 1 个五位数，把这 5 个数分成单独的阿拉伯数字，并且把这 5 个数字用 4 个空格彼此分开逆序输出，例如，用户输入 31245，则输出 5 4 2 1 3。

第 2 章　C#语言基础

本章学习目标

（1）了解标识符的使用、语句的用途与分类、数组的概念。

（2）理解 C#语言的数据类型，值类型与引用类型的区别。

（3）理解程序的结构和语句的关系、foreach 语句的使用方法。

（4）掌握简单数据类型的使用、常量和变量的使用方法、运算符与表达式。

（5）掌握 if 和 switch 语句的作用及其使用，while、do...while 和 for 等循环语句的作用及其使用，continue 和 break 语句的作用及其使用。

（6）掌握一维和二维数组的定义、分配与初始化。

2.1　数 据 类 型

任何一个完整的程序都可以看成是一些数据和作用于这些数据上的操作的说明。每一种高级语言都为开发人员提供一组数据类型，不同的语言提供的数据类型不尽相同。数据作为计算机程序处理的对象，是程序设计必不可少的构成部分。而与数据密切相关的就是类型、生存期、作用域等重要属性，下面主要讲解其中之一——数据类型，首先从总体上认识 C#语言的数据类型及设置类型的目的。

在人们的日常生活中存在着各种各样的数据，可以把每一种数据根据它们的特点进行归类，划分成很多种类，从而成为不同的数据类型。如整数、小数……

C#也一样。只要程序运行就离不开数据的运算，所以每一种数据也一定要有分类。在 C#中对于数据类型的分类比较严格，从而 C#也可以叫作强类型语言。

对于程序中的每一个用于保存信息的量，使用时都必须声明它的数据类型，以便编译器为它分配内存空间。C#中数据类型也叫变量类型，总的来说可分为三大类：值类型（value types）、引用类型（reference types）、指针类型（pointer types）。

2.1.1　C#数据类型

C#提供了丰富的数据类型，如图 2-1 所示。

（1）值类型又称为数值类型，包含简单类型（simple types）、枚举类型（enum types）和结构类型（struct types）3 种。

（2）引用类型包含类类型（class types）、数组类型（array types）、接口类型（interface types）和委托类型（delegate types）等。

（3）指针类型变量存储另一种类型的内存地址。C#中的指针与 C 或 C++中的指针有相

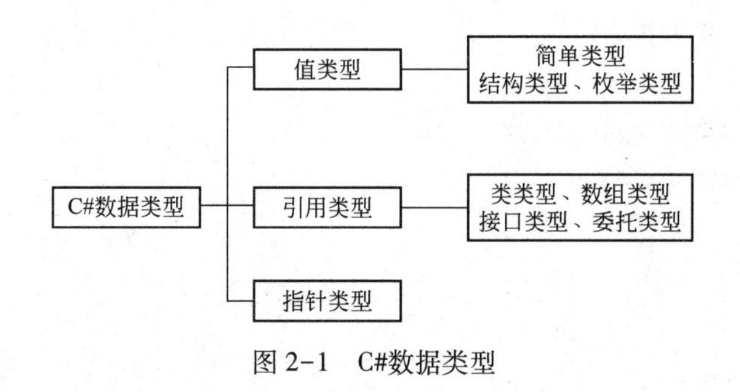

图 2-1　C#数据类型

同的功能。但在 C#中，基本上不再使用指针，只有在“不安全代码”（unsafe code）中才可以直接使用指针。

除了 C#提供的类型外，C#还能够在自身已有数据类型的基础上创建新的数据类型。在计算机中，数据都是存放在存储器中的，每个数据在内存中会占用一定的存储空间，其单位为字节。数据所占用的内存字节数就称为该数据的数据长度。我们知道，内存资源是非常宝贵的，为了充分利用内存有限的空间，系统应根据数据长度的不同为其分配大小不同的存储空间。那么系统该如何预知为数据分配多少字节呢？这就需要约定数据的类型，用户可以根据需要选择数据类型，系统则可据此为其分配存储空间。因此，C#规定，在使用一个数据之前，必须对数据的类型进行定义，以便为其分配相应字节的内存。了解了C#对于数据类型的约定，数据又该以怎样的形式出现在 C#程序中呢？

2.1.2　数据表现形式

在计算机高级语言中，数据有两种表现形式：常量和变量。

1. 常量

常量是固定值，程序执行期间不会改变，是使用 const 关键字来定义的。常量可以是任何基本数据类型，如整数常量、浮点常量、字符常量或字符串常量，还有枚举常量。常量可以被当作常规的变量，只是它们的值在定义后不能被修改。在 C#语言中，常量的数据类型有多种，分别是：sbyte、byte、short、ushort、int、uint、long、ulong、char、float、double、decimal、bool、string 等。C#语言中还可以声明一个或多个给定类型的常量，称为符号常量，符号常量在使用之前必须先定义。常量是使用 const 关键字来定义的。符号常量声明的格式及其功能如下。

[格式]：[常量修饰符] const 类型说明符常量名=常量表达式;

[功能]：声明一个名为“常量名”的常量，该常量名与“常量表达式”是等价的。

定义一个常量的语法为：const<data_type><constant_name>=value;

例 2-1　下面的代码演示了如何在程序中定义和使用常量。

```
using System;
public class ConstTest
{
    class SampleClass
    {
```

```
        public int x;
        public int y;
        public const int z=5;
        public const int z1=z+5;

        public SampleClass(int x1,int y1)
        {
            x=x1;
            y=y1;
        }
    }
    static void Main()
    {
        SampleClass mC=new SampleClass(11,22);
        Console.WriteLine("x={0},y={1}",mC.x,mC.y);
        Console.WriteLine("z={0},z1={1}",
        SampleClass.z,SampleClass.z1);
      }
    }
```

当上面的代码被编译和执行时，它会产生结果如图 2-2 所示。

图 2-2　例 2-1 运行结果

2. 变量

1）变量定义

变量是指在程序运行过程中其值可以发生变化的量。一个变量只不过是一个供程序操作的存储区的名字。在 C#中，每个变量都有一个特定的类型，类型决定了变量的内存大小和布局。范围内的值可以存储在内存中，可以对变量进行一系列操作。C#允许定义其他值类型的变量，如 enum；也允许定义引用类型变量，如 class。这些将在以后的章节中进行讨论。在本节中，只研究基本变量类型。

定义变量的一般格式及其功能如下。

［格式］:［变量修饰符］类型说明符变量名 1=初值 1，变量名 2=初值 2，…；

［功能］：定义若干个变量，变量名由“变量名 1”“变量名 2”等指定，变量的数据类型由“类型说明符”指定，在定义变量的时候，可以给变量赋初值，初值由“初值 1”“初值 2”等确定。

C#中变量定义的语法：

```
<data_type><variable_list>;
```

在这里，data_type 必须是一个有效的 C#数据类型，可以是 char、int、float、double 或其他用户自定义的数据类型。variable_list 可以由一个或多个用逗号分隔的标识符名称组成。

一些有效的变量定义如下所示：

```
int i,j,k;
char c,ch;
float f,salary;
double d;
```

可以在变量定义时进行初始化：

```
int i=100;
C#中的变量初始化
```

变量通过在等号后跟一个常量表达式进行初始化（赋值）。初始化的一般形式为：

```
variable_name=value;
```

变量可以在声明时被初始化（指定一个初始值）。初始化由一个等号后跟一个常量表达式组成，如下所示：<data_type><variable_name>=value;

一些实例：

```
int d=3,f=5;/* 初始化 d 和 f. * /
byte z=22;/* 初始化 z. * /
double pi=3.14159;/* 声明 pi 的近似值* /
char x='x';/* 变量 x 的值为'x'* /
```

例 2-2 请看下面的实例，使用了各种类型的变量。

```
using System;
namespace VariableDefinition
{
  class VariableDefinition
  {
     static void Main(string[]args)
     {
        short a;
        int b;
        double c;
     /* 实际初始化* /
        a=10;
```

```
            b=20;
            c=a+b;
using System;
namespace VariableDefinition
{
    class VariableDefinition
    {
        static void Main(string[] args)
        {
            short a;
            int b;
            double c;
            /* 实际初始化* /
            a=10;
            b=20;
            c=a+b;
            Console.WriteLine("a={0},b={1},c={2}", a, b, c);
            Console.ReadLine();
        }
    }
}
```

当上面的代码被编译和执行时，它会产生结果如图 2-3 所示。

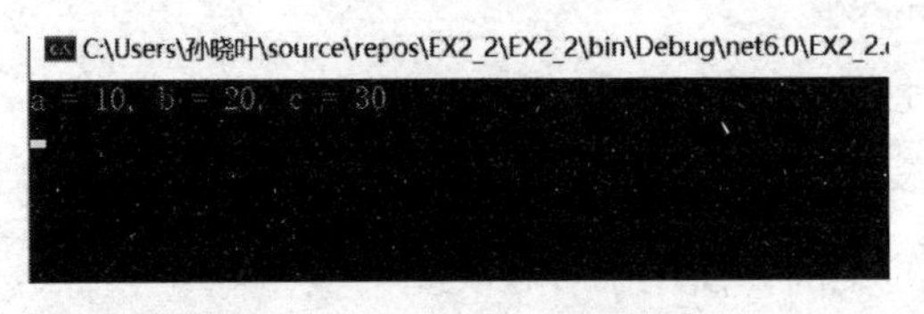

图 2-3　例 2-2 运行结果

2）静态变量和实例变量

使用 static 关键字声明的变量为静态变量。静态变量只需创建一次，在后面的程序中就可以多次引用。如果一个类中的成员变量被定义为静态的，那么类的所有实例都可以共享这个变量。静态变量的初始值就是该变量类型的默认值。根据限定赋值的要求，静态变量最好在定义时赋值。

实例变量是指在声明变量时没有使用 static 变量说明符的变量，也称普通变量。实例对象在指定的对象中被声明并分配空间，如果实例变量所在的对象被撤销了，该变量也就从内存中清除。

注意：静态变量只能通过类名引用，实例变量通过类的实例引用。

例 2-3　分析下列程序的执行结果。

```
class StaticTest                                  //定义类
{
    public static int sta1=10;                    //定义静态变量,该变量只
                                                    创建一次,由类名访问
    public int a2=10;                             //定义实例变量,每创建一
                                                    个实例时,均创建一个
                                                    变量
}
class Program
{
    static void Main(string[] args)
    {
        StaticTest A, B;                          //定义类的变量
        A=new StaticTest();                       //创建类的实例 A
        B=new StaticTest();                       //创建类的实例 B
        StaticTest.sta1=StaticTest.sta1+10;       //通过类名给静态变量赋值
        A.a2=A.a2+10;                             //给实例 A 的成员 a2 赋值
        StaticTest.sta1=StaticTest.sta1+10;       //通过类名给静态变量赋值
        B.a2=B.a2+20;                             //给实例 B 的成员 a2 赋值
        Console.WriteLine("StaticTest.sta1={0},A.a2={1}", Stat-
                    icTest.sta1, A.a2);
        Console.WriteLine("StaticTest.sta1={0},B.a2={1}", Stat-
                    icTest.sta1, B.a2);
    }
}
```

在例 2-3 中 StaticTest 定义了一个静态变量 sta1，一个普通变量 a2，在 Main( ) 方法中根据 StaticTest 类创建了两个类的实例对象 A 和 B，对象 A 和 B 共享静态变量 sta1，只能通过类名访问。而 a2 则是属于单独的对象，即 A 和 B 都有各自的 a2，两个 a2 是不同的变量，只能通过对象名进行访问。程序运行结果如图 2-4 所示。

```
StaticTest.sta1=30,A.a2=20
StaticTest.sta1=30,B.a2=30
```

图 2-4　例 2-3 运行结果

3) 局部变量

局部变量是临时变量，它只是在定义它的块内起作用。所谓块，是指大括号“{”和“}”之间的所有内容。块内可以是单条语句，也可以是多条语句或空语句。局部变量从被声明的位置开始起作用，当块结束时，局部变量也会随着消失。使用局部变量需注意初始化问题，局部变量需要人工赋值后才能使用。

例 2-4 分析下列程序的执行结果。

```
using System;
namespace ConsoleApp2
{
    class Program
    {
        //int i=210,k;
        public static void LocalExample()                 //方法名
        {
            int i=210,k;                                  //定义局部变量 i 和 k
            k=i* 2;                                       //给局部变量 k 赋值
            Console.WriteLine("i={0},k={1}",i,k);  //输出 i 和 k 的值
        }
        static void Main(string[]args)
        {
            LocalExample();                               //调用函数
            Console.WriteLine("i={0},k={0}",i,k);  //此语句将产生错误
        }
    }
}
```

在例 2-4 中，LocalExample 方法中定义的变量 i 和 k 是局部变量，只能在该方法中用。在 Main( ) 方法中试图使用 i 和 k，将会出现错误，如图 2-5 所示。

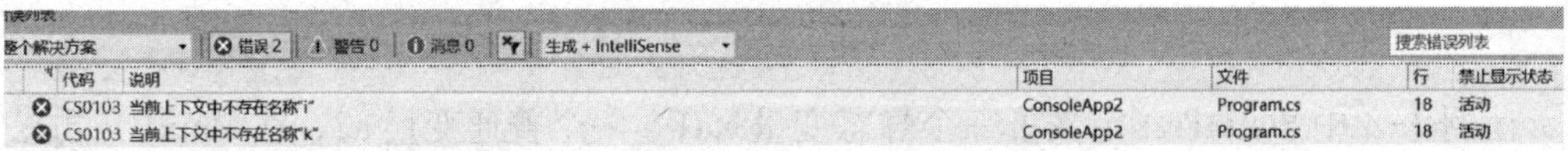

代码	说明	项目	文件	行	禁止显示状态
CS0103	当前上下文中不存在名称"i"	ConsoleApp2	Program.cs	18	活动
CS0103	当前上下文中不存在名称"k"	ConsoleApp2	Program.cs	18	活动

图 2-5 编译出错

3. 标识符

C#是一种面向对象的编程语言。在面向对象的程序设计方法中，程序由各种相互交互的对象组成，如常量、变量、函数、数组或任何其他用户定义的项目等。为了识别这些对象，必须给每一个对象一个名称，这样的名称称为标识符。标识符是用户定义的一种字符序列。在 C#中，类的命名必须遵循以下基本规则。

(1) 标识符由字母、数字、下划线（_）组成。

(2) 标识符必须以字母、下划线或@ 开头，后面可以跟一系列的字母、数字（0~9）、下划线（_）、@ 。

(3) 标识符中的第一个字符不能是数字。

(4) 标识符必须不包含任何嵌入的空格或符号，如? -+! #%^& * ( ) [ ] { } . ; :"'∧。

(5) 标识符不能是 C#关键字，除非它们有一个@ 前缀。例如，@ if 是有效的标识符，

但 if 不是，因为 if 是关键字。

（6）标识符必须区分大小写。大写字母和小写字母被认为是不同的字母。

（7）不能与 C#的类库名称相同。

在 C#语言中，系统已给某些英文单词赋予了一定的含义，不能再作它用，称这些英文单词为关键字或保留字。关键字是 C#编译器预定义的保留字。这些关键字不能用作标识符，但是，如果想使用这些关键字作为标识符，可以在关键字前面加上@ 字符作为前缀。

在 C#中，有些关键字在代码的上下文中有特殊的意义，如 get 和 set，这些被称为上下文关键字（contextual keywords）。

表 2-1 列出了 C#中的保留关键字（reserved keywords），表 2-2 列出了上下文关键字（contextual keywords）。

表 2-1　保留关键字

保留关键字						
abstract	as	base	bool	break	byte	case
catch	char	checked	class	const	continue	decimal
default	delegate	do	double	else	enum	event
explicit	extern	false	finally	fixed	float	for
foreach	goto	if	implicit	in	in（genericmodifier）	int
interface	internal	is	lock	long	namespace	new
null	object	operator	out	out（genericmodifier）	override	params
private	protected	public	readonly	ref	return	sbyte
sealed	short	sizeof	stackalloc	static	string	struct
switch	this	throw	true	try	typeof	uint
ulong	unchecked	unsafe	ushort	using	virtual	void
volatile	while					

表 2-2　上下文关键字

上下文关键字						
add	alias	ascending	descending	dynamic	from	get
global	group	into	join	let	orderby	partial（type）
partial（method）	remove	select	set			

4. 简单数据类型

在 visual C#. NET 中简单数据类型包括整型数据类型、字符型、实数类型、小数类型（金融类型）等，C#中提供的简单数据类型大致可以分为以下几类，见表 2-3。

表 2-3　简单数据类型

类型	举例
整型数据类型	sbyte、byte、short、ushort、int、uint、long、ulong 和 char
浮点型	float 和 double

续表

类型	举例
十进制类型	decimal
布尔类型	true 或 false 值，指定的值
空类型	可为空值的数据类型

1）整型数据类型

所谓整型，就是存储整数的类型，按照存储值的范围不同，C#语言将整型分成了 byte 类型、short 类型、int 类型、long 类型等，并分别定义了有符号数和无符号数。有符号数可以表示负数，无符号数仅能表示正数。具体的整型数据类型及其表示范围见表 2-4。

表 2-4　整型数据类型

类型名	数据类型符	占用的字节数	数值范围
有符号字节型	sbyte	1	−128~127
字节型	byte	1	0~255
短整型	short	2	−32 768~32 767
无符号短整型	ushort	2	0~65 535
整型	int	4	−2 147 483 648~2 147 483 647
无符号整型	uint	4	0~4 294 967 295
长整型	long	8	$-2^{63}\sim2^{63}-1$
无符号长整型	ulong	8	$0\sim2^{64}-1$

2）字符型和字符串类型

字符型只能存放一个字符，它占用两个字节，能存放一个汉字。字符型数据用来表示单个字符，表示的字符是 Unicode 大字符集中的一个字符，这种字符集几乎涵盖了当今世界上所有的文字，它的类型说明符为 char。

字符型用 char 关键字表示，存放到 char 类型的字符需要使用单引号，例如，'a' '中'等。

注意：每个字符占 2 个字节。与整型之间不能像在 C 和 C++中自动转换。

字符串（String）类型能存放多个字符，它是一个引用类型，在字符串类型中存放的字符数可以认为是没有限制的，因为其使用的内存大小不是固定的而是可变的。

使用 string 关键字来存放字符串类型的数据。字符串类型的数据必须使用双引号，如"abc"、"123"等。

字符串类型允许给变量分配任何字符串值。字符串类型是 System. String 类的别名。它是从对象（Object）类型派生的。字符串类型的值可以通过两种形式进行分配：引号和@引号。

在 C#语言中还有一些特殊的字符串，代表了不同的特殊作用。由于在声明字符串类型的数据时需要用双引号将其括起来，那么双引号就成了特殊字符，不能直接输出，转义字符的作用就是输出这个有特殊含义的字符。

转义字符非常简单，常用的转义字符见表 2-5。

表 2-5　转义字符表

转义字符	含义	转义字符	含义
\ n	回车换行符	\ a	警示键（感叹号）
\ t	Tab 符号	\ "	双引号
\ v	垂直制表符	\ '	单引号
\ b	退格符	\\	反斜杠
\ r	回车符	\ xhhhh	1~4 位十六进制换码序列表示的字符
\ f	换页符	\ uhhhh	1~4 位 Unicode 码表示的字符
\ 0	空字符		

3）布尔类型

在 C#语言中，布尔类型使用 bool 来声明，它只有两个值，即 true 和 false。

当某个值只有两种状态时可以将其声明为布尔类型，例如，是否同意协议、是否购买商品等。

布尔类型的值也被经常用到条件判断的语句中，例如，判断某个值是否为偶数、判断某个日期是否是工作日等。

与 C 和 C++不同，布尔型数据不是一个整型数，整型数也不能赋值给布尔型变量。

4）实数类型

C#中的浮点型包含单精度浮点型（float）和双精度浮点型（double）两种。

（1）单精度浮点型：取值范围为$-3.4\times10^{38}\sim+3.4\times10^{38}$，精度为 7 位数。

（2）双精度浮点型：取值范围为$\pm5.0\times10^{-324}\sim\pm1.7\times10^{308}$，精度可达 15 到 16 位。

使用实数类型时，需要注意以下几个问题。

① 存在正 0 和负 0，虽然大部分情况下两者都被认为是相同的简单类型数值，但是在有些情况下需要区别对待它们。

② 存在正无穷大和负无穷大，一般产生在除数为 0 的情况下，例如，1.2/0.0 的结果是正无穷大，-1.2/0.0 的结果为负无穷大。

③ 存在非数字值（not-a-number，NaN）。例如，当出现 0.0/0.0 这种非法运算的时候就会出现非数字值。

④ 对于浮点运算，如果运算结果的绝对值在精度范围内小到一定程度，系统就会当作 0 值处理（+0 或-0）。如果结果的绝对值在精度范围内大到一定程度，就会被系统当作无穷大处理（$+\infty$ 或$-\infty$）。如果二元运算的操作数都是 NaN，结果也是 NaN 数据。

⑤ 一个实数常量，在 C#中默认类型为 double，而 double 类型到 float 类型之间不存在隐式转换。

5）小数类型

小数类型又称十进制类型，其类型说明符为 decimal，主要用于金融领域，因此又称金融类型，其表示的值的范围大约是$\pm1.0\times10^{-28}\sim\pm7.9\times10^{28}$，比 float 类型小，但是其精确度却可以达到 28~29 位。

在十进制类型的数据的后面加上“m”，表示该数据是小数类型，如 0.1 m、123.9 m 等。

十进制类型的数据不允许出现非数字值（NaN），即不允许出现非法运算。同样它不支持正、负0、无穷大和无穷小的概念，十进制类型的值都是确定的。如果decimal指定的数值特别小，那么它将被认为是0；如果数值特别大，那么系统就会提示溢出错误。

2.2 运算符及表达式

2.2.1 概述

运算符是一种告诉编译器执行特定的数学或逻辑操作的符号。用运算符把运算对象连接起来的有意义的式子称为表达式，每个表达式的运算结果是一个值。运算符主要用于执行程序代码运算，如加法、减法、大于、小于等。C#有丰富的内置运算符，分类如下：算术运算符、关系运算符、逻辑运算符、位运算符、赋值运算符及其他运算符。

运算对象的个数叫作运算符的“目”。运算符必须有运算对象，根据运算对象的多少可以把运算符分成单目运算符、双目运算符和三目运算符。只有一个运算对象的运算符称为单目运算符，有两个运算对象的运算符称为双目运算符，有三个运算对象的运算符称为三目运算符。

2.2.2 算术运算符及表达式

说到算术运算符，首先可以想到数学中一些常用的运算符，例如，加、减、乘、除、求余。那么在C#中这些运算符都是如何表示的呢？算术运算符对数值型运算对象进行运算，运算结果也是数值型。用算术运算符把数值量连接在一起的符合C#语法的表达式称为算数表达式。C#中算术运算符可以分成基本算术运算符、自增运算符与自减运算符两类。

1. 基本算术运算符

基本算术运算符对数据进行简单的算术运算，见表2-6。

表2-6 基本算术运算符

运算符名称	C#运算符号
加法	+
减法	-
乘法	*
除法	/
求余	%

2. 自增运算符与自减运算符

自增运算符与自减运算符的作用就是使变量自动加1或自动减1，运算对象可以是简单数据类型的变量或数组元素，运算结果是原类型，见表2-7。

表2-7 自增自减运算符

运算符名称	C#运算符号
自增	++
自减	--

注意：自增运算符与自减运算符作为前缀时，将先对变量的值加1或减1，再使用加1或减1后的变量值。自增运算符与自减运算符作为后缀时，将先使用变量的值，再对变量的值加1或减1。

例2-5 分析下列程序的执行结果。

```
using System;
namespace OperatorsAppl
{
    class Program
    {
        static void Main(string[]args)
        {
            int a=35;
            int b=5;
            int c;
            c=a+b;
            Console.WriteLine("Line 1-c 的值是{0}",c);
            c=a-b;
            Console.WriteLine("Line 2-c 的值是{0}",c);
            c=a* b;
            Console.WriteLine("Line 3-c 的值是{0}",c);
            c=a/b;
            Console.WriteLine("Line 4-c 的值是{0}",c);
            c=a% b;
            Console.WriteLine("Line 5-c 的值是{0}",c);
            //++a 先进行自增运算再赋值
            c=++a;
            Console.WriteLine("Line 6-c 的值是{0}",c);
            //此时 a 的值为 36
            //--a 先进行自减运算再赋值
            c=--a;
            Console.WriteLine("Line 7-c 的值是{0}",c);
            Console.ReadLine();
        }
    }
}
```

上面的代码被编译和执行时，它会产生结果如图2-6所示。

注意：

c=a++：先将a赋值给c，再对a进行自增运算。

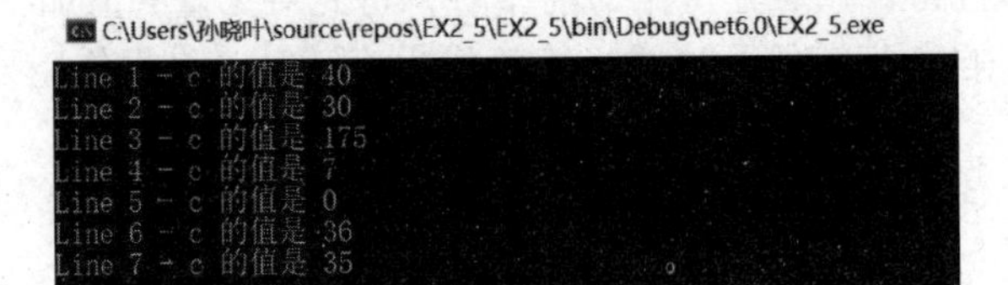

图 2-6　例 2-5 运行结果

c=++a：先将 a 进行自增运算，再将 a 赋值给 c。

c=a--：先将 a 赋值给 c，再对 a 进行自减运算。

c=--a：先将 a 进行自减运算，再将 a 赋值给 c。

2.2.3　关系运算符及表达式

在 C#中，用关系运算符来比较数据的大小关系，用关系运算符把运算量连接起来的符合 C#语法的式子称为关系表达式。关系运算符，是比较坐标轴上的点，相同的两个点，可以有不同的关系。关系运算符有 6 种关系，分别为等于、不等于、小于、小于等于、大于、大于等于。关系表达式相当于一个“命题”，这个命题要么成立，要么不成立，成立为真，用 true 表示，不成立为假，用 false 表示。表 2-8 显示了 C#支持的所有关系运算符。假设变量 A 的值为 6，变量 B 的值为 35，案例见例 2-6。

表 2-8　关系运算符

运算符	描述	实例	说明
==	检查两个操作数的值是否相等，如果相等则条件为真	(A==B)	flase
!=	检查两个操作数的值是否相等，如果不相等则条件为真	(A!=B)	true
>	检查左操作数的值是否大于右操作数的值，如果是则条件为真	(A>B)	flase
<	检查左操作数的值是否小于右操作数的值，如果是则条件为真	(A<B)	true
>=	检查左操作数的值是否大于或等于右操作数的值，如果是则条件为真	(A>=B)	flase
<=	检查左操作数的值是否小于或等于右操作数的值，如果是则条件为真	(A<=B)	true

例 2-6　分析下列程序的执行结果。

```
using System;
class Program
{
    static void Main(string[]args)
    {
        int a=35;
        int b=5;
        if (a==b)
        {
            Console.WriteLine("Line 1-a 等于 b");
        }
```

```
            else
            {
                Console.WriteLine("Line 1-a 不等于 b");
            }
            if (a<b)
            {
                Console.WriteLine("Line 2-a 小于 b");
            }
            else
            {
                Console.WriteLine("Line 2-a 不小于 b");
            }
            if (a > b)
            {
                Console.WriteLine("Line 3-a 大于 b");
            }
            else
            {
                Console.WriteLine("Line 3-a 不大于 b");
            }
            /* 改变 a 和 b 的值* /
            a=6;
            b=26;
            if (a<=b)
            {
                Console.WriteLine("Line 4-a 小于或等于 b");
            }
            if (b >=a)
            {
                Console.WriteLine("Line 5-b 大于或等于 a");
            }
        }
    }
```

当上面的代码被编译和执行时，它会产生结果如图2-7所示。

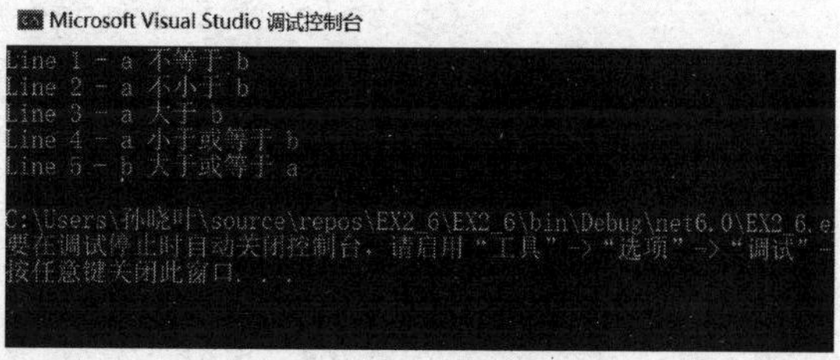

```
Microsoft Visual Studio 调试控制台
Line 1 - a 不等于 b
Line 2 - a 不小于 b
Line 3 - a 大于 b
Line 4 - a 小于或等于 b
Line 5 - b 大于或等于 a

C:\Users\孙晓叶\source\repos\EX2_6\EX2_6\bin\Debug\net6.0\EX2_6.e
要在调试停止时自动关闭控制台，请启用"工具"->"选项"->"调试"-
按任意键关闭此窗口. . .
```

图2-7 例2-6运行结果

关系运算符均是双目运算符，在优先级上，算术运算符优于关系运算符；<，<=，>，>=优于==，!=。在结合性上：<，<=，>，>=等运算符同级，结合性自左向右。==、!=等运算符同级，结合性自左向右。

2.2.4 逻辑运算符与逻辑表达式

在C#中用逻辑运算符来表示复合条件，用逻辑运算符把运算对象连接起来的符合C#语法的式子称为逻辑表达式。在C#语言中逻辑运算符的运算对象是逻辑量。逻辑运算符用来连接多个bool类型表达式，实现多个条件的复合判断。C#中的逻辑运算符包括：逻辑非（!）、逻辑或（‖）、逻辑与（&&）。表2-9显示了C#支持的所有逻辑运算符。

表2-9 逻辑运算符

运算符	描述	实例	说明
&&	逻辑与运算符。如果两个操作数都非零，则条件为真	（A&&B）	flase
‖	逻辑或运算符。如果两个操作数中有任意一个非零，则条件为真	（A‖B）	true
!	逻辑非运算符。用来逆转操作数的逻辑状态。如果条件为真则逻辑非运算符将使其为假	!（A&&B）	true

假设变量A为布尔值true，变量B为布尔值false，则：

逻辑运算符在优先级上：逻辑非（!）是单目运算符，优于双目运算符；逻辑与（&&）和逻辑或（‖）是双目运算符，双目算术运算符优于关系运算符优于&&优于‖。

在结合性上：逻辑非（!）和单目算术运算符是同级的，结合性自右向左；逻辑与（&&）和逻辑或（‖）是双目运算符，其结合性是自左向右。

例2-7 请看下面的实例，了解C#中所有可用的逻辑运算符。

```
using System;
namespace OperatorsAppl
{
    class Program
    {
        static void Main(string[]args)
        {
            bool a=true;
            bool b=true;
            if (a && b)
            {
                Console.WriteLine("Line 1-条件为真");
            }
            if (a||b)
            {
                Console.WriteLine("Line 2-条件为真");
            }
            /* 改变a和b的值* /
```

```
            a=false;
            b=true;
            if (a && b)
            {
                Console.WriteLine("Line 3-条件为真");
            }
            else
            {
                Console.WriteLine("Line 3-条件不为真");
            }
            if (!(a && b))
            {
                Console.WriteLine("Line 4-条件为真");
            }
            Console.ReadLine();
        }
    }
}
```

当上面的代码被编译和执行时，它会产生结果如图 2-8 所示。

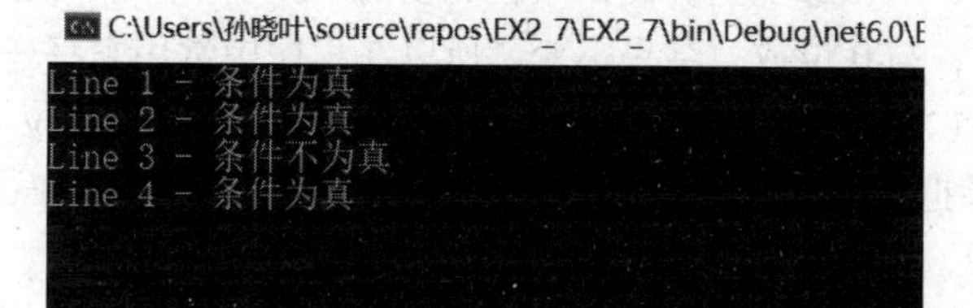

图 2-8　例 2-7 运行结果

2.2.5　位运算符

位运算符用来对操作数进行位运算，运算对象为整型和字符型。位运算时把运算对象当作二进制的组合，并且应该根据二进制补码进行运算。位运算符作用于位，并逐位执行操作。位运算符分为：&（按位与）、|（按位或）、^（按位异或）、~（按位取反）、<<（左移运算符）、>>（右移运算符）。&、|和^的真值表见表 2-10。

表 2-10　位运算符

p	q	p&q	p | q	p^q
0	0	0	0	0
0	1	0	1	1
1	1	1	1	0
1	0	0	1	1

表 2-11 列出了 C#支持的位运算符（假设变量 A 的值为 60，变量 B 的值为 13）。

表 2-11　位运算符

运算符	描述	实例
&	如果同时存在于两个操作数中，二进制 AND 运算符复制一位到结果中	（A&B）将得到 12，即为 0000 1100
|	如果存在于任一操作数中，二进制 OR 运算符复制一位到结果中	（A | B）将得到 61，即为 0011 1101
^	如果存在于其中一个操作数中但不同时存在于两个操作数中，二进制异或运算符复制一位到结果中	（A^B）将得到 49，即为 0011 0001
~	按位取反运算符是一元运算符，具有“翻转”位效果，即 0 变成 1，1 变成 0，包括符号位	（~A）将得到 -61，即为 1100 0011，一个有符号二进制数的补码形式
<<	二进制左移运算符。左操作数的值向左移动右操作数指定的位数	A<<2 将得到 240，即为 1111 0000
>>	二进制右移运算符。左操作数的值向右移动右操作数指定的位数	A>>2 将得到 15，即为 0000 1

由表 2-10、表 2-11 可以看出以下几点。

① 位与运算符（&）：参加运算的两个位都为 1，则结果为 1，否则结果为 0。一个数与 1 位与，结果为该数，与 0 位与，结果为 0。所以程序中通常使用它将变量的某些位清零。

② 位或运算符（|）：参加运算的两个位只要有一个为 1，那么运算结果为 1。一个位与 1 位或，结果为 1，与 0 位或，结果不变。所以在程序中常用它将一个数的某些位置 1。

③ 异或运算符（^）：参加运算的两个位相同，结果为 0，两个位不同，结果为 1。一个位与 1 异或，结果把它取反，一个位与 0 异或，结果不变。所以在程序中通常使用它把一个数的某些位取反。

④ 取反运算符（~）：~是一个单目运算符，用来对一个二进制数按位取反。~运算符的优先级比双目运算符和三目运算符都高。

1. 位移位运算符

① 左移运算符（<<）：其作用是将一个数的二进制位左移若干位。高位左移溢出，舍弃不用。一般来说左移了 n 位相当于将该数乘以 2 的 n 次方。但是这种情况只适用于舍弃的高位中不包含 1。左移运算符对于有符号数和无符号数的运算规则是一样的。

② 右移运算符（>>）：其作用是将一个数的二进制位右移若干位。移出的位被舍弃，对于无符号数高位补 0，对于有符号数，高位补符号位，即负数补 1，正数补 0。所以对于有符号数与无符号数的运算规则是不一样的。

2. 位运算符在表达式中的优先级

① 位反（~）运算符为单目运算符，优于所有的双目运算符和三目运算符。

② 位移位运算符优先级相同，比算术运算符的优先级低，比关系运算符的优先级高。

③ 位逻辑运算符的优先级比关系运算符的优先级低，比逻辑运算符的优先级高。

④ 三个位逻辑运算符的优先次序为：& 优于^优于|。

例 2-8　请看下面的实例，了解 C#中所有可用的位运算符。

```
using System;
namespace OperatorsAppl
{
    class Program
    {
        static void Main(string[]args)
        {
            int a=50;/* 60=0011 1100* /
            int b=14;/* 13=0000 1101* /
            int c=0;
            c=a & b;/* 12=0000 1100* /
            Console.WriteLine("Line 1-c 的值是{0}",c);
            c=a |b;/* 61=0011 1101* /
            Console.WriteLine("Line 2-c 的值是{0}",c);
            c=a ^ b;/* 49=0011 0001* /
            Console.WriteLine("Line 3-c 的值是{0}",c);
            c=~a;/* -61=1100 0011* /
            Console.WriteLine("Line 4-c 的值是{0}",c);
            c=a<<2;/* 240=1111 0000* /
            Console.WriteLine("Line 5-c 的值是{0}",c);
            c=a >> 2;/* 15=0000 1111* /
            Console.WriteLine("Line 6-c 的值是{0}",c);
            Console.ReadLine();
        }
    }
}
```

当上面的代码被编译和执行时，它会产生结果如图 2-9 所示。

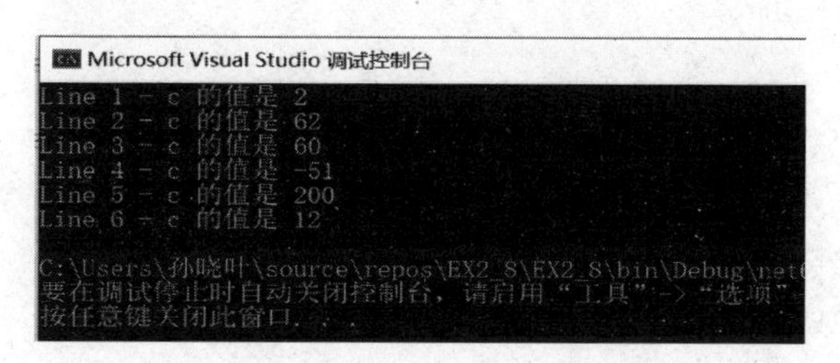

图 2-9　例 2-8 运行结果

2.2.6　赋值运算符及表达式

赋值是指把一个表达式的值赋给变量。赋值运算符对运算符右边的操作式求值，并用该值设置运算符左边的变量操作式。赋值运算符主要有简单赋值及复合赋值运算符；可以放在赋值运算符左边的对象类型是变量、属性、索引和事件。如果赋值运算符两边的操作数类型不一致，就需要首先进行类型转换，然后再赋值。

表 2-12 列出了 C#支持的赋值运算符。

表 2-12　赋值运算符

运算符	描述	实例
=	简单的赋值运算符，把右边操作数的值赋给左边操作数	C=A+B 将把 A+B 的值赋给 C
+=	加且赋值运算符，把右边操作数加上左边操作数的结果赋值给左边操作数	C+=A 相当于 C=C+A
-=	减且赋值运算符，把左边操作数减去右边操作数的结果赋值给左边操作数	C-=A 相当于 C=C-A
*=	乘且赋值运算符，把右边操作数乘左边操作数的结果赋值给左边操作数	C*=A 相当于 C=C*A
/=	除且赋值运算符，把左边操作数除右边操作数的结果赋值给左边操作数	C/=A 相当于 C=C/A
%=	求模且赋值运算符，求两个操作数的模赋值给左边操作数	C%=A 相当于 C=C%A
<<=	左移且赋值运算符	C<<=2 等同于 C=C<<2
>>=	右移且赋值运算符	C>>=2 等同于 C=C>>2
&=	按位与且赋值运算符	C&=2 等同于 C=C&2
^=	按位异或且赋值运算符	C^=2 等同于 C=C^2
|=	按位或且赋值运算符	C|=2 等同于 C=C|2

优先级最低；结合性是自右向左。

例 2-9　实例了解 C#中所有可用的赋值运算符。

```
using System;
namespace OperatorsAppl
{
    class Program
    {
        static void Main(string[]args)
        {
            int a=21;
            int c;
            c=a;
            Console.WriteLine("Line 1-=c 的值={0}",c);
            c+=a;
            Console.WriteLine("Line 2-+=c 的值={0}",c);
            c-=a;
            Console.WriteLine("Line 3--=c 的值={0}",c);
```

```
            c* =a;
            Console.WriteLine("Line 4-* =c 的值={0}",c);
            c/=a;
            Console.WriteLine("Line 5-/=c 的值={0}",c);
            c=200;
            c% =a;
            Console.WriteLine("Line 6-% =c 的值={0}",c);
            c<<=2;
            Console.WriteLine("Line 7-<<=c 的值={0}",c);
            c >>=2;
            Console.WriteLine("Line 8->>=c 的值={0}",c);
            c &=2;
            Console.WriteLine("Line 9-&=c 的值={0}",c);
            c ^=2;
            Console.WriteLine("Line 10-^=c 的值={0}",c);
            c |=2;
            Console.WriteLine("Line 11-|=c 的值={0}",c);
            Console.ReadLine();
        }
    }
}
```

当上面的代码被编译和执行时，它会产生结果如图2-10所示。

```
Microsoft Visual Studio 调试控制台
Line 1 - =  c 的值 = 21
Line 2 - += c 的值 = 42
Line 3 - -=  c 的值 = 21
Line 4 - *=  c 的值 = 441
Line 5 - /=  c 的值 = 21
Line 6 - %=  c 的值 = 11
Line 7 - <<=  c 的值 = 44
Line 8 - >>=  c 的值 = 11
Line 9 - &=  c 的值 = 2
Line 10 - ^=  c 的值 = 0
Line 11 - |=  c 的值 = 2

C:\Users\孙晓叶\source\repos\EX2_9\EX2_9\bin\Debug\net6.0\EX2_9.exe (进程 21148
要在调试停止时自动关闭控制台，请启用"工具"->"选项"->"调试"->"调试停止时
按任意键关闭此窗口. . .
```

图2-10　例2-9运算结果

2.2.7　条件运算符及表达式

条件运算符是C#语言中唯一的一个三目运算符，它由“?”和“:”两个符号组成，它的3个对象都是表达式。条件运算符（?:）也称为三元运算符，是if...else结构的简化形式。

它首先判断一个条件，如果条件为真，就返回一个值，如果条件为假，则返回另一个

值。其一般形式如下：

表达式 1？表达式 2：表达式 3

表达式 1 是布尔表达式，表达式 2 是表达式 1 为真时返回的值，表达式 3 是表达式 1 为假时返回的值。条件运算符在优先级上仅优于赋值运算符，在结合性上为自右向左。

例：x=35；y=6；

m=x>y？x：y；

由于 x>y 的值为 true，故条件表达式的值为 x，即 35，把 35 赋给 m，m 值为 35。

2.2.8 其他运算符

除了上述运算符外，C#支持的其他一些重要的运算符，包括 sizeof、typeof 和 is，见表 2-13。

表 2-13 其他运算符

运算符	描述	实例
sizeof()	返回数据类型的大小	sizeof(int)，将返回 4.
typeof()	返回 class 的类型	typeof(StreamReader)；
&	返回变量的地址	&a；将得到变量的实际地址
*	变量的指针	*a；将指向一个变量
checked	进行整数类型数据运算和类型转换时的溢出检查	
is	判断对象是否为某一类型	if（Ford is Car）//检查 Ford 是否是 Car 类的一个对象
as	强制转换，即使转换失败也不会抛出异常	Object obj=new StringReader（"Hello"）； StringReader r=obj as StringReader；

例 2-10 实例了解 C#中所有可用的其他运算符。

```
using System;
namespace OperatorsAppl
{
    class Program
    {
        static void Main(string[]args)
        {
            /* sizeof 运算符的实例* /
            Console.WriteLine("int 的大小是{0}",sizeof(int));
            Console.WriteLine("short 的大小是{0}",sizeof(short));
            Console.WriteLine("double 的大小是{0}",sizeof(double));
            /* 三元运算符的实例* /
            int a,b;
            a=20;
```

```
            b=(a==1) ? 30 : 40;
            Console.WriteLine("b 的值是{0}",b);
            b=(a==10) ? 20 : 30;
            Console.WriteLine("b 的值是{0}",b);
            Console.ReadLine();
        }
    }
}
```

当上面的代码被编译和执行时，它会产生结果如图 2-11 所示。

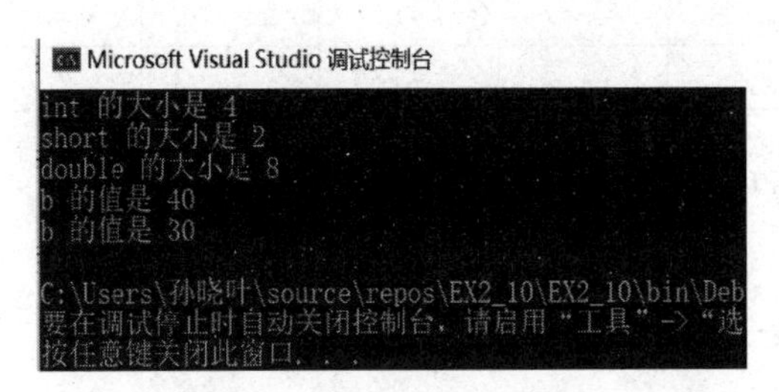

图 2-11　例 2-10 运算结果

2.2.9　运算符的优先级

当一个表达式中有多个运算符时，就需要考虑运算符的优先级。运算符的优先级确定表达式中项的组合，这会影响到一个表达式如何计算。在执行过程中某些运算符比其他运算符有更高的优先级，例如，乘除运算符具有比加减运算符更高的优先级。这时要先执行优先级高的运算符，再执行优先级低的运算符，如果碰到运算符优先级相同，就根据结合性来确定运算的顺序，最后得到计算结果。注意：如果有括号，要先计算括号里面的表达式。

例如，x=(7+3) * 2，在这里，x 被赋值为 20，而不是 13，虽然运算符 * 优先级高，但是因为有括号，所以首先计算 7+3，然后再乘 2。

表 2-14 将按运算符优先级从高到低列出各个运算符，具有较高优先级的运算符出现在表格的上面，具有较低优先级的运算符出现在表格的下面。在表达式中，较高优先级的运算符会优先被计算。

表 2-14　运算符优先级

类别	运算符	结合性
后缀	() [] ->. ++--	从左到右
一元	+-! ~++-- (type) * &sizeof	从右到左
乘除	*/%	从左到右
加减	+-	从左到右
移位	<<>>	从左到右
关系	<<=>>=	从左到右

续表

类别	运算符	结合性
相等	==!=	从左到右
位与 AND	&	从左到右
位异或 XOR	^	从左到右
位或 OR	|	从左到右
逻辑与 AND	&&	从左到右
逻辑或 OR	||	从左到右
条件	?:	从右到左
赋值	=+=-=*=/=%=>>=<<=&=^=|=	从右到左
逗号	,	从左到右

例 2-11 实例了解 C#中运算符优先级。

```
using System;
namespace OperatorsAppl
{
    class Program
    {
        static void Main(string[]args)
        {
            int a=30;
            int b=10;
            int c=35;
            int d=7;
            int e;
            e=(a+b)* c/d;//(40* 35)/7
            Console.WriteLine("(a+b)* c/d 的值是{0}",e);
            e=((a+b)* c)/d;//(40* 35)/7
            Console.WriteLine("((a+b)* c)/d 的值是{0}",e);
            e=(a+b)* (c/d);//(40)* (35/7)
            Console.WriteLine("(a+b)* (c/d)的值是{0}",e);
            e=a+(b* c)/d;//30+(350/3)
            Console.WriteLine("a+(b* c)/d 的值是{0}",e);
            Console.ReadLine();
        }
    }
}
```

当上面的代码被编译和执行时，它会产生结果如图 2-12 所示。

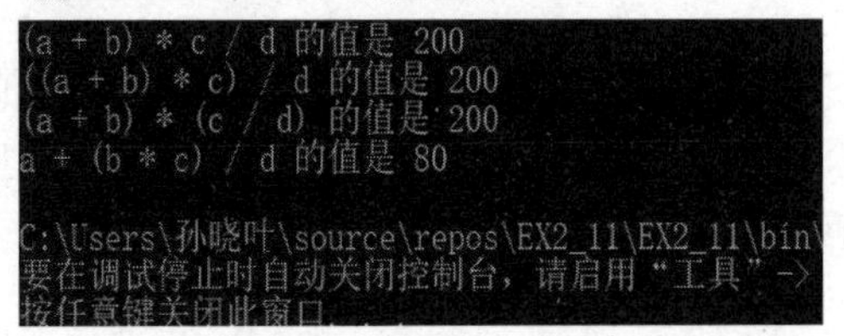

图 2-12　例 2-11 运行结果

2.3　流 程 结 构

2.3.1　算法

著名的计算机学者，Pascal 之父尼古拉斯 · 沃思（Niklaus Wirth）提出一个公式：

算法+数据结构=程序

直到今天，这个公式对于面向对象的程序设计语言（如 C#）依然是有效的。从这个公式可以看出，数据结构和算法是构成程序的两个重要组成部分。数据结构主要用于描述数据及数据间的相互关系，算法则用于描述特定的操作或行为。通过前面几节的学习，已经对 C#语言的基本数据有所了解，本节就一起来学习构成程序的第二大要素——算法。

1. 算法及其特性

所谓算法，是对特定问题求解过程的一种描述，是解决该问题的一个确定的、有限长的操作序列。在现实生活中，做任何事情都需要遵循一定的方法和步骤（算法）。例如，到医院挂号看病，一般都需要经过问诊、检查、治疗等过程，这就可以理解为是治病的算法。但对于同一种疾病，不同的医生有可能给出不同的治疗方案。如病毒性感冒，有的医生是抓药治病，有的医生则可能是输液治病，但最终都可以达到治病救人的目的。即同一个问题可以存在多种解决的算法。

算法是对特定问题求解步骤的一种描述，它是指令的有限序列，其中的每条指令表示一个或多个操作。具有以下性质。

（1）有穷性：一个算法必须总是在执行有穷步之后结束，且每一步都可在有穷时间内完成。

（2）确定性：算法中每条指令必须有确切的含义，不会产生二义性，对于相同的输入只能得出相同的输出。

（3）可行性：一个算法是可行的，即算法中描述的操作都是可以通过已经实现的基本运算执行有限次来实现的。

（4）输入：一个算法有零个或多个输入，这些输入取自某个特定的对象的集合。

（5）输出：一个算法有一个或多个输出，这些输出是与输入有某种特定关系的量。

目标是设计出正确、可读、健壮、高效率、低存储量需求的算法。

2. 算法的常用描述方法

1）自然语言描述

自然语言就是人们日常使用的语言，可以是中文、英文或其他语言等。因此，用自然语言描述算法时，最符合人类的思维习惯，且内容通俗易懂，但文字冗长，容易产生歧义，故一般适用于简单算法的描述。

2）传统的流程图描述

传统的流程图是最常用的一种算法描述工具，它主要由表 2-15 中所示的符号组成，它们是由美国国家标准化协会（American National Standard Institute，ANSI）规定，且已为世界各国程序工作者普遍采用的流程图符号。这种描述方法的优点是各种操作一目了然，不会产生歧义，且易于向程序转化，但也存在所占篇幅较大，流程转换灵活，有可能造成阅读和理解上的困难等缺陷。

表 2-15　传统的流程图符号

名称	符号	含义	示例
起止框		表示程序的开始或结束	开始
输入输出框		表示输入数据或输出数据	输入
处理框		表示基本操作处理	x=x+5
判断框		表示对某个条件进行判断	真 x>2 假
流程线		表示程序的执行流向	
连接符		用于连接到另一页	A A

3）N-S 流程图描述

1973 年，美国学者 I. Nassi 和 B. Shneideman 提出了一种新的流程图形式，并以两位学者名字的第一个英文字母命名，称为 N-S 流程图（简称 N-S 图）。利用 N-S 流程图进行算法描述，最大的优点就是完全去掉了流程线，算法的每一步都用一个矩形框来描述，从而避免了算法流程任意转向的缺点。

4）伪代码描述

伪代码是用介于自然语言和计算机语言之间的文字、符号来描述算法。它并不固定严格的语法规则，只要把意思表达清楚，便于书写和阅读即可。优点是书写方便，易于理解，且容易转换为计算机程序。

2.3.2　结构化程序设计

1966年，Bohm和Jacopini证明：在结构化程序设计方法中，顺序、选择和循环3种基本结构可以组成任何结构的算法，解决任何问题。C#采用面向对象编程思想和事件驱动机制，但是在流程控制方面，采用了结构化程序设计中的3种基本结构（顺序、选择、循环）作为代码块设计的基本结构。图2-13~图2-15是3种基本结构的框图表示，每种结构都给出了传统的流程图描述和N-S图描述。当用程序设计语言实现算法时，图中的A、B均代表一条或多条语句，即一个程序段，每个程序段内可以是任意结构（3种基本结构或其派生结构）。

面向过程的结构化程序设计分3种基本结构：顺序结构、选择结构、循环结构。具体原则如下。

（1）自顶向下：指从问题的全局下手，把一个复杂的任务分解成许多易于控制和处理的子任务，子任务还可能做进一步分解，如此重复，直到每个子任务都容易解决为止。

（2）逐步求精。

（3）模块化：指解决一个复杂问题是自顶向下逐层把软件系统划分成一个个较小的、相对独立但又相互关联的模块的过程。

1. 顺序结构

顺序结构是最简单、最常用的结构，语句与语句之间，按从上到下的顺序执行，不会遗漏一行代码。其算法描述如图2-13所示，即执行完A操作后，再接着执行B操作。顺序结构是3种基本结构中最为简单的。

2. 选择结构

选择结构也可以称为分支结构，就像是走着走着面前出现了两条路，必须选择其中的一条才能走下去。其算法描述如图2-14所示，即判断条件是否成立，若成立则执行A操作，否则执行B操作。但无论执行A还是执行B，都会汇集到选择结构后面的语句去执行。

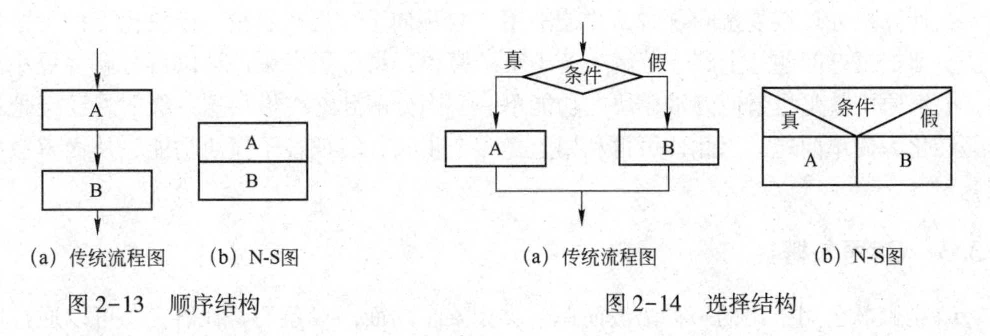

（a）传统流程图　（b）N-S图

图2-13　顺序结构

（a）传统流程图　（b）N-S图

图2-14　选择结构

3. 循环结构

当程序需要重复地做某件事情时，就可以用循环结构来实现这样功能。循环结构是根据循环条件判断并控制某段语句序列（循环体语句）的反复执行与否。按照循环条件判断与语句序列循环执行次序的不同，可分为当型循环结构和直到型循环结构。

（1）当型循环结构，其特点是先判断循环条件再执行循环体语句。其算法描述如图 2-15（a）所示，即先判断循环条件，若条件成立则反复执行循环体语句 A，否则循环结束，执行循环结构后面的语句。

（2）直到型循环结构，其特点是先执行循环体语句再判断循环条件。其算法描述如图 2-15（b）所示，即先执行一次循环体语句 A，再判断循环条件，若条件成立则反复执行循环体语句 A，否则循环结束，执行循环结构后面的语句。

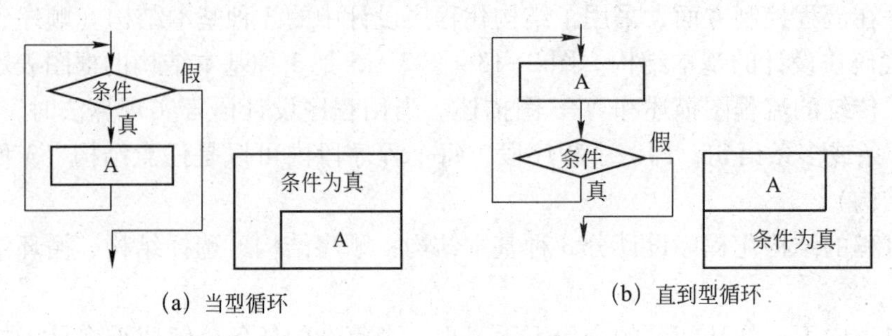

图 2-15　循环结构

4. 结构化程序设计方法

上面介绍了程序构成的两大要素：数据结构和算法，接下来讨论结构化程序设计方法。当计算机处理较为简单的问题时，程序设计过程通常可以分为以下 4 个步骤。

（1）分析问题。分析问题就是从所处理问题入手，分析与该问题相关的数据、类型、已知条件（入口参数）、待求结果（出口参数）及已知与未知间的关系等信息，从而确定解决问题的方案。

（2）设计算法。设计算法就是在确定方案的基础上提出具体的实施步骤，并选取合适的算法描述工具进行表示，且应尽量具体翔实，以利于向程序转换。

（3）编写程序。编写程序就是用具体的程序设计语言实现算法的过程。在该过程中，应确保所编写代码符合该程序设计语言的语法规则，以尽量避免出现编译类错误。

（4）调试并运行程序。编写完成的程序，需经过反复地调试运行，才能确保排除程序所有编译时的语法错误、运行时的逻辑错误，进而满足用户预期，得到正确的运行结果。

当计算机处理较复杂问题时，往往采用“自顶向下，逐步求精，模块化”的程序设计方法，即把复杂问题从上到下分解为若干个子模块，每个子模块还可以再分解为更小的模块，分解原则就是尽量使终端模块的功能单一。当分解到终端模块这一级时，已经把复杂问题转化为简单问题。因此，可再利用上述 4 个步骤，实现各子模块功能，从而解决复杂问题。

2.3.3　C#语句概述

C#是微软公司推出的一种语法简单、类型安全的面向对象的编程语言，可以通过它编写在 .NET Framework 上运行的各种安全可靠的应用程序。C#是 C 和 C++派生来的一种简单的、现代、面向对象类型安全的编程语言，并且能够和 .NET 框架完美结合。其特点如下。

（1）语法简洁，不允许直接操作内存，去掉了指针操作。

（2）彻底地面向对象设计，封装、继承、多态。

（3）与 Web 紧密结合，C#支持绝大多数的 Web 标准，如 HTML、XML、SOAP。

（4）安全机制很强大，.NET 提供的垃圾回收器能够帮助开发者有效地管理内存资源。

（5）兼容性，因为 C#遵循 .NET 的公共语言规范（CLS），从而能够保证与其他语言开发的组件兼容。

（6）灵活的版本控制技术，因为 C#语言本身内置了版本控制功能，因此使开发人员更容易地开发和维护。

（7）完善的错误、异常处理机制。C#提供了完善的错误和异常处理机制，使程序更加健壮。

2.3.4 C#控制台窗口的方法

1. 常用的输入输出方法

Console.Read() 方法：从控制台窗口读取一个字符，返回 int 值。

Console.ReadLine() 方法：从控制台窗口读取一行文本，返回 string 值。

Console.ReadKey() 方法：监听键盘事件，可以理解为按任意键执行。

Console.Write() 方法：将制定的值写入控制台窗口，输出以后不会自动换行。

Console.WriteLine() 方法：将制定的值写入控制台窗口，但在输出结果的最后添加一个换行符。

2. 输出方式

Console.Write（"叶"）；//直接输出字符串

Console.Write（"{0}"，叶）；//从 0 开始位置，可以随意添加

string name= “叶”；

Console.Write（name）；//用变量输出

输出语句不仅可以做简单的输出，还可以做相加运算。

例如：int age=39；

string name="郭欣然"；

Console.WriteLine（"你好，我叫"+name+"我今年"+age+"岁了"）；

运行结果如图 2-16 所示。

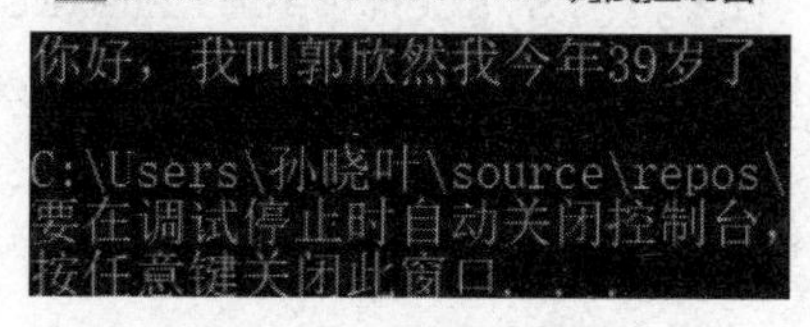

图 2-16 运行结果图

console.writeline() 函数输出格式：

```
{index[,alignment][:formatString]}
```

其中“index”指索引占位符，{0}、{1} 0 对应变量列表的第一个变量，1 对应变量列表的第二个变量，依次类推，完成输出；

“，alignment”按字面意思显然是对齐方式，以“，”为标记；

alignment：可选，是一个带符号的整数，指示首选的格式化字段宽度。如果“对齐”值小于格式化字符串的长度，“对齐”会被忽略，并且使用格式化字符串的长度作为字段宽度。如果“对齐”为正数，字段的格式化数据为右对齐；如果“对齐”为负数，字段的格式化数据为左对齐。如果需要填充，则使用空白。如果指定“对齐”，就需要使用逗号。

“：formatString”就是对输出格式的限定，以“：”为标记。

formatString：由标准或自定义格式说明符组成。

示例：

```
//Console.WriteLine 中各种数据格式的输出
Console.WriteLine("{0,8:C}",2);// $2.00
Console.WriteLine("{0,8:C3}",2);// $2.000
Console.WriteLine("{0:D3}",2);//002
Console.WriteLine("{0:E}",2);//2.000000E+000
Console.WriteLine("{0:G}",2);//2
Console.WriteLine("{0:N}",2500000.00);//2,500,00.00
Console.WriteLine("{0:x4}",12);//000c
Console.WriteLine("{0,2:x}",12);//c
Console.WriteLine("{0:000.000}",12.23);//012.230
Console.WriteLine("{0:r}",15.62);//15.62
Console.WriteLine("{0:d}",System.DateTime.Now);//2021-4-19
Console.WriteLine("{0:D}",System.DateTime.Now);//2021 年 4 月 19 日
Console.WriteLine("{0:t}",System.DateTime.Now);//9:44
Console.WriteLine("{0:T}",System.DateTime.Now);//9:44:34
Console.WriteLine("{0:f}",System.DateTime.Now);
                                  //2021 年 4 月 19 日 9:44
Console.WriteLine("{0:F}",System.DateTime.Now);
                                  //2021 年 4 月 19 日 9:44:34
Console.WriteLine("{0:g}",System.DateTime.Now);//2021-4-19 9:44
Console.WriteLine("{0:G}",System.DateTime.Now);
                                  //2021-4-19 9:44:34
Console.WriteLine("{0:M}",System.DateTime.Now);//4 月 19 日
Console.WriteLine("{0:r}",System.DateTime.Now);
                                  //Monday,19 April 2021 9:44:34 GMT
Console.WriteLine("{0:s}",System.DateTime.Now);
                                  //2021-04-19 T9:44:34
```

3. Console.WriteLine( ) 和 Console.Write 的区别

★Console.WriteLine( ) 中可以没有参数，Console.Write( ) 不能没有参数；

★Console. WriteLine( ) 输出到控制台并且换行，且光标再输出结果的下一行；

★Console. Write( ) 输出到控制台不换行，光标不会移动到下一行。

输入语句：

Console. Read( )；返回用户从控制台上输入数据的首字符的 ASCII 码；

int a=Console. Read( )；

Console. WriteLine(a)；

输出结果如图 2-17 所示。

Console. ReadLine( )；把用户输入的一行信息用 string 类型的字符串返回（最常用的输入语句)；

string name=Console. ReadLine( )；

Console. WriteLine （name)；

输出显示如图 2-18 所示。

图 2-17　输出结果图

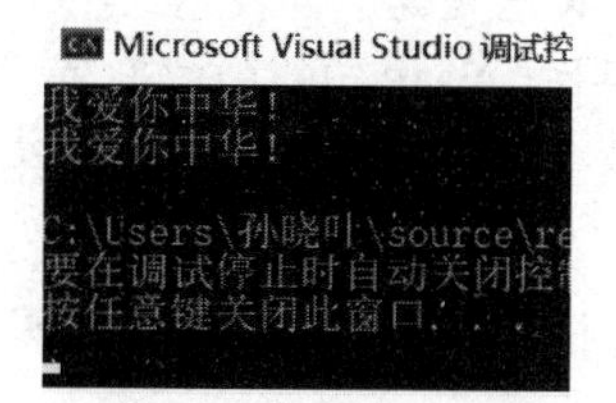

图 2-18　输出显示图

Console. ReadLine( ) 和 Console. Read( ) 也有类似的情况。

相同：两者都是用于输入的函数

区别：

Read 只能读取一个字符，ReadLine 可以读取一个字符串。

如 Read 读取 A 和 AASDGU 的返回值都是一样的，都为 A 的 ASCII 值，对于后续的 ASDGU 不理会。而 ReadLine 则为 A 和 AASDGU 原样输出。

★Read 输出的结果为字符串的 ASCII 码值，而 ReadLine 输出字符串。

★Read 只接受任意键盘输入，ReadLine 接受回车。Read 键盘任意键往下执行，ReadLine 接受回车往下执行。

4. Console. ReadKey( )

当需要让程序在某个地方暂停，然后观察程序运行效果时，可以使用 Console. ReadKey( )(输入任一字符，程序就会停止)。一般在 Console. Write( ) 或Console . WriteLine( ) 后加入这个函数，使窗口停留直至输入任意键关闭窗口。

2.3.5　选择结构

选择结构是根据判断条件选择执行路径或分支，但无论执行了哪条分支，最终都会汇集到同一个出口。

顺序结构程序设计，程序中各语句按自上而下的顺序依次执行，无须进行任何条件的判断，但仅能实现逻辑关系相对简单的问题。实际上，很多情况下需要根据条件的不同进行选择处理。例如，输入大写字母，求其对应的小写字母。从严格意义上讲，输入字符型数据后应先判断它是否为大写字母，如果是才进行对应的转换，否则不能转换。求三角形面积也存在同样的问题，只有在确保输入的三边能构成三角形的情况下，才能进行面积计算等。很显然，对于上述问题，顺序结构已经无能为力了，这就是选择结构要解决的问题。if 语句是实现选择结构的重要语句，通过它可以实现单分支、双分支和多分支选择结构。

1. if 语句

1）if 语句的单分支结构

格式：

```
if（布尔表达式）
{
    语句块;
}
```

其中，if 是关键字；表达式用于描述判断条件；语句块的含义是：语句块不是独立的语句，而是作为 if 语句的构成部分，其能否执行完全依赖于 if 语句中条件的真假，为了表明这种从属关系，习惯上语句块采用缩进的书写形式。

功能：如果布尔表达式为 true，则 if 语句内的代码块将被执行。如果布尔表达式为 false，则 if 语句结束后的第一组代码（闭括号后）将被执行。其执行流程如图 2-19 所示。

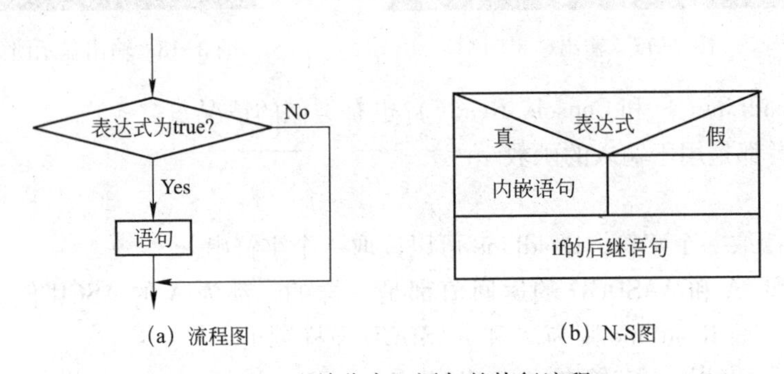

图 2-19　单分支 if 语句的执行流程

由图 2-19 的执行流程可见，在 if 语句的单分支结构中，仅给出了表达式为真这一条分支的具体操作（内嵌语句），而未在格式中给出表达式为假时的操作，故称这种格式为单分支结构。如：if（a%2==0）

```
Console.WriteLine("% d是偶数! \n",a);
```

例 2-12　输入一个字符，若是大写字母，则将其转换为小写字母输出，否则直接输出。

【设计思路】　判断输入字符是否在大写字母 A 到大写字母 Z 的范围，若是则将其转换为小写字母，否则不转换。设计流程如图 2-20 所示。

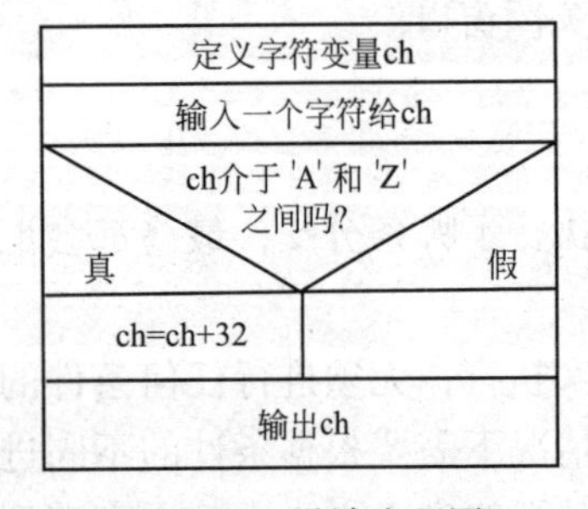

图 2-20　设计流程图

C#程序代码如下：

```
using System;
```

```
namespace ConsoleApp3
{
    class Program
    {
        static void Main(string[ ]args)
        {
            char ch;
            Console.WriteLine("输入一个字符:");
            ch=char.Parse(Console.ReadLine());
            if (ch >='A'&& ch<='Z')
                ch=(char)(ch+32);
            Console.WriteLine( $"{ch}");
            Console.Read();
        }
    }
}
```

运行结果:

第 1 次运行，输入大写字母 B，结果如图 2-21 所示。

```
C:\Users\孙晓叶\source\repos\ConsoleApp3\bir
输入一个字符:
B
b
```

图 2-21　第 1 次运行结果图

第 2 次运行，输入非大写字母$，结果如图 2-22 所示。

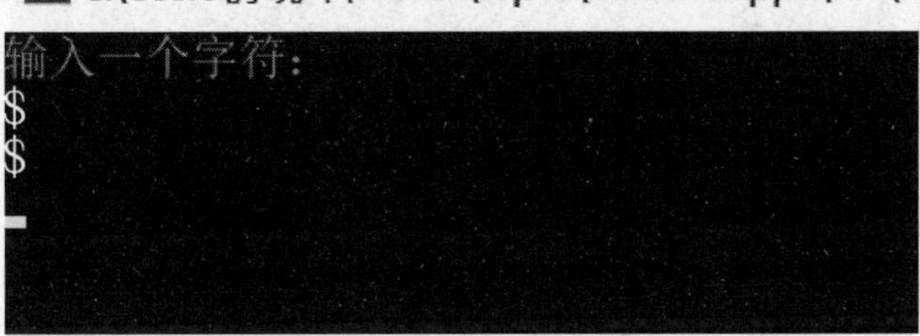

图 2-22　第 2 次运行结果图

2) if 语句的双分支结构

[格式]: if（表达式）语句 1;

else 语句 2;

[功能]: 首先计算表达式的值，若为非零值表示判断条件成立（真），则执行内嵌语

句 1；若为 0 表示判断条件不成立（假），则执行内嵌语句 2。无论是执行内嵌语句 1，还是执行内嵌语句 2，最后都将汇集到 if 语句后面的语句继续执行。其执行流程如图 2-23 所示。

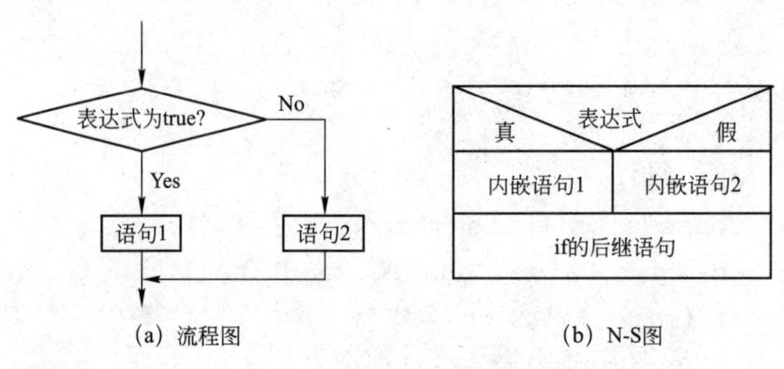

图 2-23　双分支 if 语句的执行流程

双分支 if 语句在执行时，内嵌语句 1 和内嵌语句 2 只可能是二选一。

例 2-13　输入三角形的三条边，求三角形面积，并以两位小数进行输出。输入三角形的三条边，在能构成三角形的情况下利用海伦定理计算三角形面积并以两位小数进行输出，否则输出信息“不能构成三角形”。

【设计思路】

定义整型变量 a，b，c 表示三角形的三条边，定义实型变量 s 和 area 表示三边和的一半及三角形面积。首先利用数学中的三角形构成定理：任意两边之和大于第三边或任意两边之差小于第三边，对输入的三条边进行判别，C# 语言描述如下：

```
a+b>c&&a+c>b&&b+c>a
```

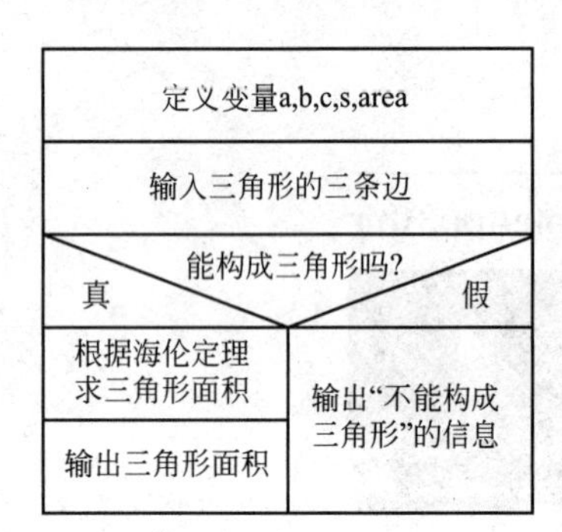

图 2-24　三角形面积流程图

其次，根据判别结果分情况处理，或计算三角形面积或输出“不能构成三角形”的信息。算法流程如图 2-24 所示。

C#程序代码如下：

```
using System;
namespace ConsoleApp3
{
    class Program
    {
        static void Main()
        {
            Console.Write("请输入三角形的第一边:");
              int a = Convert.ToInt32(Console.ReadLine()); Console.
                                        Write("请输入三角形的第二边:");
            int b=Convert.ToInt32(Console.ReadLine());
            Console.Write("请输入三角形的第三边:");
```

```
            int c=Convert.ToInt32(Console.ReadLine());

            //判断是否构造三角形
            if (a+b > c && a+c > b && b+c > a)
            {
                double area;
                double s;
                s=1.0/2* (a+b+c);
                area=Math.Sqrt(s* (s-a)* (s-b)* (s-c));
                Console.WriteLine("{0}、{1}、{2}构成的三角形面积是{3}",
                                     a,b,c,area);
            }
            else
                Console.WriteLine("不能构成的三角形");
        }
    }
}
```

运行结果：

第1次运行，输入的三边能构成三角形，运行结果如图2-25所示。

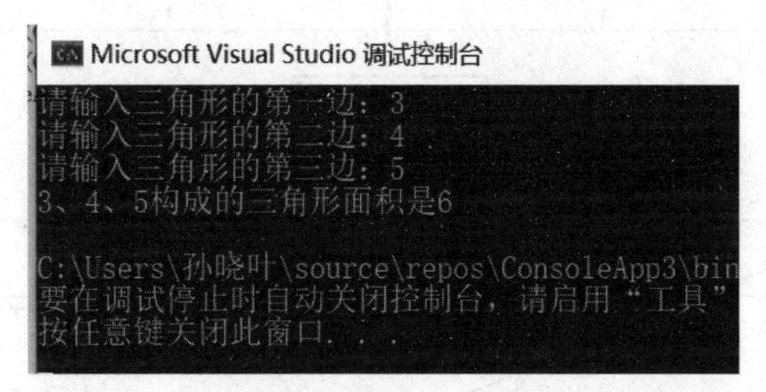

图2-25　第1次运行结果图

第2次运行，输入的三边不能构成三角形，如图2-26所示。

Microsoft Visual Studio 调试控制台
请输入三角形的第一边：4
请输入三角形的第二边：5
请输入三角形的第三边：10
不能构成的三角形
C:\Users\孙晓叶\source\repos\ConsoleApp3\bin\Debug\ne
要在调试停止时自动关闭控制台，请启用“工具”->“选项”
按任意键关闭此窗口

图2-26　第2次运行结果图

3）用if语句实现多分支选择结构

［格式］：if（表达式1）语句1；

else if（表达式 2）语句 2;
else if（表达式 3）语句 3;
……
else 语句 n;

[功能]：先计算表达式 1 的值，若结果为非零值，表示表达式 1 所描述的条件成立，则执行内嵌语句 1，若结果为 0，表示表达式 1 所描述的条件不成立，跳过内嵌语句 1，依次计算其他表达式的值，如果某个表达式结果为非零值，则执行其后的内嵌语句，若所有表达式的结果均为 0，则执行内嵌语句 $n+1$，无论执行了哪条分支的内嵌语句，最后都转到 if 语句后面的语句继续执行。其执行流程如图 2-27 所示。

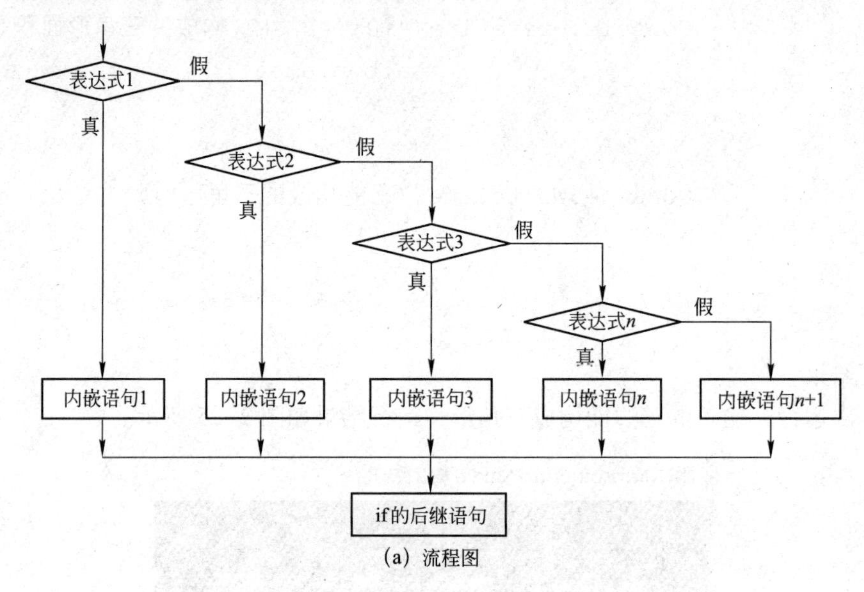

（a）流程图

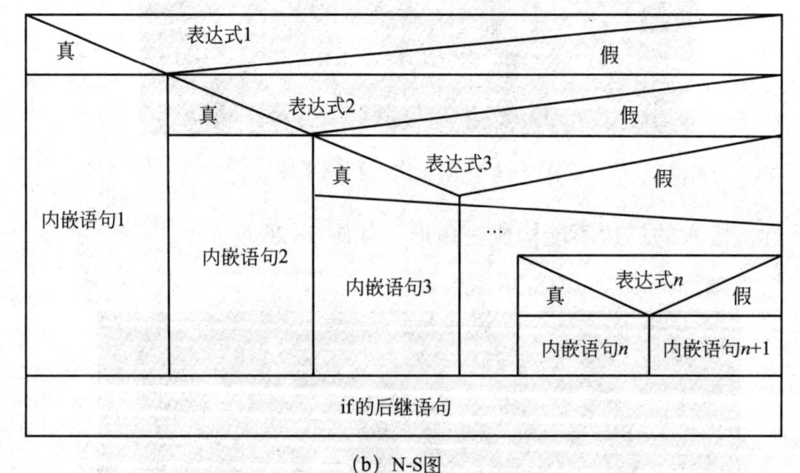

（b）N-S图

图 2-27　多分支 if 语句的执行流程

注意：if 语句的多分支结构本质上是 if 语句的一种嵌套形式，在 else 部分又嵌套了多层的 if 语句。

由图 2-27 可以看出，多分支 if 语句在执行时，内嵌语句也是多选一的关系。因此，if

语句中各表达式所描述的判断条件应是非此即彼的，即处于后面的表达式应出现在上一个表达式的 else 子句部分。

例 2-14　输入某人的身高和体重，编程计算其身体质量指数 BMI（俗称为肥胖指数）并以两位小数输出。根据身体质量指数 BMI，编程输出某人的体态状况。

【设计思路】

身体质量指数 BMI，作为评估个人体态和健康状况的多项标准之一，人们希望通过计算 BMI 值清楚自己的体态状况，从而进一步了解自身的健康程度。医务工作者经过广泛的调查分析，给出了以下按“身体质量指数”BMI 进行体态状况（肥胖程度）科学划分的方法。

$$\mathrm{BMI}=\frac{w}{h^2}$$

式中：w——体重，kg；

　　h——身高，m。

BMI 低于 18.5，体重过轻；

BMI 介于 18.5 和 25 之间，体重正常；

BMI 介于 25 和 28 之间，体重超重；

BMI 介于 28 和 32 之间，肥胖；

BMI 高于 32，非常肥胖。

因涉及对 BMI 取值的多情况判断且互斥，故应考虑采用多分支的 if 语句实现，程序中用到的 3 个变量 w、h 和 BMI 都应为实型。设计流程如图 2-28 所示。

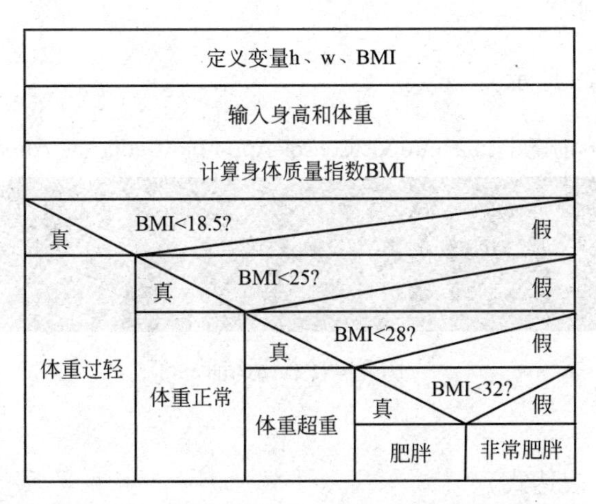

图 2-28　根据 BMI 输出人的体态状况设计流程

C#程序代码如下：

```
using System;
namespace ConsoleApp4
{
    class Program
    {
```

```
        static void Main(string[]args)
        {
            Console.Write("请输入体重(KG):");
            double w=Convert.ToSingle(Console.ReadLine());
            Console.Write("请输入身高(厘米):");
            double h=Convert.ToSingle(Console.ReadLine());
            double BMI=w/(h/100)^2;
            if (BMI<18.5)
                Console.WriteLine("您的体重偏轻.\n");
            else if (BMI<25)
                Console.WriteLine("您的体重正常.\n");
            else if (BMI<28)
                Console.WriteLine("您的体重超重.\n");
            else if (BMI<32)
                Console.WriteLine("您已经处于肥胖等级了.\n");
            else
                Console.WriteLine("您已是超级肥胖了.\n");
            Console.ReadLine();
        }
    }
}
```

运行结果如图 2-29 所示。

```
C:\Users\孙晓叶\source\repos\ConsoleApp4\bin\Debug\netcoreapp3.1\Co
请输入体重(KG):54
请输入身高(cm):163
您的体重偏轻.
```

图 2-29　显示结果

2. switch 语句

[格式]：switch（表达式）

{

case 常量表达式 1：语句 1；

break；

case 常量表达式 2：语句 2；

break；

……

case 常量表达式 n：语句 n；

break；

　　[default：语句 n+1；break；]

}

[功能]：根据"表达式"的值，决定执行不同的分支。

switch 语句的执行流程如图 2-30 所示。

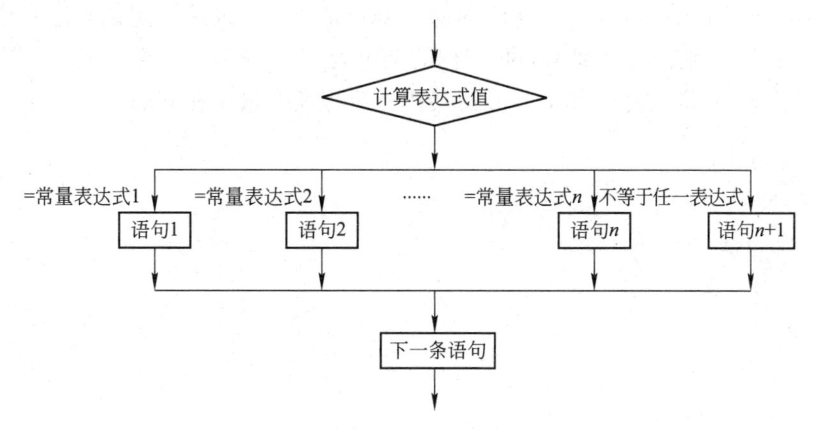

图 2-30　switch 语句的执行流程

说明：

① switch、case 和 default 都是关键字，且必须为小写形式；花括号括起来部分为 switch 语句的语句体，中括号括起来的 default 子句可选；各语句序列可由 0 或多条语句构成，无须加花括号构成复合语句。

② switch 圆括号中的表达式，应是运算结果为整型或字符型值的表达式。通常为单一整型或字符型变量。

③ case 后的常量表达式中不允许出现变量，且 case 和常量表达式之间必须有空格。

例如，设有定义语句：float a=3，b=4，c=0，x；

下面的 switch 语句是非法的。

```
switch(x)//switch 后面的表达式为实型
{
    case c:b++;         //case 后面出现了变量 c
    case 1:a++;         //case 和 1 之间没有空格
    case 2:a++;
        b++;
    default:b++;
}
```

④ 在同一 switch 语句中，各常量表达式的值不能相同。

⑤ switch 语句的执行过程如下：switch 后面括号中的表达式通常是一个整型或字符型的表达式，程序执行时首先计算表达式的值，然后依次与 case 后面的常量表达式 1、常量表达式 2、常量表达式 3、常量表达式 n 比较，若表达式的值与某个 case 后面的常量表达式值相等，就执行此 case 后面的语句，然后执行 break 语句以退出该 switch 语句。若表达

式的值与所有 case 后面的常量表达式的值都不相同，则执行 default 后面的“语句 $n+1$”，执行后退出 switch 语句，退出后程序流程转向 switch 语句后的下一个语句。

⑥ switch 语句多分支结构的实现。如果希望执行完某个 case 后面的语句序列就结束 switch 语句的执行，即实现程序的选择控制，则需要在每个语句序列中使用 break 语句，它可提前终止 switch 语句的执行，使流程退出 switch 结构。最后一组语句序列中可以不使用 break 语句，因为流程已经到 switch 结构的结束处。

将上例的 switch 语句修改如下，分析其执行流程及变量 a 和 b 的值。

```
switch(x)
{
    case 0:b++;
        break;
    case 1:a++;
        break;
    case 2:a++;
        b++;
        break;
    default:b++;
}
```

假设变量 x 值为 0，则以 case 0 为 switch 语句的执行入口标号，执行其后的语句序列，变量 b 增值一次，并执行 break 语句，使程序流程退出 switch 结构，因此不会再执行 case 1、case 2 及 default 后面的语句序列。故 a 值仍为 3 不变，b 值为 5。

同理，假设变量 x 值为 1，则执行 case 1 后的语句序列，变量 a 增值一次后就退出 switch 结构。故 a 值为 4，b 值仍为 4 不变。

假设变量 x 取值为 0~2 之外的数据，则执行 default 后的语句序列，只有变量 b 增值一次，故 a 值仍为 3 不变，b 值为 5。

注意：在各个语句序列中使用 break 语句后，各个 case 和 default 的出现次序不影响执行结果，如在上例中，先出现 defaut...，再出现“case 1：...”“case 2：...”“case 0：...”，执行结果是一样的。

⑦ switch 语句也可嵌套使用，语句序列中的 break 语句只能终止当前层 switch 语句的执行，且内外层 switch 语句 case 后的常量表达式值可以相同。

⑧ 多个 case 标号可共用一组语句序列。

⑨ break 不可以省略，否则将会出现错误。这和 C/C++不一样。

⑩ default 总是放在最后。default 语句也可以省略，当 default 语句默认后，如果 switch 后面的表达式的值与任一常量表达式值都不相同时，将不执行任何语句，直接退出 switch。

例 2-15　输入年、月，编程输出这个月的天数。

【设计思路】

定义整型变量 year，month 和 days 分别表示年份、月份和天数。每年的 1、3、5、7、8、10、12 月份的天数都为 31 天，4、6、9、11 月份的天数都为 30 天。关键问题在于 2 月份，其天数与年份有关，如果是闰年则为29天，如果是平年则为28天。因此要确定2月份的天数，还必须对年份进行判断。

判断某年year是否为闰年需满足下列两个条件之一：

（1）能被4整除但不能被100整除；

（2）能被400整除。

如果满足则为闰年，否则为平年。

上述条件可以用一个逻辑表达式进行描述：

```
(year% 4==0&&year% 100! =0) ‖ (year% 400==0)
```

本例可以使用开关语句switch实现。

C#程序代码如下：

```
using System;
namespace ConsoleApp6
{
  class Program
  {
    static void Main(string[]args)
    {
      Console.WriteLine("输入一个年份:");
      int year=int.Parse(Console.ReadLine());
      Console.WriteLine("请输入月份数字:");
      int month=int.Parse(Console.ReadLine());
      int days;
      switch (month)
      {
        case 1:
        case 3:
        case 5:
        case 7:
        case 8:
        case 10:
        case 12: Console.WriteLine("31 天");break;
        case 4:
        case 6:
        case 9:
        case 11: Console.WriteLine("30 天");;break;
        case 2:
          if ((year% 4==0 && year% 100 ! =0) ||year% 400==0)
            days=29;
```

```
            else
              days=28;
            break;
          default: Console.WriteLine("错误");break;
        }
        Console.ReadKey();
      }
    }
  }
```

运行结果：

第 1 次运行，输入合法数据，显示结果如图 2-31 所示。

图 2-31　第 1 次运行显示结果

第 2 次运行，输入非法数据，显示结果如图 2-32 所示。

Microsoft Visual Studio 调试控制台
输入一个年份:
2022
请输入月份数字:
15
错误

图 2-32　第 2 次运行显示结果

2.3.6　循环结构

在程序设计的过程中，常常会遇到需要重复处理的问题。例如，求 1 到 100 所有自然数的累加和，需要做 100 次相同的加法操作（若设和的初始值为 0）；求 20 的阶乘，需要做 20 次相同的乘法操作；输入全班 30 个学生某门课程的成绩，计算平均成绩，并输出低于平均成绩的学生，在这个问题中，会涉及 30 次相同的输入操作、计算操作及判别操作；在第 4 章的猜数游戏中，如果允许用户连续猜多次直到猜对为止，或者规定最多能猜 10 次，那么会涉及输入多次所猜的数，同时判断猜数结果的重复操作。

以上问题，都涉及需要重复执行一系列的操作。如果应用前面章节介绍的知识处理此问题，则需要分别定义若干个变量，对若干个变量进行赋值，再对若干个变量进行相同的加法、乘法、判别等运算，导致程序中会出现若干段相同或相似的语句。这种方法虽然可以实现要求，但工作量大、程序重复、冗长、维护性差，而且在程序运行的过程中，占用了更大的存储空间，最终导致程序的性能较差。

由此可见，仅仅学习顺序结构和选择结构是不够的，还要学习可以处理重复操作的方法，也就是循环（重复）结构。任何复杂的问题，都可以使用顺序结构、选择结构、循环结构来编程实现，它们是各种复杂程序的基本构成单元。

实现循环结构的语句有 3 种：while 语句、do... while 语句和 for 语句。3 种循环语句各有其特点。

1. while 循环语句

while 语句的一般形式如下：

```
while（表达式）
{
    语句组；
}
```

其中，“表达式”可以是任意的表达式，当为任意非零值时都为真。当条件为真时执行循环；当条件为假时，程序流将继续执行紧接着循环的下一条语句。“语句组”是循环体，即在满足给定循环条件的前提下，重复执行的程序段。语句组可以是一个单独的语句，也可以是几个语句组成的代码块。

while 语句执行过程如下。

① 计算表达式的值。

② 若表达式的值为真（非 0）时，则执行循环体语句，之后返回步骤①。

③ 若表达式的值为假（0）时，则结束 while 语句，继续执行 while 后面的其他语句。

其流程图如图 2-33 所示。

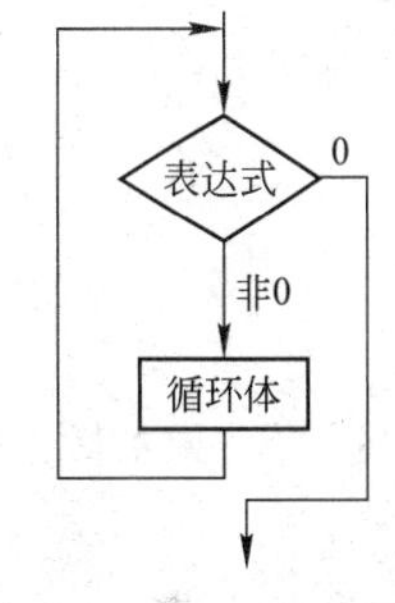

图 2-33　while 语句的执行流程

由此可见，循环体的执行次数是由循环条件表达式控制的，只要表达式的值为真，就执行循环体语句。而 while 循环的特点就是，先判断条件表达式，后执行循环体语句。

例 2-16　使用 while 语句编程求 1+2+3+…+100。

【设计思路】

这是累加问题，需要先后将 100 个数相加，若设初始的和为 0，则共需重复 100 次加法运算，每次加一个数，并且每次累加的数是有规律的，后一个数是前一个数加 1 而得，显然可用循环实现。

根据以上分析，设计本例的算法如下。

(1) 设置代表加数的变量 i，以及代表累加和的变量 sum，为 i 和 sum 赋初值，使 i=1，sum=0。

(2) 判断 i 的值，若 i≤100 则执行步骤（3）；否则，转步骤（5）。

(3) sum 加 i。

(4) i 加 1，转步骤（2）。

(5) 显示 sum 的值，结束。

C#程序代码如下：

```
using System;
```

```
namespace ConsoleApp7
{
    class Program
    {
        static void Main(string[]args)
        {
            int i=1,sum=0;//定义变量 i,代表加数,初值为 1;定义变量 sum,
                              代表累加和,初值为 0
            while (i<=100) //当条件表达式 i<=100 为真时,执行循环体,否则
                              结束 while 语句
            {
                sum=sum+i; //每次加一个数
                i++;       //求下一个加数,为下一次累加做准备
            }
            Console.WriteLine("1+2+3+......+100={0}",sum);
                          //当条件表达式 i<=100 为假时,结束 while 语句,
                              输出累加和
        }
    }
}
```

运行结果如图 2-34 所示。

图 2-34　例 2-16 显示结果

注意：

① 在 while 循环开始之前，一定要给 i 和 sum 赋初值，否则它们的值将是不可预测的。

② 循环体包含一条以上的语句时，必须用花括号将循环体括起来，作为复合语句。如果不加花括号，循环体则只有一条语句 sum=sum+i，稍作分析，会发现此时的循环为死循环，循环永不结束，必然不会输出程序的运行结果。

③ 在循环体中应该包含使循环条件趋向于假的语句，否则循环为死循环。

④ 循环条件表达式的后面没有分号，若有分号，则表示将分号（空语句）作为循环体，此时的循环为死循环。

2. do...while 语句

除了 while 语句外，C 语言还提供了 do...while 语句来实现循环结构。

do...while 语句的一般形式如下：

```
do
{
    语句组;
}
while (表达式);
```

其中，“语句组”是循环体，即需要重复执行的程序段。语句组可以是一条简单的语句（此时，花括号可以省略），也可以是由若干语句构成的复合语句（此时，花括号不可以省略）。与 while 语句不同，do...while 语句中的循环条件表达式是在执行循环体后进行测试的。即 do...while 循环的特点是，先执行循环体语句，后判断条件表达式。

do...while 语句的具体执行过程如下。

（1）执行循环体中的语句。

（2）判别循环条件表达式的值。

（3）若表达式的值为真（非 0）时，则返回步骤（1）重新执行循环体语句。

（4）若表达式的值为假（0）时，则结束 do...while 语句，继续执行 do...while 后面的其他语句。

其流程图如图 2-35 所示。

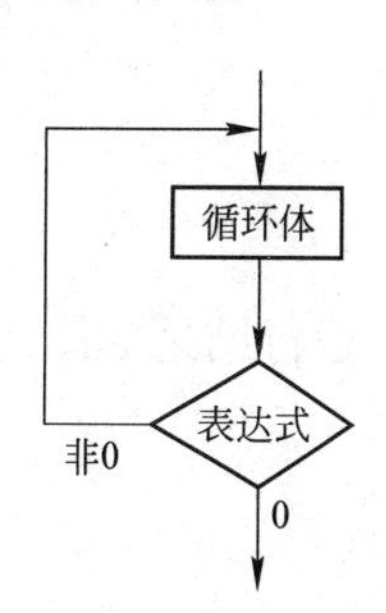

图 2-35　do...while 语句的执行流程

注意：

do...while 语句先无条件地执行一次循环体，然后检查循环条件表达式是否为真，若为真，则再执行循环体；如此反复，直到表达式的值为假为止，此时循环结束。

由此可见，do...while 语句的循环体语句至少被执行一次；而 while 语句中的循环体语句可能一次都不被执行。这就是二者的区别。

例 2-17　使用 do...while 语句编程求 1+2+3+…+100。

【设计思路】

同例 2-16 中的分析，仍用循环结构来处理，用 do...while 语句实现，设计该例的算法如下。

（1）设置代表加数的变量 i，以及代表累加和的变量 sum，为 i 和 sum 赋初值，使 i=1，sum=0。

（2）sum 加 i。

（3）i 加 1。

（4）判断 i 的值，若 i<=100 则转向步骤（2）继续执行；否则，转向步骤（5）。

（5）显示 sum 的值，结束。

C#程序代码如下：

```
using System;
namespace ConsoleApp7
{
    class Program
    {
```

```
        static void Main(string[]args)
        {
            int i=1,sum=0;   //定义变量 i,代表加数,初值为 1;定义变量
                               sum,代表累加和,初值为 0
            do
            {
                sum=sum+i;     //每次加一个数
                i++;           //求下一个加数,为下一次累加做准备
            } while (i<=100); //先执行循环体,后判断表达式,若其值为真,则
                               重新执行循环体
            Console.WriteLine("1+2+3+......+100={0}",sum);
                             //若表达式 i<=100 为假,则结束 do-while
                               语句,输出累加和
        }
    }
}
```

运行结果如图 2-36 所示。

图 2-36　例 2-17 显示结果

注意:

① 同 while 语句一样，do... while 循环开始之前，一定要给 i 和 sum 赋初值，否则它们的值将是不可预测的。

② do 后面的“{”和“}”之间的语句是其循环体，若循环体包含一条以上的语句，必须用花括号括起来，作为复合语句，如果不加花括号，程序将出现语法错误。

③ do... while 语句中 while 后面的表达式“i<=100”是循环控制条件，后面一定要带分号。

④ 程序在执行过程中，执行到 do... while 语句时，先执行一次循环体语句，然后再判断循环条件 i<=100 是否成立，若该条件成立，则继续执行循环体；否则，结束 do... while 语句，执行其下的 Console. WriteLine 语句，输出累加结果。

⑤ 在循环体中应该包含使循环条件趋向于假的语句，否则循环为死循环。

对比例 2-16 和例 2-17 可以看到，虽然 while 语句和 do... while 语句的执行流程不同（前者先判断循环条件，之后再通过循环条件的值来决定是否执行循环体；而后者先执行一次循环体，之后再判断条件来决定是否继续执行循环体），但当处理同一个问题时，如果循环体相同，并且两者的循环条件表达式的第一次的值均为“真”时，两种循环得到的

结果是相同的。如果两种循环中循环条件表达式的第一次的值为“假”时，即使循环体相同，那么循环结果也是不同的。例如，对例 2-16 和例 2-17 中的程序稍作修改（将两个程序中 i 的初始值均设为 101，其他不变），两个程序将出现不同的运行结果。

```
static void Main(string[]args)
{
    int i=101,sum=0;
    while(i<=100)
    {sum=sum+i;
    i++;
    }
    Console.WriteLine("1+2+3+
......+100={0}",sum);

}
```

```
static void Main(string[]args)
{
    int i=101,sum=0;
    do
    {
    sum=sum+i;
    i++;
    }while(i<=100);
    Console.WriteLine("1+2+3
+......+100={0}",sum);
}
```

左边的程序执行到 while 语句时，先判断条件，因为条件一开始就为假，因此循环体一次都不被执行，故程序的输出结果为 sum=0。

右边的程序执行到 do... while 语句时，先执行一次循环体，使 sum 的值变为 101，i 的值变为 102，之后判断循环条件为假，退出循环，故程序的输出结果为 sum=101。

3. for 循环语句

除了 while 语句和 do... while 语句外，C 语言程序中还可以使用 for 语句实现循环，其使用方式更为灵活。

for 语句的一般形式为：

```
for(表达式 1;表达式 2;表达式 3)
{
    循环体语句组
}
```

[功能]：首先计算表达式 1，然后计算表达式 2，若表达式 2 的值为 true，则执行 for 语句中的循环体（语句），循环体执行后，计算表达式 3，然后再计算表达式 2，若表达式 2 的值为 true，再执行 for 语句中的循环体（语句）……如此循环，当某一次计算表达式 2 的值时发现它的值为 false，将退出 for 循环，执行 for 后面的语句。

for 语句的执行流程如图 2-37 所示。

通过分析 for 语句的执行流程，可以看出 for 循环语句的循环控制过程与下列的 while 语句是等价的。

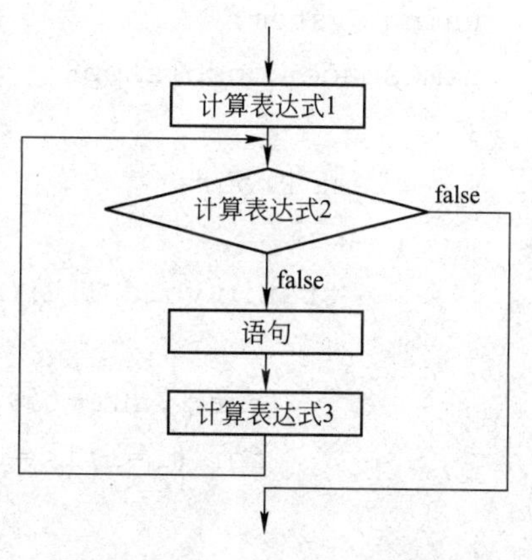

图 2-37　for 语句的执行流程

表达式 1;
while（表达式 2）
{
    循环体语句组
    表达式 3;
}

表达式 1 只执行一次，可用来设置循环的初始条件，为零个、一个或多个变量设置初始值。

在每次执行循环体前都需先计算表达式 2 的值，如果其值为真，则执行循环体，否则结束循环。因此，表达式 2 可作为循环条件表达式，即循环执行的条件，用来判定是否继续循环。

表达式 3 是在每次执行完循环体后才执行的，因此可作为循环的调整器，即定义每执行一次循环后循环变量的变化，例如，使循环变量增值等，从而使表达式 2 的值趋于为假，避免出现死循环。

因此，for 语句可以理解为：

for（循环变量赋初值；循环条件；循环变量增值）
{循环体语句组}

for 语句中的 3 个表达式之间必须由分号“;”分隔，两个分号必不可少。

问题：

(1)“表达式 1”可省略吗？

For 语句中的表达式 1 可省略，此时应在 for 语句。

(2)“表达式 2”应是逻辑表达式或关系表达式，可省略吗？

(3)“表达式 3”可省略吗？

(4) 可以同时省略“表达式 1”和“表达式 3”吗？

(5) 可以同时省略“表达式 1”、“表达式 2”和“表达式 3”吗？

例 2-18 使用 for 语句编程求 1+2+3+…+100。

C#程序代码如下：

```
using System;
namespace ConsoleApp8
{
    class Program
    {
        static void Main(string[]args)
        {
            int i,sum=0;//定义循环控制变量 i;定义累加和 sum,初值为 0
            for (i=1;i<=100;i++)//设置循环变量初值、循环条件,每执行一次
                                  循环体,循环变量增1
                sum=sum+i;//循环体语句
            Console.WriteLine("1+2+3+......+100={0}",sum);
```

```
                                    //当条件表达式 i<=100 为假时,结束 for
                                      语句,输出累加和
        }
    }
}
```

运行结果如图 2-38 所示。

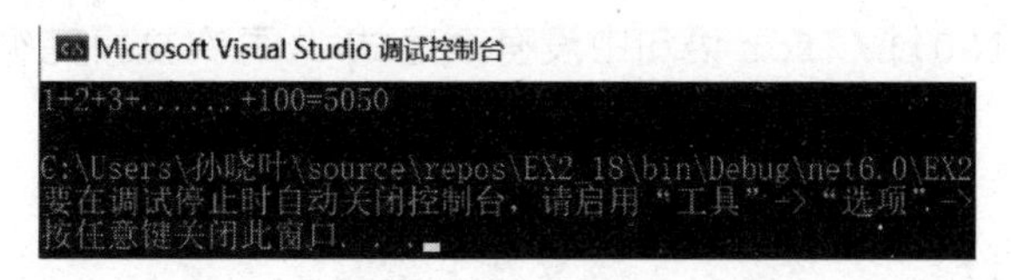

图 2-38　例 2-18 显示结果

【程序分析】

（1）在本例中，按照 for 语句的执行流程，先求解表达式 1（将 1 赋值给变量 i）；接着求解表达式 2（判断 i<=100 是否为真），当 i=1 时，表达式 i<=100 的值为真，故执行循环体语句，对 sum 重新赋值；然后求解表达式 3（使 i 的值加 1，变为 2）；之后继续求解表达式 2，当 i=2 时，表达式 i<=100 的值为真，故继续执行循环体；再次求解表达式 3，使 i 的值变为 3，判断表达式 2……如此反复。直到 i 变为 101，此时循环条件 i<=100 的值为假，不再执行循环体，结束 for 语句，继续执行 for 语句之后的其他语句，输出 sum 的最终值。

每次循环体执行之前都需要判断表达式 2（i<=100）是否为真，若为真，则执行循环体，否则结束循环。每次执行完循环体，都要求解表达式 3 的值，之后继续判断表达式 2 是否为真，若为真，继续执行循环体，否则结束循环……。因此，本例中的 for 语句可改写为：

```
i=1;
while(i<=100)
{
    sum=sum+i;
    i++;
}
```

（2）若将本例中的 for 语句改为：

```
for(i=1;i<=100;i++);//注意:本行后面的分号不该加
sum=sum+i;
```

程序的运行结果将得不到期望值，原因是此时循环体为空语句，随着 for 语句的执行，当 i 的值变为 101 时，循环条件的值变为假，此时，将结束 for 语句，进而执行 for 语句后面的语句，即 sum=sum+i；因此最终 sum 的值为 101。

（3）如果在 for 语句的前面给循环变量赋初值，则表达式 1 可以省略，但表达式 1 后面的分号不能省。如本例中的 for 语句可改为：

```
i=1;
for(;i<=100;i++)//for 语句中没有表达式 1,执行时,将直接判断循环条件
sum=sum+i;
```

(4) 每次执行完循环体语句后，表达式 3 都会被执行一次，因此表达式 3 可以作为循环体的一部分。当在循环体中改变了循环控制变量时，表达式 3 可以省略。如本例中的 for 语句可改为：

```
for(i=1;i<=100;)//for 语句中没有表达式 3,每次执行完循环体后,直接判断循
                环条件
{
    sum=sum+i;
    i++;//表达式 3 作为了循环体的一部分
}
```

(5) 表达式 1 和表达式 3 也可以同时省略。此时，本例中的 for 语句可改为：

```
i=1;//在 for 语句之前为循环控制变量赋初值
for(;i<=100;)//没有表达式 1 和表达式 3,执行时将跳过求解表达式 1 和表达式 3
              的过程
{
    sum=sum+i;
    i++;//表达式 3 作为了循环体的一部分
}
```

(6) 实际上，for 语句中的三个表达式均可以省略，而两个分号必不可少。但是，一般表达式 2 很少省略，若省略，则表示循环条件永远为真，容易造成死循环。

(7) 表达式 1 和表达式 3 既可以是与循环控制变量相关的表达式，也可以是与循环变量无关的其他表达式；既可以为简单的表达式，也可以是逗号表达式。

由逗号运算符“,”连接起来的多个表达式，就构成了逗号表达式，其一般形式为：

表达式 1，表达式 2，…，表达式 n

其作用是实现对各个表达式的顺序求值。在执行时，从左到右依次计算各表达式的值，先求解表达式 1 的值，再求解表达式 2 的值，…，最后求解表达式 n 的值，并将最后一个表达式的值作为整个逗号表达式的值。

实际上，在多数情况下，使用逗号表达式的目的只是要分别得到各个表达式的值，而并非要得到整个逗号表达式的值，常用在 for 语句中。

例如，本例中的 for 语句可改为：

```
for(i=1,sum=0;i<=100;i++)//表达式 1 为逗号表达式
    sum=sum+i;
```

或者

```
for(i=1,sum=0;i<=100;sum=sum+i,i++);
```

此时，后者中，表达式1和表达式3均为逗号表达式，并将循环体语句写入表达式3部分，将循环体设为空语句，此时，for语句后面的分号不可少。

while、do...while和for语句都可以用来处理同一问题，并可相互转换。一般情况下，对于循环次数事先已知的循环，用for语句编写程序更为简单、方便、灵活，例2-18足以见证for语句在处理计数控制循环问题中的优势；而在循环次数事先未知的情况下，通常需要一个条件控制，这时用while语句和do...while语句则更方便，具体用哪一种语句更简洁还得根据具体情况而定。在处理问题的过程中，不管采用哪一种循环语句，都需注意循环体或for语句的表达式3中应该包含使循环趋于结束的语句，避免程序无终止地执行。

4. break和continue语句

1）break语句

[格式]：break;

[功能]：终止对循环的执行，流程直接跳转到当前循环语句的下一语句执行。

[说明]：break语句只可用在switch语句和3种循环语句中；一般在循环体中并不直接使用break语句，而是和一个if语句进行配合使用。

break语句的执行流程如图2-39所示。

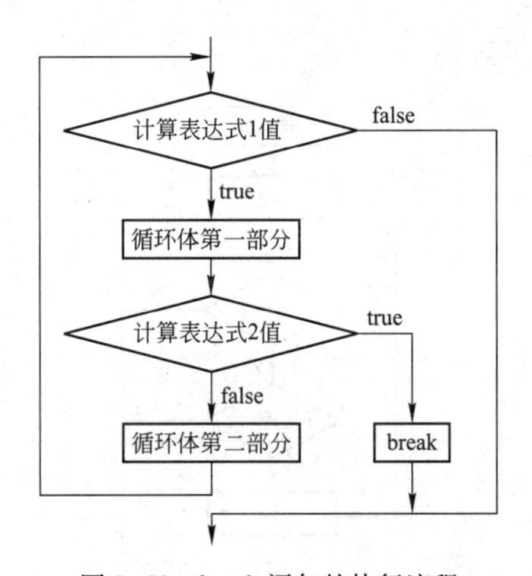

图2-39　break语句的执行流程

下面通过一个实例说明break语句在循环结构中的应用。

例2-19　输入整数n，判定它是否为素数（质数）。

【设计思路】

让n被i除（i的值从2变到n-1），如果n能被2~(n-1)之中的任何一个整数整除，则可以断定n肯定不是素数，不必再继续被后面的整数除，因此，可以提前结束循环。需要注意的是，此时i的值必然小于n。程序流程图如图2-40所示。

C#程序代码如下：

```
using System;
namespace ConsoleApp10
{
    class Program
```

```
    {
        static void Main(string[]args)
        {
            int n,i;
            Console.WriteLine("请输入 n 的值:");
            n=Convert.ToInt32(Console.ReadLine());
            for (i=2;i<=n-1;i++)
                if (n% i==0) break;//如果满足给定条件,执行 break 语句,
                                                    强行退出循环
            if (i<n)
                Console.WriteLine("{0}不是素数!",n);
            else
                Console.WriteLine("{0}是素数!",n);
        }
    }
}
```

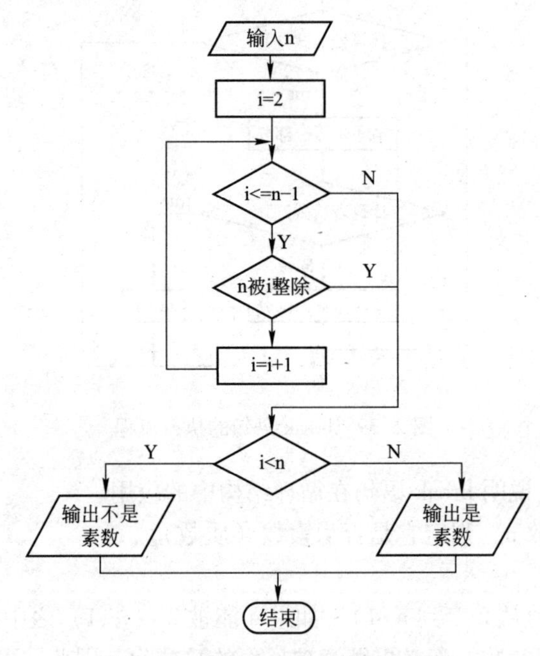

图 2-40　判断 n 是否是素数流程图

运行结果如图 2-41 所示。

运行结果（若输入的值为 5）如图 2-42 所示。

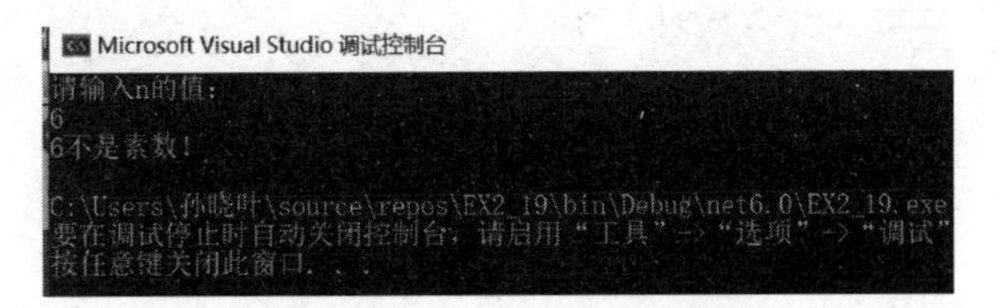

图 2-41　例 2-19 显示结果

```
Microsoft Visual Studio 调试控制台
请输入n的值:
5
5是素数!

C:\Users\孙晓叶\source\repos\EX2_19\bin\Debug\net6.0\EX2_
要在调试停止时自动关闭控制台，请启用“工具”->“选项”->
按任意键关闭此窗口. . .
```

图 2-42　输入素数显示结果

【程序分析】

在程序执行过程中，如果 n 能被 2～(n-1) 之中的任何一个整数整除，则可以断定 n 肯定不是素数。此时，不必再继续判断 n 能否被后面的整数整除，可由 break 语句提前结束循环。例如，n=6，i=2 时，n 能被 2 整除，可以断定 6 为素数，而没有必要再继续判断 6 能否被 3～7 后面的数整除，由 break 语句提前结束循环，此时，i 的值并未达到 n 的值，因此直接输出 6 不是素数。如果 n=5，5 不能被 2～6 之间任何的一个整数整除，循环不会由 break 语句而提前结束，而是依据 for 循环中的循环条件不再满足 i<=n-1 而结束循环，此时 i 的值必然要大于指定的循环变量终值 n-1，因此输出 5 是素数。据此，只要在循环结束后检查变量 i 的值，就能判定循环是否被 break 语句提前结束。如果是提前结束，则说明 n 不是素数，否则 n 为素数。

其实 n 不必被 2～(n-1) 范围内的各整数去除，只须将 n 被 2～(n 的算术平方根) 之间的整数整除即可。例如，判断 5 是否为素数，只须将 5 被 2、3 除即可。这样可减少循环次数，提高程序的执行效率。因此，可改进程序如下：

```
using System;
namespace ConsoleApp11
{
    class Program
    {
        static void Main(string[]args)
        {
            int m,i,count=0;
            Console.WriteLine("请输入一个整数:");
            m=Convert.ToInt32(Console.ReadLine());
            for (i=2;i<=Math.Sqrt(m);i++)
            {
```

```
                if (m% i==0)
                {
                    count=1;
                    break;
                }
            }
            if (count==0)
            {
                Console.WriteLine("{0}是素数!",m);
            }
            else
            {
                Console.WriteLine("{0}不是素数!",m);
            }
            Console.ReadLine();
        }
    }
}
```

通常 break 语句在循环体中与 if 语句联合使用，表明程序在何种条件下提前结束循环，使程序的流程强行跳转到循环下面的语句执行。

2）continue 语句

continue 语句只能用于 for、while、do...while 语句的循环体中，并与 if 语句一起使用。其作用是在执行循环体的过程中，当满足一定的条件时，跳过循环体中剩余的语句而强行执行下一次循环，即结束本次循环，继续执行下一次循环。

[格式]：continue;

[功能]：结束本次循环，即跳过本次循环体中余下的尚未执行的语句，接着再一次进行循环条件判断，以便执行下一次循环。

[说明]：

（1）执行 continue 语句并没有使整个循环终止，只是结束本次循环的执行。

（2）在 for 循环中，遇到 continue 后，跳过循环体中余下的语句，去计算“表达式 3”，然后再计算“表达式 2”以决定是否开始下一次循环。

（3）一般在循环体中也不直接使用 continue 语句，而是和一个 if 语句进行配合使用。

例 2-20 判断输出 1990—2020 年之间的闰年。

【设计思路】

对 1990—2020 年之间的每一年份进行检查；如果某年份不符合闰年条件，则为平年，将此年份输出；如果某年份符合闰年条件，就不输出此年份。无论是否输出此年份，都要接着检查下一年。若设 year 为被判断的年份，那么判断 year 为闰年的条件为：（year%4==0&&year%100!=0）||year%400==0。程序流程图如图 2-43 所示。

C#程序代码如下：

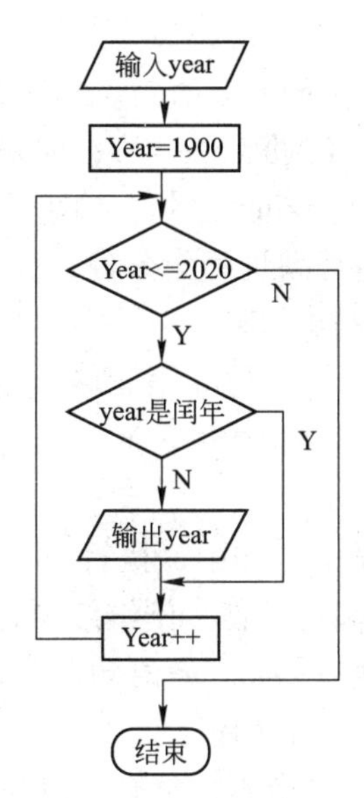

图 2-43　输出 1990—2020 年之间的所有平年的年份流程图

```
using System;
namespace ConsoleApp13
{
    class Program
    {
        static void Main(string[]args)
        {
            int year;
            for (year=1990;year<=2020;year++)
            {
                if((year% 4==0 && year% 100! =0)||year% 400==0)
                    continue;
                Console.Write("{0}"+"",year);
            }
        }
    }
}
```

运行结果如图 2-44 所示。

图 2-44　例 2-20 显示结果

【程序分析】

当 year 满足闰年条件时，执行 continue 语句，程序的流程将跳过 printf 语句，结束本次循环，然后继续执行下一次循环（判断下一年）；如果 year 不满足闰年条件（为平年），就不会执行 continue 语句，此时执行 printf 语句，输出平年的年份，之后继续执行下一次循环。由此可以看出，无论 year 是否满足闰年条件，循环的次数总是固定的，不会改变，即 continue 语句不会改变循环体执行的次数。

continue 语句只能用在循环体中，并与 if 语句联合使用，表明程序在何种条件下结束本次循环，继续下一次循环（跳过循环体中下面尚未执行的语句，跳转到循环体结束点之前）。

若 continue 语句用于 for 语句的循环体中，执行 continue 语句后，将执行 for 语句中的表达式 3，之后判断循环条件，若满足条件，则继续执行循环体；若将 continue 用于 while 或 do... while 语句的循环体中，执行 continue 语句后，程序的流程将跳转到判断 while 后面的循环条件，若条件为真，继续执行循环体。

注意：continue 语句的作用只是结束本次循环，继续下一次循环，并不终止整个循环的执行。而 break 语句则是结束整个循环，不再继续下一次循环。请读者注意二者的区别。

5. 随机数的产生方法

在实际应用中很多地方会用到随机数，如需要生成唯一的订单号。随机数就是产生的毫无关系的一些数字。在程序设计中，也经常需要产生随机数。那么 C#生成随机数的方法有哪些呢？在 C#中获取随机数有 3 种方法：Random 类、Guid 类及 RNGCryptoServiceProvider 类。

1）Random 类

（1）生成 Random 类的对象。Random 类默认的无参构造函数可以根据当前系统时钟为种子，进行一系列算法得出要求范围内的伪随机数。

［格式］：Random randomObj=new Random()；

［功能］：生成一个名为 randomObj 的 Random 类的对象。

Random rd=new Random()

rd. next（1，10）（生成 1~10 之间的随机数，不包括 10）

这种随机数可以达到一些要求较低的目标，但是如果在高并发的情况下，Random 类所取到的系统时钟种子接近甚至完全一样，就很有可能出现重复，这里用循环来举例。

```
for(int i=0;i<10;i++)
{
    Random rd=new Random();
    Console.WriteLine(rd.Next(10,100).ToString());
}
```

这个例子会得到 10 个相同的随机数，应循环完成的时间是非常短，所以根据系统时间作为种子算出的随机数就会是一样的。所以 Random 循环只适用于要求比较低的情况。

（2）生成随机数。

［格式 1］：randomObj. Next()；

[功能]：产生一个从0到常量Int32. MaxValue（值为2 147 483 647）之间的一个随机整数。需要注意：Next方法产生的数值事实上都是伪随机数——它是一个复杂的算术计算产生的序列。

[格式2]：randomObj. Next(N)；

[功能]：产生0~N-1之间的随机整数。

例如：Random randomObj=new Random()

n=randomObj. Next(100)；

作用是产生一个0~100之间的随机整数并赋值给变量n。

[格式3]：randomObj. Next(N，M)；

[功能]：产生N~M-1之间的随机整数。

Random randomObj=new Random()

m=randomObj. Next(15，50)；

作用是产生一个15~50之间的随机整数并赋值给变量m。

2）Guid类

System. Guid

GUID（globally unique identifier）全球唯一标识符。

GUID的计算使用到了很多在本机可取到的数字，如硬件的ID码，当前时间等，所计算出的128位整数（16字节）可以接近唯一的输出。

```
Console.WriteLine(Guid.NewGuid().ToString());
```

计算结果是xxxxxxxx-xxxx-xxxx-xxxx-xxxxxxxxxxxx结构的16进制数字。当然这个格式也是可以更改的，常用的4种格式如下。

```
var uuid = Guid.NewGuid().ToString();//9af7f46a - ea52 - 4aa3 - b8c3
-9fd484c2af12
var uuidN=Guid.NewGuid().ToString("N");//e0a953c3ee6040eaa9fae2b
667060e09
var uuidD=Guid.NewGuid().ToString("D");//9af7f46a-ea52-4aa3-b8c3
-9fd484c2af12
var uuidB = Guid.NewGuid().ToString("B");//{734fd453-a4f8-4c5d-
9c98-3fe2d7079760}
var uuidP = Guid.NewGuid().ToString("P");//(ade24d16-db0f-40af-
8794-1e08e2040df3)
var uuidX = Guid.NewGuid().ToString("X");//{0x3fa412e3, 0x8356,
0x428f,{0xaa,0x34,0xb7,0x40,0xda,0xaf,0x45,0x6f}}
```

3）RNGCryptoServiceProvider类

System. Security. Cryptography. RNGCryptoServiceProvider

RNGCryptoServiceProvider使用加密服务提供程序（CSP）提供的实现来实现加密随机数生成器（RNG）

RNGCryptoServiceProvider csp=new RNGCryptoServiceProvider()；

byte [ ] byteCsp=new byte[10];

csp. GetBytes(byteCsp);

Console. WriteLine (BitConverter. ToString (byteCsp));

因该类使用更严密的算法，所以即使如下面一般放在循环中，所计算出的随机数也是不同的。

```
for(int i=0;i<10;i++)
{
    RNGCryptoServiceProvider csp=new RNGCryptoServiceProvider();
    byte[]byteCsp=new byte[10];
    csp. GetBytes(byteCsp);
    Console. WriteLine(BitConverter. ToString(byteCsp));
}
```

但是 RNGCryptoServiceProvider 的计算较为烦琐，在循环中使用会消耗造成大量的系统资源开销，使用时需注意。

6. 循环的嵌套

在循环结构中，如果在一个循环体内又包含了另一个完整的循环结构，就构成了多重循环，也称为循环的嵌套。嵌在循环体内的循环称为内循环，嵌有内循环的循环称为外循环。

C#允许在一个循环内使用另一个循环，下面演示几个实例来说明这个概念。

C#中嵌套 for 循环语句的语法如下：

```
for(表达式 1;表达式 2;表达式 3)
{
    for(表达式 1;表达式 2;表达式 3)
    {
    循环体语句;
    }
    循环体语句;
}
```

C#中嵌套 while 循环语句的语法：

```
while(表达式)
{
    while(表达式)
    {
    语句;
    }
    语句;
}
```

C#中嵌套 do...while 循环语句的语法：

```
do
{
    S 语句;
    do
    {
    语句;
    }while(表达式);

}while(表达式);
```

在循环结构中，如果在一个循环体内又包含了另一个完整的循环结构，就构成了多重循环，也称为循环的嵌套。嵌在循环体内的循环称为内循环，嵌有内循环的循环称为外循环。

例 2-21　输出以下 & 三角图形，共 10 行，& 数目逐行加 1。

&
&&
&&&
&&&&
⋮
&&&&&&&&&&

【设计思路】

该题目要求输出 10 行 & 符号，而在具体输出某行的过程中，输出 & 符号的数量有一定的规律：第 1 行输出 1 个，第 2 行输出 2 个，第 3 行输出 3 个，第 4 行输出 4 个，……，第 10 行输出 10 个。可以设置以下程序段来控制每行的输出（其中 col 作为控制每行输出符号个数的循环变量）：

```
/* 输出第 1 行* /
for(col=1;col<=1;col++)
    Console.Write("&");
Console.Write("\n");
/* 输出第 2 行* /
for(col=1;col<=2;col++)
    Console.Write("&");
Console.Write("\n");

/* 输出第 3 行* /
for(col=1;col<=3;col++)
    Console.Write("&");
Console.Write("\n");
/* 输出第 4 行* /
```

```
for(col=1;col<=4;col++)
    Console.Write("&");
Console.Write("\n");

......

/* 输出第10行* /
for(col=1;col<=10;col++)
  Console.Write("&");
Console.Write("\n");
```

经观察比较，输出10行的过程实际上是一样的，只是输出的符号数量不同而已，反映在程序中，则是循环体是相同的，而for循环中的循环次数不同。鉴于此，可以设置另一个循环变量row，使用循环语句去控制10行符号的重复输出。综上，可将以上程序段简写为：

```
for(row=1;row<=10;row++)
{
    for(col=1;col<=row;col++)
        Console.Write("&");
    Console.Write("\n");
}
```

C#程序代码如下：

```
using System;
namespace ConsoleApp14
{
    class Program
    {
        static void Main(string[ ]args)
        {
            int row,col;
            for (row=1;row<=10;row++)//外层循环,负责控制输出10行
            {
                for (col=1;col<=row;col++)//内层循环,负责控制每行输出
                                                                符号的数量
                    Console.Write("&");
                Console.Write("\n");
            }
        }
    }
}
```

运行结果如图 2-45 所示。

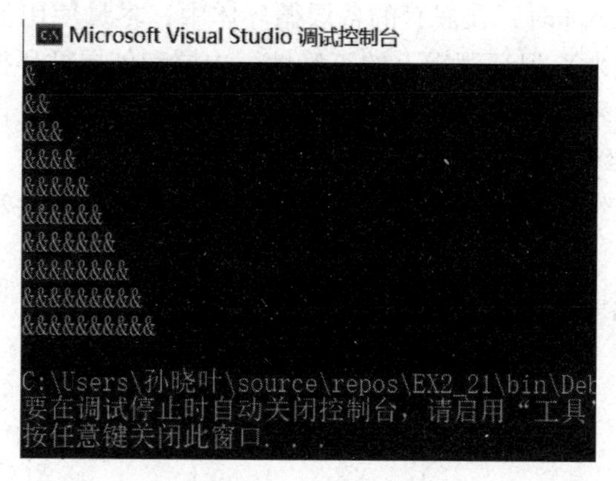

图 2-45　例 2-21 显示结果

【程序分析】

该例使用循环的嵌套（双重循环）实现，即在一个 for 循环的循环体中又包含了另外一个 for 循环。其中外层循环负责控制输出 10 行，row 为循环变量，累计输出的行数，控制外层循环的循环次数；内层循环负责控制每行的输出。

在执行嵌套循环时，由外层循环进入内层循环，并在内层循环终止后继续执行外层循环，再由外层循环进入内层循环，一直到外层循环终止。

该例中，先定义了两个循环变量 row 和 col，然后进入外层循环执行。

当 row=1 时，符合外层循环执行的条件（row<=10），进入内层循环开始执行。col=1 时输出一个 & 符号，之后内层循环结束；输出一个换行符后，继续执行外层循环：计算外层循环 for 语句中的表达式 3（row++），使 row 的值变为 2。

当 row=2 时，符合外层循环执行的条件，再次进入内层循环开始执行。col 由 1 变到 2，输出两个 & 符号，之后内层循环结束；输出一个换行符后，继续执行外层循环，使 row 的值变为 3。

当 row=3 时，符合外层循环执行的条件，再次进入内层循环开始执行。col 由 1 变到 3，输出 3 个 & 符号，之后内层循环结束；输出一个换行符后，继续执行外层循环，使 row 的值变为 4。

当 row=4 时，符合外层循环执行的条件，再次进入内层循环开始执行。col 由 1 变到 4，输出 4 个 & 符号，之后内层循环结束；输出一个换行符后，继续执行外层循环，使 row 的值变为 5。

…………

以此类推，当 row=10 时，符合外层循环执行的条件，再次进入内层循环开始执行。col 由 1 变到 10，输出 10 个 & 符号，之后内层循环结束；输出一个换行符后，继续执行外层循环。

此时经过外层循环 for 语句中的表达式 3：row++，使 row 变成了 11，不再满足外层循环的条件，致使外层循环结束。继续执行外层循环下面的其他语句，整个程序结束。

在实际应用中，内嵌的循环中还可以嵌套循环，这就是多层循环（多重循环）。3 种循环（while 循环、do...while 循环和 for 循环）可以互相嵌套。

注意：当使用嵌套循环时，在嵌套的各层循环体中，尽量使用复合语句（用一对大花括号将循环体语句括起来）保证逻辑上的正确性；内层和外层循环控制变量不应同名，以免造成混乱；循环嵌套不能交叉，即在一个循环体内必须完整地包含着另一个循环。

7. 循环结构应用举例

本节通过几个循环结构的应用实例使读者进一步掌握编程方法和技巧，提高编写循环程序的能力。

例 2-22 编写一个程序，输出以下所示的乘法表。

1*1=1

1*2=2 2*2=4

1*3=3 2*3=6 3*3=9

1*4=4 2*4=8 3*4=12 4*4=16

…………

1*9=9 2*9=18 3*9=27 4*9=36……9*9=81

【设计思路】

乘法表具有以下特点。

(1) 共有 9 行。

(2) 每行的式子个数很有规律，即：属于第几行，就有几个式子。

(3) 对于每一个式子，既与所在的行数有关，又与所在行上的具体位置有关。

(4) 可以使用循环的嵌套。

C#程序代码如下：

```
using System;
namespace ConsoleApp14
{
    class Program
    {
        static void Main(string[]args)
        {
            int i,j;
            for (i=1;i<=9;i++)
            {
                for (j=1;j<=i;j++)
                    Console.Write(j+"* "+i+"="+i* j+"\t");
                Console.Write("\n");
            }
            Console.ReadLine();
        }
    }
}
```

运行结果如图 2-46 所示。

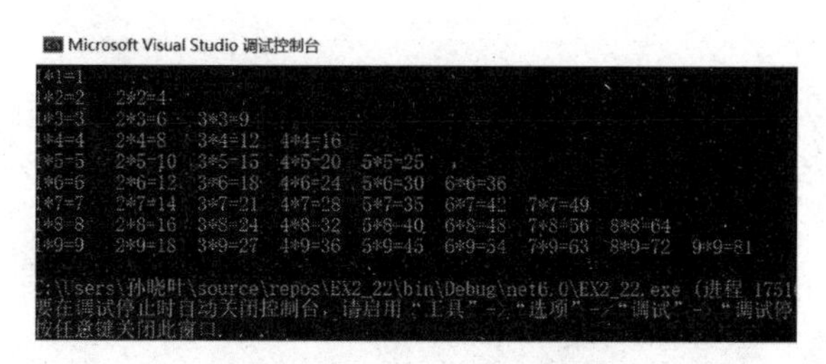

图 2-46　例 2-22 显示结果

例 2-23　有一对兔子，从出生后第 3 个月起每个月都生一对兔子。小兔子长到第 3 个月后每个月又生一对兔子。假设所有兔子都不死，问每个月的兔子对数为多少？

【设计思路】

可以从表 2-16 看出兔子繁殖的规律（为了方便记录，假设不满 1 个月的是小兔子，满 1 个月不满 2 个月的是中兔子，满 3 个月以上的是老兔子）。

表 2-16　兔子繁殖的规律

月数	小兔子对数	中兔子对数	老兔子对数	兔子总数
1	1	0	0	1
2	0	1	0	1
3	1	0	1	2
4	1	1	1	3
5	2	1	2	5
6	3	2	3	8
7	5	3	5	13
…	…	…	…	…

从表 2-16 可以看出每个月兔子的数量依次为 1，1，2，3，5，8，13……，这就是 fibonacci 数列。根据观察，从前两个月兔子对数可以推算出第三个月的兔子对数，从第三个月开始，每个月的兔子对数均为前两个月兔子对数之和。因此，可以设第一个月兔子数量 f1=1，第二个月兔子数量 f2=1，则第三个月兔子数量 f3=f1+f2=2。在计算第四个月兔子数量时，需要第二个月和第三个月的兔子数，即 f4=f2+f3。第五个月的兔子数量为 f5=f3+f4，…，f30=f28+f29，…，以此类推，需要定义一组变量来分别表示每个月兔子的对数，如果学习了数组，就可以用数组方便地来定义一组变量。

在此，为了简化程序，可将问题描述为从第三个月开始，以后的每个月兔子对数只与其前两个月的兔子对数相关。因此，只设 3 个变量 f1、f2 和 f3，分别代表“本月的前两个月”“本月的前一个月”“本月”的兔子数，并把 f1 和 f2 的初始值设为 1，分别代表第一个月和第二个月的兔子对数。这样可以计算出第三个月的兔子对数为 f3=f1+f2=2。当计算第四个月兔子对数时，把 f2（之前第二个月的兔子对数）赋值给 f1（代表第四个月的前两个月——第二个月的兔子对数），将 f3（之前计算出的第三个月的兔子对数）赋值给 f2（代表第四个月的前一个月——第三个月的兔子对数），对 f3 进行重新赋值：f3=f1+

f2=3，此时的 f3 就是第四个月（本月）的兔子对数。之后的计算以此类推。

C#程序代码如下：

```
using System;
namespace ConsoleApp14
{
    class Program
    {
        static void Main(string[]args)
        {
            int f1=1,f2=1,f3;//设置三个变量分别代表前两个月、前一个月以
                                    及当前月的兔子对数
            int i;//设置循环变量 i,控制循环计算的次数
            Console.Write("{0,12}{0,12}",f1,f2);//先输出第一个月和第
                                                        二个月的兔子对数
            for (i=3;i<=40;i++)//从第三个月开始,依次输出本月兔子数量
            {
                f3=f1+f2;
                //Console.WriteLine("{0}月兔子数是",i,f3);
                Console.Write("{0,12}",f3);
                f1=f2;
                f2=f3;
                if (i% 5==0)
                    Console.WriteLine("\n");//控制每五个数为一行输出
            }
        }
    }
}
```

运行结果如图 2-47 所示。

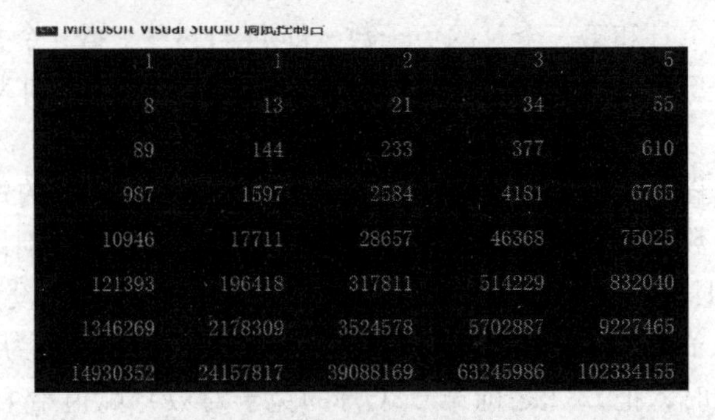

图 2-47　例 2-23 显示结果

2.4　数　　组

2.4.1　数组的引入

前面章节的案例中解决的数据量并不大，仅有几个而已，使用的变量按照实际情况设为基本类型：整型、浮点型、字符型便可解决问题。如果现在要处理学生成绩管理系统中某一个班级的成绩，有 n（n>10）个人，课程有 m（m>=1）科，现在要求该班级 n 人某一科的平均成绩怎么解决？大家不假思索地就会想到：n 个人的成绩累加起来除以 n 就可以了。但程序中怎么保存这 n 个成绩呢？用 n 个 float 类型的变量：$s_1, s_2, s_3, s_4, \cdots, s_n$，假如此时 n 的值很大，有 100 个，甚至 500 个，1 000 个，那么定义如此多的变量是不现实的，操作起来会很烦琐，并且也难以有效地进行处理。

大家仔细观察，每个成绩都是 float，数据的类型是相同的，可把这组数据放在一个数据集合中来存储。是否有种数据类型能够表示这个集合，把这 n 个 float 类型的数据都容纳进来呢？为了解决以上问题，构造出一种数据类型——数组，它可以存储一组数据类型相同的数据，将数组称作是构造数据类型，是一组具有相同类型的变量的集合，那么以上的问题便能很轻松地解决了。

以上成绩数据用数值表示即可，但在实际生活中，如学生的姓名、系名、专业等需要用字符来表示，所以后续内容分别来讲解数值型数组和字符型数组。

2.4.2　数组的概念

数组是一个存储相同类型元素的固定大小的顺序集合。数组是用来存储数据的集合，通常认为数组是一个同一类型变量的集合。数组元素可以是任何类型，但没有名称，只能通过索引（又称下标，表示位置编号）来访问。声明数组变量并不是声明 number0，number1，…，number99 一个个单独的变量，而是声明一个就像 numbers 这样的变量，然后使用 numbers［0］，numbers［1］，…，numbers［99］来表示一个个单独的变量。数组中某个指定的元素是通过索引来访问的。所有的数组都是由连续的内存位置组成的。最低的地址对应第一个元素，最高的地址对应最后一个元素。

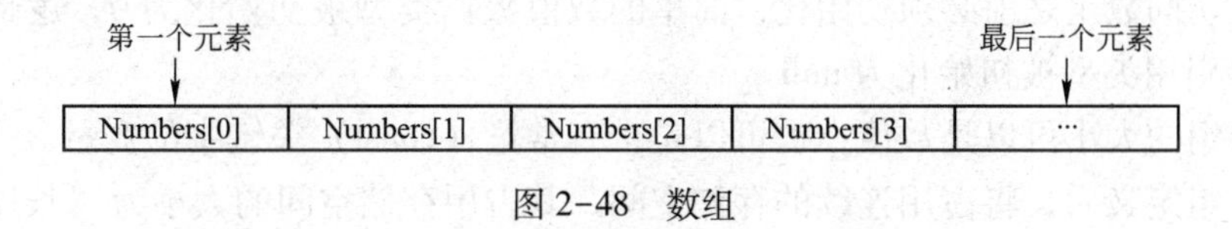

图 2-48　数组

在 C#中声明一个数组，可以使用下面的语法：

```
datatype[]arrayName;
```

其中：

datatype 用于指定被存储在数组中的元素的类型。

［］指定数组的秩（维度）。秩指定数组的大小。

arrayName 指定数组的名称。

如：double [ ] balance;

数组的属性如下。

① 数组可以是一维、多维或交错的。

② 数值数组元素的默认值设置为零，而引用元素的默认值设置为 null。

③ 交错数组是数组的数组，因此其元素是引用类型并初始化为 null。

④ 数组的索引从零开始：具有 n 个元素的数组的索引是从 0 到 n-1。

⑤ 数组元素可以是任何类型，包括数组类型。

⑥ 数组类型是从抽象基类型 Array 派生的引用类型。由于此类型实现了 IEnumerable 和 IEnumerable<T>，因此可以对 C#中的所有数组使用 foreach 迭代。

2.4.3 一维数组

1. 一维数组的定义

数组有一个“秩”，它表示和每个数组元素关联的索引的个数。数组的秩又称为数组的维度。“秩”为 1 的数组称为一维数组，“秩”大于 1 的数组称为多维数组。一维数组的元素个数称为一维数组的长度。一维数组长度为 0 时，称为空数组。一维数组的索引从零开始，具有 n 个元素的一维数组的索引是从 0 到 n-1。声明一个数组不会在内存中初始化数组。当初始化数组变量时，可以赋值给数组。数组是一个引用类型，所以需要使用 new 关键字来创建数组的实例。定义一维数值数组的一般形式为：

格式：数组类型 [ ] 数组名=new 数组类型 [数组长度]

[功能]：定义一个名为“数组名”的数组，该数组的元素个数由“长度”指定，数组元素的数据类型由“数据类型符”确定。

```
int[]a=new int[10];
int[]a;    //定义数组
a=new int[10];  //给数组分配存储空间
```

说明：

(1) 数组名的命名规则应遵循标识符的命名规则。

(2) 数组名后是方括号，而非圆括号。

(3) 在访问数组之前必须初始化，简单的数值数据类型被初始化为 0，逻辑型被初始化为 false，引用类型被初始化为 null。

(4) 数组的大小可以是数值，也可以是带有常量（const）关键字的变量。

(5) 数组定义后，将占用连续的存储空间，其占用存储空间的大小为“长度 * 数组类型所占用的字节数”。与 C 和 C++不同的是，C#中数组的大小可以动态确定。

如：int sxy=10; int [ ] b=new int [sxy];

这两条语句定义了一个长度为 10 的数组 b。

2. 一维数组的初始化

在访问数组之前必须初始化。如果在声明和创建数组时没有初始化数组，则数组元素将自动初始化为该数组类型的默认初始值。C#初始化数组有多种方式：在创建数组时初始化，先声明后初始化，先创建后初始化。

1）创建时初始化

数组类型［］数组名=new 数组类型［数组长度］{初始值列表}

* 数组长度可省略。如果省略数组长度，系统将根据初始值的个数来确定一维数组的长度。

* 如果指定了数组长度，则 C#要求初始值的个数必须和数组长度相同。

* 初始值之间以逗号作间隔。

创建时初始化一组数组可采用以下简写形式：

数组类型［］数组名= {初始值列表}

［功能］：定义一个名为“数组名”的数组，数组元素的数据类型由“数据类型符”确定。该数组的元素个数由“初值列表”中的值的个数指定，“初值列表”是由逗号分隔开来的若干个值，它们作为初值依次赋值给相应的数组元素。

如：int［］myArray= {5，9，15，22，30}；

string［］myStrArr= {"diagram","league","brambling"}；

2）先声明后初始化

C#允许先声明一维数组，然后再初始化各数组元素。在声明数组时指定数组的大小（数组的长度，数组元素的个数）。

其一般形式如下：

数组类型［］数组名；

数组名=new 数组类型［数组长度］{初始值列表}；

如：int［］myArray=new int［5］；

string［］myStrArr=new string［3］；

当然不一定非是数值，也可以是带有常量（const）关键字的变量：

const int arrSize=5；

int［］myArray=new int［arrSize］；

string［］myStrArr=new string［arrSize］；

3）先创建后初始化

C#允许先声明和创建一维数组，然后逐个初始化数组元素。

其一般形式如下：

数组类型［］数组名=new 数组类型［数组长度］；

数组元素=值；

如：int［］sxy=new int［10］；

sxy［0］ = {1}；

3. 一维数值数组元素的引用

数组是若干个数组元素组成的。每一个数组元素相当于一个普通的变量，可以更改其值，也可以引用其值。元素是通过带索引的数组名称来访问的。这是通过把元素的索引放置在数组名称后的方括号中来实现的。

使用数组元素的一般形式如下：

数组名［索引］

C#规定，数组元素的下标从 0 开始，因此具有 N 个元素的数组，其下标范围为 0~N-1。如：Int [ ] s=new int [10]；

那么，数组 s 具有元素 s [0],s [1],s [2],s [3],s [4],s [5],s [6],s [7],s [8],s [9]。

说明：

(1) 数组必须先定义，后使用。

(2) 数组元素只能逐个引用，而不能一次引用整个数组。

(3) 数组元素是一种特殊的变量，在程序中也可以作为变量使用。

(4) 数组元素的引用与同类型的一般变量使用方式一样参加赋值、运算、输入、输出等操作。

(5) 不允许下标越界。

4. 一维数组的操作

C#的数组类型是从抽象基类型 System. Array 派生的。Array 类的 Length 属性返回数组长度。Array 类的方法成员：Clear、Copy、Sort、Reverse、IndexOf、LastIndexOf、Resize 等，分别用于清除数组元素的值、复制数组、对数组排序、反转数组元素的顺序、从左至右查找数组元素、从右到左查找数组元素、更改数组长度等。Sort、Reverse、IndexOf、LastIndexOf、Resize 只能针对一维数组进行操作。

例 2-24 求学生成绩管理系统中物联网工程专业 5 个学生的 C#语言程序设计的平均成绩，要求使用数组存放成绩（百分制），并且成绩的初始化采用定义数组时即全部初始化。

【设计思路】

需要设一个 float 类型的数组存放 5 个学生成绩：score [5]，还要设置保存成绩总和与平均成绩的变量：sum，aver=sum/5。数组元素初始化采用定义数组时即全部初始化。

C#程序代码如下：

```
using System;
namespace ConsoleApp18
{
    class Program
    {
        static void Main(string[]args)
        {
            int i;
            float[]score=new float[]{96,85,78,86,54};
            float aver;//aver 为平均成绩
            float sum=0;//sum 为总成绩
            for (i=0;i<5;i++)
            {
                sum+=score[i];
            }
```

```
            aver=sum/5;
            /* 或者采用下面的语句完成平均值的求解。
             aver = (score[0]+score[1]+score[2]+score[3]+score
                    [4])/5;
            * /
            Console.WriteLine("5个学生的平均成绩为{0}",aver);
        }
    }
}
```

运算结果如图2-49所示。

```
Microsoft Visual Studio 调试控制台
5个学生的平均成绩为79.8

C:\Users\孙晓叶\source\repos\EX2_24\bin\Debug\net
要在调试停止时自动关闭控制台，请启用"工具"->"选
按任意键关闭此窗口. . .
```

图2-49　例2-24显示结果

【程序分析】

数组score，sum，aver，数组已经初始化，语句：sum+=score[i]；中用到了sum，应在使用变量sum之前对其进行初始化：sum=0。否则就会报错。

例2-25　承例2-24，要求使用数组存放成绩，并且使用赋值语句完成成绩的初始化。

【设计思路】

在例2-24的基础上，使用变量sum之前对其先初始化为0：sum=0。数组元素初始化采用赋值语句完成。

C#程序代码如下：

```
using System;
namespace ConsoleApp18
{
    class Program
    {
        static void Main(string[]args)
        {
            float[]score=new float[5];
            float sum=0,aver;//sum表示成绩总和,aver表示平均成绩
            int i;
            score[0]=96;
            score[1]=85;
            score[2]=78;
            score[3]=86;
```

```
            score[4]=54;
            for (i=0;i<5;i++)
            {
                sum+=score[i];
            }
             aver = (score[0]+score[1]+score[2]+score[3]+score
                    [4])/5;
            Console.WriteLine("5 个学生的平均成绩为{0}",aver);
        }
    }
}
```

运行结果如图 2-50 所示。

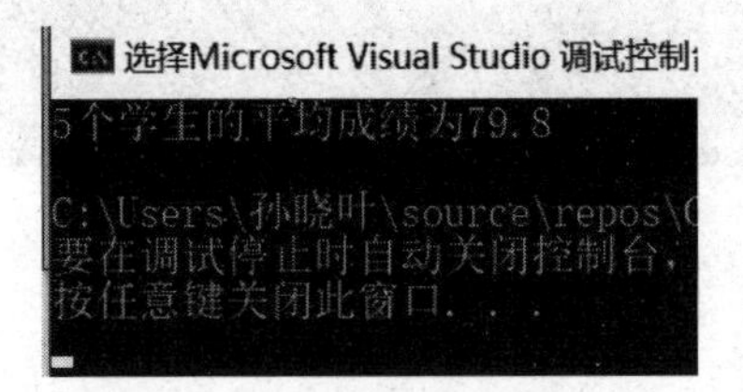

图 2-50　例 2-25 显示结果

例 2-26　求学生成绩管理系统中物联网工程专业 n 个学生的 C#语言程序设计的总分、平均分、两个最高分、两个最低分，成绩的初始化采用键盘输入（百分制），n 值由键盘输入，平均成绩保留小数点后两位。

【设计思路】

与例 2-25 不同的是，声明的 float 类型数组存放学生成绩应足够大，能够至少存放 40 人成绩；并且 n 值不确定，是由键盘输入的，所以数组元素的初始化使用 for 循环，在循环体里用 Console. Write 函数完成。

C#程序代码如下：

```
using System;
namespace ConsoleApp18
{
    class Program
    {
        static void Main(string[]args)
        {
            Console.Write("请输入班级的人数:");
            int n=int.Parse(Console.ReadLine());
            double[]score=new double[n];
            double sum=0;
```

```
            double aver;
            for (int i=0;i<n;i++)
            {
                Console.Write("请输入第{0}个学生的分数:",i+1);
                score[i]=double.Parse(Console.ReadLine());
                sum+=score[i];
            }
            aver=sum/5;
            Console.WriteLine("总分为:"+sum);
            Console.WriteLine("平均分为:"+aver);
            Console.ReadLine();
        }
    }
}
```

运行结果如图 2-51 所示。

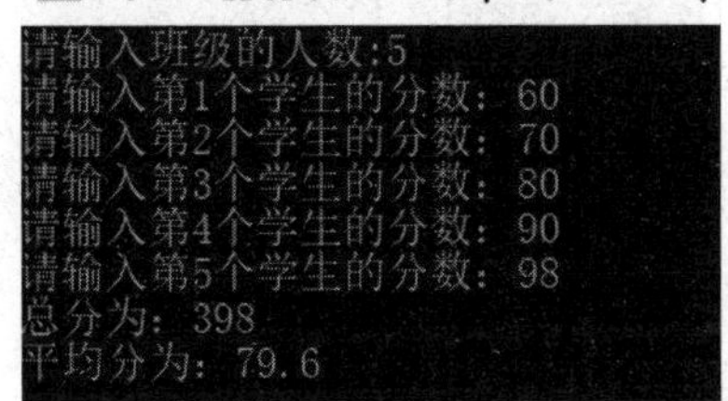

图 2-51　例 2-26 显示结果

例 2-27　从控制台输入物联网工程专业 1 班班级人数，然后将每个人的年龄放入数组，将所有人的年龄求总和、求平均年龄、求年龄最大。班级人数的初始化采用键盘输入，n 值由键盘输入。

【设计思路】

使用变量 sum 之前对其先初始化为 0：sum = 0。数组元素初始化采用赋值语句完成。并且 n 值不确定，是由键盘输入的，所以数组元素的初始化使用 for 循环，在循环体里用 Console. Write 函数完成。

C#程序代码如下：

```
using System;
namespace ConsoleApp18
{
    class Program
    {
        static void Main(string[]args)
        {
```

```
            Console.Write("请输入班级人数:");
            int n=int.Parse(Console.ReadLine());
            int[]age=new int[n];
            int sum=0;
            for (int i=0;i<n;i++)
            {
                Console.Write("请输入第{0}个人的年龄:",i+1);
                age[i]=int.Parse(Console.ReadLine());
                sum+=age[i];
            }
            Console.WriteLine("年龄总和为:"+sum);
            Console.WriteLine("平均年龄为:"+(sum/n));
            Console.ReadLine();
            int agemax=0;
            for (int i=0;i<n;i++)
            {
                if (agemax<age[i])
                {
                    agemax=age[i];
                }
            }
            Console.WriteLine("最大年龄是:"+agemax);
            Console.ReadLine();
        }
    }
}
```

运行结果如图 2-52 所示。

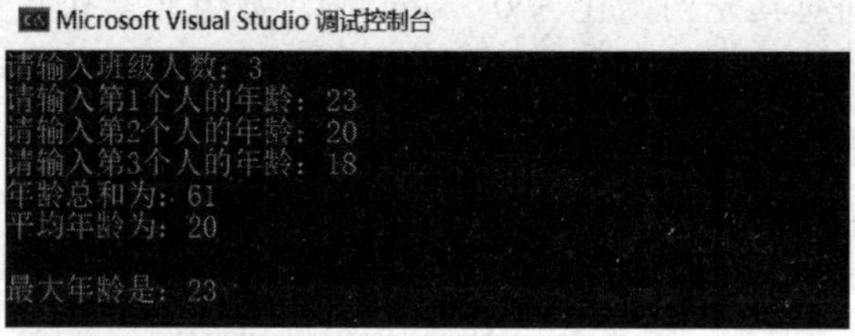

```
Microsoft Visual Studio 调试控制台
请输入班级人数: 3
请输入第1个人的年龄: 23
请输入第2个人的年龄: 20
请输入第3个人的年龄: 18
年龄总和为: 61
平均年龄为: 20

最大年龄是: 23
```

图 2-52　例 2-27 显示结果

5. 一维数值数组的应用

例 2-28　用数组求 Fibonacci 数列前 20 个数，每输出 5 个数据后换行。

$$F_1=1 \qquad (n=1)$$

$$F_2=1 \qquad (n=2)$$

$$F_n=F_{n-1}+F_{n-2} \qquad (n=3)$$

【设计思路】

从第三个数据开始，当前数据都是前两项数据的和，现将该组数据存放在数组 f［20］中，则前两个数据直接初始化为：f［0］=1，f［1］=1，从第三项数据开始：f［2］=f［0］+f［1］，则任意的 i>=2，都有 f［i］=f［i-2］+f［i-1］。示意图如图 2-53 所示。

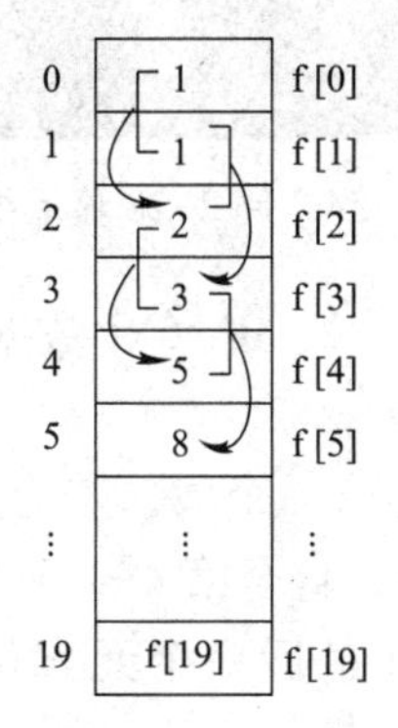

图 2-53　例 2-28 数组元素存储示意图

C#程序代码如下：

```
using System;
namespace ConsoleApp19
{
    class Program
    {
        static void Main(string[]args)
        {
            int i;
            int[]f=new int[20];
            f[0]=f[1]=1;
            for (i=2;i<20;i++)
                f[i]=f[i-2]+f[i-1];
            for (i=0;i<20;i++)
            {
                if (i% 5==0)
                    Console.Write("\n");//为使数据排列整齐,每输出 5 个
                                            数据后换行
                Console.Write("{0,12}",f[i]);
            }
```

```
            Console.Write("\n");
            Console.ReadKey();
        }
    }
}
```

运行结果如图 2-54 所示。

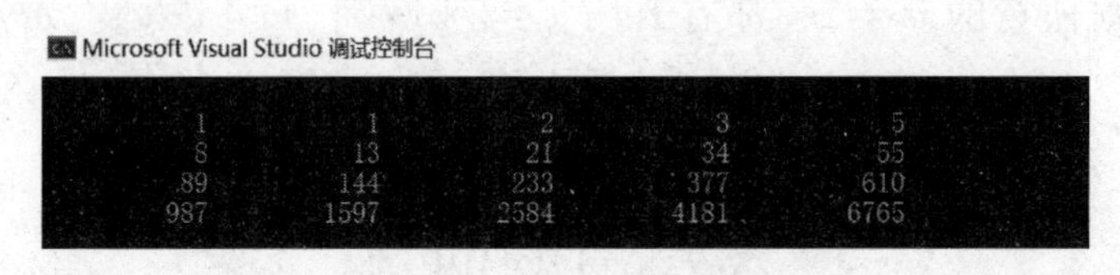

图 2-54 例 2-28 显示结果

例 2-29 用起泡法对 {8，5，4，2，0} 5 个数据进行非递减排序。

【设计思路】

排序过程：(1) 比较第一个数与第二个数，若为逆序 a [0] >a [1]，则交换；然后比较第二个数与第三个数；依次类推，直至第 n-1 个数和第 n 个数比较结束为止——第一趟冒泡排序，结果最大的数被安置在最后一个元素位置上。第一趟排序过程如图 2-55 所示。

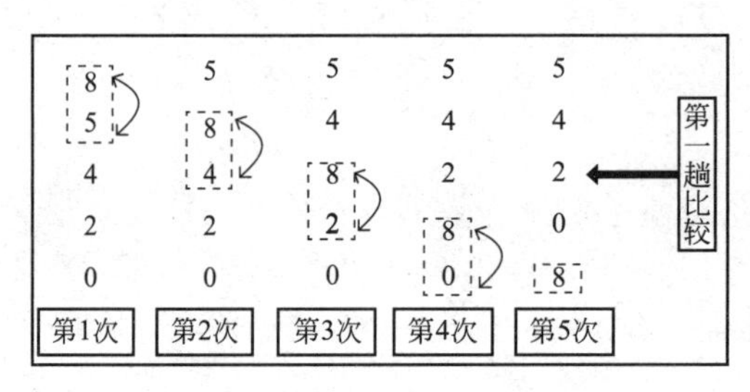

图 2-55 冒泡排序第一趟排序过程

(2) 对前 n-1 个数进行第二趟冒泡排序，结果使前 n-1 个数中最大（n 个数中次大）的数被安置在第 n-1 个元素位置上。

(3) 重复上述过程，共经过 n-1 趟冒泡排序后，排序结束。

冒泡排序流程图如图 2-56 所示。

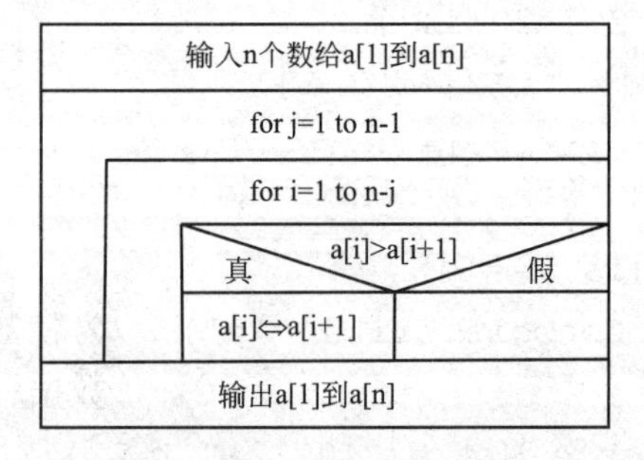

图 2-56 冒泡排序流程图

注意：如果有 n 个数，则要进行 n-1 趟比较。在第 1 趟比较中要进行 n-1 次两两比较，在第 j 趟比较中要进行 n-j 次两两比较。

C#程序代码如下：

```
using System;
namespace ConsoleApp20
{
    class Program
    {
        static void Main(string[]args)
        {
            //建立一个数组对数组进行冒泡排序
            int[]s={8,5,4,2,0};
            //输出
            Console.WriteLine("进行从小到大的冒泡排序前,数组为:");
            for (int i=0;i<s.Length;i++)
            {
                Console.Write(s[i]+"");
            }
            for (int i=0;i<s.Length-1;i++)
            {
                for (int j=i+1;j<s.Length;j++)
                {
                    //如果前面的值大一后面的值就交换
                    if (s[i]> s[j])
                    {
                        int aa=s[j];
                        s[j]=s[i];
                        s[i]=aa;
                    }
                }
            }
            //遍历输出
            Console.WriteLine("");
            Console.WriteLine("进行从小到大的冒泡排序后,数组为:\n");
            foreach (var item in s)
            {
                Console.Write("{0,2}",item);
            }
            Console.ReadKey();
```

```
            }
        }
    }
```

运行结果如图 2-57 所示。

```
Microsoft Visual Studio 调试控制台
进行从小到大的冒泡排序前，数组为：
8 5 4 2 0
进行从小到大的冒泡排序后，数组为：

0 2 4 5 8
C:\Users\孙晓叶\source\repos\EX2_29\bin\Debug\net6.(
要在调试停止时自动关闭控制台，请启用“工具”->“选项
按任意键关闭此窗口. . .
```

图 2-57　例 2-29 显示结果

6. 多维数组的定义，分配与使用

C#支持多维数组。多维数组又称为矩形数组。一维数组只有一个下标，那么多维数组顾名思义具有多个下标。要引用多维数组的数组元素，需要使用多个下标。多维数组最简单的形式是二维数组。C#中二维数组的概念不同于 C/C++、Java 等语言中的二维数组，C#中的二维数组更像是一个矩阵。一个二维数组在本质上是一个一维数组的列表。它适合处理矩阵、工资报表等具有行列结构的数据。与 C 和 C++不同的是，C#的二维数组的每一行数组的元素个数可以相等，也可以不相等。一个二维数组可以被认为是一个带有 x 行和 y 列的表格。图 2-58 是一个二维数组，包含 3 行和 4 列。

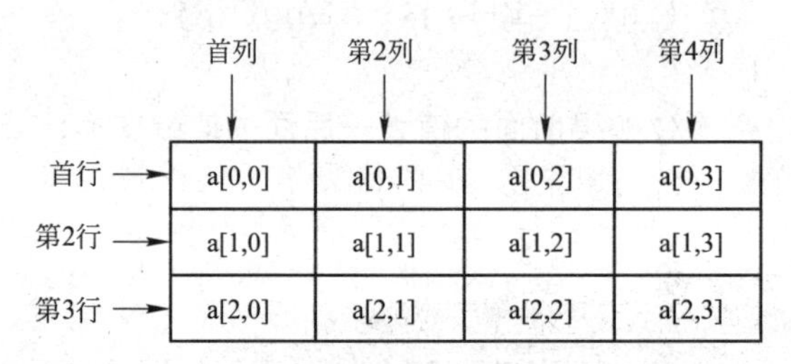

图 2-58　二维数组

因此，数组中的每个元素是使用形式为 a［i，j］的元素名称来标识的，其中 a 是数组名称，i 和 j 是唯一标识 a 中每个元素的下标。

声明和创建多维数组的一般形式如下。

数组类型［逗号列表］数组名=new 数组类型［维度长度列表］

注意：逗号列表的逗号个数加 1 就是维度数，即如果逗号列表为一个逗号，则称为二维数组；如果为两个逗号，则称为三维数组，以此类推。维度长度列表中的每个数字定义维度的长度，数字之间以逗号作间隔。如：

声明一个 string 变量的二维数组：string［,］names；

或者声明一个 int 变量的三维数组：int［,,］m；

说明：

（1）可以维度为单位组织初始化值，同一维度的初始值放在一对花括号 {} 之中。

（2）可以省略维度长度列表，系统能够自动计算维度和维度的长度。但注意，逗号不能省略。

（3）初始化多维数组可以使用简写格式。但如果先声明多维数组再初始化，就不能采用简写格式。

（4）多维数组不允许部分初始化。

2.4.4 二维数组

1. 二维数组的初始化

数组定义后的初值仍然是随机数，所以一般需要初始化。

[格式]：数据类型符 [,] 数组名=new 数据类型符 [长度 1，长度 2]；

[功能]：定义一个名为“数组名”的二维数组，该数组的元素个数由“长度 1×长度 2”指定，数组元素的数据类型由“数据类型符”确定。

例如，定义一个带有 3 行 4 列的数组。

```
int [,] a=new int [3, 4] {
{0, 1, 2, 3}, /*初始化索引号为 0 的行*/
{4, 5, 6, 7}, /*初始化索引号为 1 的行*/
{8, 9, 10, 11} /*初始化索引号为 2 的行*/
};
```

2. 给二维数组全部数组元素赋初值

[格式]：数据类型符 [,] 数组名= {{初值列表 1}，{初值列表 2}，…，{初值列表 n}}；

[功能]：定义名为“数组名”的二维数组，同时给它的各行赋初值。如果各初值列表中的初值个数相等，则创建的是方形二维数组。二维数组的行数由 {} 分组的个数确定。

```
int [,] b= {{1, 2, 3, 4}, {5, 6, 7, 8}, {9, 10, 11, 12}};
int [,] a=new int [3, 4] {{1, 2, 3, 4}, {5, 6, 7, 8}, {9, 10, 11, 12}};
```

3. 二维数组元素的引用

格式：数组名 [下标 1，下标 2]（下标从 0 开始）

说明：

（1）二维数组依然遵循一维数值数组元素引用说明中的第 1、2、3 条。

（2）一维数组用一个下标确定各元素在数组中的顺序，二维数组用两个下标确定各元素在数组中的顺序。

4. 二维数组的应用

例 2-30 将一个二维数组元素 a [2] [3] 存到另一个二维数组 b 中。

【设计思路】

将数组 a 中的元素依次复制给数组 b，使每个元素逐个相等，要一一复制，不能写成 b=a。而且数组 b 的行和列应和数组 a 是相等的，所以数组 b 定义为 b [2] [3]。

C#程序代码如下：

```
using System;
namespace ConsoleApp21
{
    class Program
    {
        static void Main(string[]args)
        {
            int[,]a=new int[2,3]{{1,2,3},{4,5,6}};
            int[,]b=new int[2,3];
            int i,j;
            Console.WriteLine("array a:\n");
            for (i=0;i<=1;i++)
            {
                for (j=0;j<=2;j++)
                {
                    Console.Write("{0,5}",a[i,j]);
                    b[i,j]=a[i,j];//两个数组相等,是每个元素逐个相等,要
                                  一一拷贝。不能写成b=a;
                }
                Console.WriteLine("\n");
            }
            Console.WriteLine("\n");
            Console.WriteLine("array b:\n");
            for (i=0;i<=1;i++)
            {
                for (j=0;j<=2;j++)
                {
                    Console.Write("{0,5}",b[i,j]);
                }
                Console.WriteLine("\n");
            }
            Console.ReadKey();
        }
    }
}
```

运行结果如图 2-59 所示。

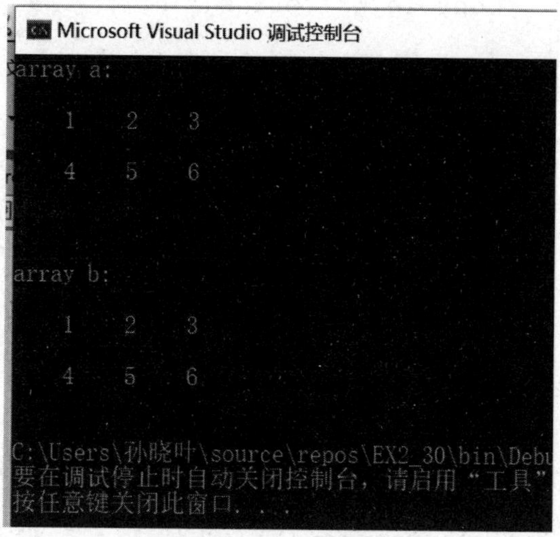

```
Microsoft Visual Studio 调试控制台
array a:

    1    2    3

    4    5    6


array b:

    1    2    3

    4    5    6


C:\Users\孙晓叶\source\repos\EX2_30\bin\Debu
要在调试停止时自动关闭控制台，请启用“工具”
按任意键关闭此窗口. . .
```

图 2-59　例 2-30 显示结果

例 2-31　将一个二维数组元素的行和列元素互换，存到另一个二维数组中。

【设计思路】

需要定义两个数组：数组 a 为 M 行 N 列，则数组 b 为 N 行 M 列，数组 b 元素是由数组 a 元素的行和列互换得到，只要将元素 a [i] [j] 存到 b [j] [i] 元素中即可：b [j] [i] =a [i] [j]。

C#程序代码如下：

```
using System;
namespace ConsoleApp21
{
    class Program
    {
        static void Main(string[]args)
        {
            int[,]a=new int[2,3]{{1,2,3},{4,5,6}};
            int[,]b=new int[3,2];
            int i,j;
            Console.WriteLine("array a:\n");
            for (i=0;i<=1;i++)
            {
                for (j=0;j<=2;j++)
                {
                    //Console.Write(a[i,j]+"");
                    Console.Write("{0,5}",a[i,j]);
```

```
                b[j,i]=a[i,j];//逐个赋值}
                Console.WriteLine("\n");
            }
            Console.Write("\n");
            Console.Write("array b:\n");
            for (i=0;i<=2;i++)
            {
                for (j=0;j<=1;j++)
                {
                    Console.Write("{0,5}",b[i,j]);
                }
                Console.WriteLine("\n");
            }
            Console.ReadKey();
        }
    }
  }
}
```

运行结果如图 2-60 所示。

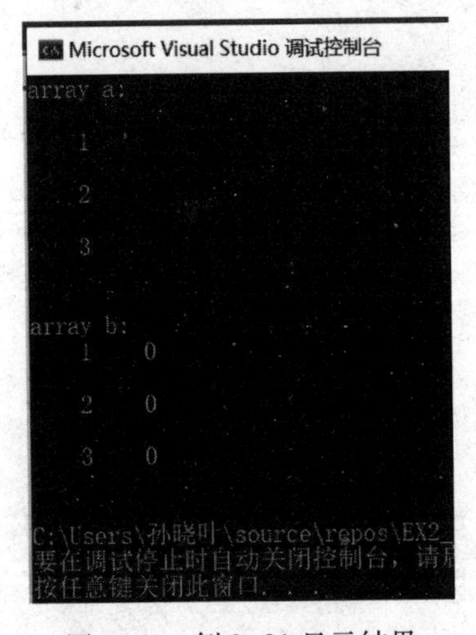

图 2-60 例 2-31 显示结果

2.4.5 交错数组

数组型的数组是一种由若干个数组构成的数组，即交错数组。交错数组是一维数组。

1. 声明数组型数组的格式

数组类型［维度］［子数组的维度］数组名=new 数组类型［维度长度］［子数组的维度］

注意：省略维度为一维数组，省略子数组的维度表示子数组为一维数组。声明数组不占内存。

如：string [] [] test=new string [4] [];

2. 数组型数组的初始化

数组型数组同样有多种初始化方式，包括创建时初始化、先声明后初始化等。其中，创建初始化时可省略维度长度。

如：交错数组的初始化方法：

test [0] =new string [10];

test [1] =new string [5];

test [2] =new string [12];

test [3] =new string [11];

如果想定义一个 10＊10 的交错数组的话可以这样定义：

```
string[][]test=new string[10][];
for(int i=0;i<10;i++)
{
test[i]=new string[10];
}
```

3. 交错数组的元素的引用

对于数组型的数组来说，可按以下格式引用子数组的每一个元素：

格式：数组名［索引列表］［索引列表］

int [] [] scores=new int [2] [] {new int [] {92, 93, 94}, new int [] {85, 66, 87, 88} };

其中，scores 是一个由两个整型数组组成的数组，scores [0] 是一个带有 3 个整数的数组，scores [1] 是一个带有 4 个整数的数组。

例 2-32　用交错数组实现直角杨辉三角形。

【设计思路】

需要定义一个交错数组：即第 i 行的第 j 个数等于第 i-1 行的第 j-1 个数与第 j 个数之和，用二维数组形式表达即为 a [i] [j] =a [i-1] [j-1] +a [i-1] [j]。

C#程序代码如下：

```
using System;
namespace ConsoleApp22
{
    class Program
    {
        static void Main(string[]args)
        {
            //杨辉三角
            //声明
```

```
        const int N=10;
        int[][]pascal=new int[N][];
        for (int i=0;i<N;i++)
        {
            pascal[i]=new int[i+1];
        }
        //赋值
        pascal[0][0]=1;
        for (int i=1;i<N;i++)
        {
            pascal[i][0]=1;
            pascal[i][i]=1;
            for (int j=1;j<i;j++)
            {
                pascal[i][j]=pascal[i-1][j-1]+pascal[i-1][j];
            }
        }
        //输出
        for (int i=0;i<N;i++)
        {
            for (int j=0;j<=i;j++)
            {
                Console.Write("{0,4}",pascal[i][j]);
            }
            Console.WriteLine();
        }
        Console.ReadLine();
    }
  }
}
```

运行结果如图 2-61 所示。

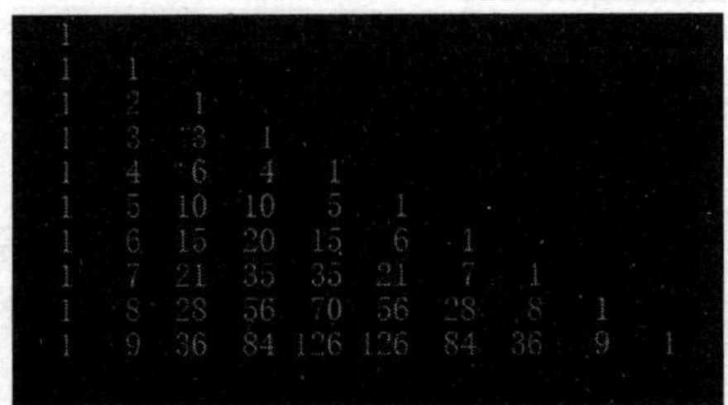

图 2-61　例 2-32 显示结果

2.4.6　参数数组

当声明一个方法时，不能确定要传递给函数作为参数的参数数目。C#参数数组解决了这个问题，参数数组通常用于传递未知数量的参数给函数。

1. params 关键字

在使用数组作为形参时，C#提供了 params 关键字，使调用数组为形参的方法时，既可以传递数组实参，也可以传递一组数组元素。

2. params 的使用格式

public 返回类型方法名称（params 类型名称 [ ] 数组名称）

说明：只能为一位数组使用 params 关键字，不能为多位数组使用，否则编译不能通过；不能只依赖 params 关键字来重载一个方法。params 关键字不构成方法签名的一部分；不允许为 params 数组指定 ref 或 out 修饰符；params 数组必须是方法的最后一个参数，每个方法中也只能有一个 params 数组参数；非 params 方法优先；有歧义的重载编译不能通过。

例 2-33　用参数数组实现几个数的和。

【设计思路】

需要定义一个参数数组，求几个数的和。

C#程序代码如下：

```
using System;
namespace ConsoleApp22
{
    class Program
    {
        public int AddElements(params int[]arr)
        {
            int sum=0;
            foreach (int i in arr)
            {
                sum+=i;
            }
            return sum;
        }
    }
    class TestClass
    {
        static void Main(string[]args)
        {
            Program app=new Program();
            int sum=app.AddElements(1,2,3,4,5);
```

```
            Console.WriteLine("总和是:{0}",sum);
            Console.ReadKey();
        }
    }
}
```

运行结果如图 2-62 所示。

图 2-62 例 2-33 显示结果

2.4.7 Array 类

Array 类是 C#中所有数组的基类，它是在 System 命名空间中定义。Array 类提供了各种用于数组的属性和方法。

1. Array 类的属性

表 2-17 为 Array 类的常用属性表。

表 2-17 Array 类的常用属性表

属性	作用
IsFixedSize	获取一个值，该值指示数组是否带有固定大小
IsReadOnly	获取一个值，该值指示数组是否只读
Length	获取一个 32 位整数，该值表示所有维度的数组中的元素总数
LongLength	获取一个 64 位整数，该值表示所有维度的数组中的元素总数
Rank	获取数组的秩（维度）

2. Array 类的方法

表 2-18 为 Array 类的常用方法。

表 2-18 Array 类的常用方法

方法	作用
Clear( )	根据元素的类型，设置数组中某个范围的元素为零、为 false 或为 null
Copy(Array, Array, Int32)	从数组的第一个元素开始复制某个范围的元素到另一个数组的第一个元素位置。长度由一个 32 位整数指定
CopyTo(Array, Int32)	从当前的一维数组中复制所有的元素到一个指定的一维数组的指定索引位置。索引由一个 32 位整数指定
GetLength( )	获取一个 32 位整数，该值表示指定维度的数组中的元素总数

续表

方法	作用
GetLongLength()	获取一个64位整数，该值表示指定维度的数组中的元素总数
GetLowerBound()	获取数组中指定维度的下界
GetType()	获取当前实例的类型。从对象（Object）继承
GetUpperBound()	获取数组中指定维度的上界
GetValue(Int32)	获取一维数组中指定位置的值。索引由一个32位整数指定
IndexOf(Array, Object)	搜索指定的对象，返回整个一维数组中第一次出现的索引
Reverse(Array)	逆转整个一维数组中元素的顺序
SetValue(Object, Int32)	给一维数组中指定位置的元素设置值。索引由一个32位整数指定
Sort(Array)	使用数组的每个元素的IComparable实现来排序整个一维数组中的元素
ToString()	返回一个表示当前对象的字符串。从对象（Object）继承

例2-34　用Array类实现逆转数组的排序。

【设计思路】

需要定义一个数组，然后对数组进行逆转，再排序。

C#程序代码如下：

```
using System;
namespace ArrayApplication
{
    class MyArray
    {
        static void Main(string[]args)
        {
            int[]list={34,72,13,44,25,30,10};
            Console.Write("原始数组:");
            foreach (int i in list)
            {
                Console.Write(i+"");
            }
            Console.WriteLine();
            //逆转数组
            Array.Reverse(list);
            Console.Write("逆转数组:");
            foreach (int i in list)
            {
                Console.Write(i+"");
            }
```

```
            Console.WriteLine();
            //排序数组
            Array.Sort(list);
            Console.Write("排序数组:");
            foreach (int i in list)
            {
                Console.Write(i+"");
            }
            Console.WriteLine();
            Console.ReadKey();
        }
    }
}
```

运行结果如图 2-63 所示。

```
Microsoft Visual Studio 调试控制台
原始数组:  34 72 13 44 25 30 10
逆转数组:  10 30 25 44 13 72 34
排序数组:  10 13 25 30 34 44 72

C:\Users\孙晓叶\source\repos\EX2_34\bin\Debug\net6.0\EX
要在调试停止时自动关闭控制台，请启用“工具”->“选项”-
按任意键关闭此窗口. . .
```

图 2-63　例 2-34 显示结果

2.5　枚举类型

1. 什么是枚举数据类型

enum 枚举是一组命名整型常量，枚举类型是使用 enum 关键字声明的。枚举是值类型，数据直接存储在栈中，而不是使用引用和真实数据的隔离方式来存储，其包含自己的值，且不能被继承或传递继承，枚举中每个元素的基础类型是 int。可以使用冒号指定另一种整数值类型。

2. enum 枚举的声明（举例说明）

枚举类型定义形式：

```
enum<enum_name>//枚举的名称
{
enumeration list//写的内容也就是枚举包含的内容,用逗号隔开
};
```

（1）enum_name 指定枚举的类型名称。

（2）enumeration list 是一个用逗号分隔的标识符列表。

举例：

```
enum Days{Sun,Mon,tue,Wed,thu,Fri,Sat};
```

3. enum 枚举的特点（举例介绍）

（1）枚举元素的数据值是确定的，一旦声明就不能在程序的运行过程中更改。

（2）枚举元素的个数是有限的，同样一旦声明就不能在程序的运行过程中增减。

（3）默认情况下，枚举元素的值是一个整数，第一个枚举数的值为 0，后面每个枚举数的值依次递增 1。

（4）如果需要改变默认的规则，则重写枚举元素的值即可。

如：

```
using System;
public class EnumTest
{
    enum Day {Sun,Mon,Tue,Wed,Thu,Fri,Sat};
    static void Main()
    {
        int x=(int)Day.Sun;
        int y=(int)Day.Fri;
        Console.WriteLine("Sun={0}",x);
        Console.WriteLine("Fri={0}",y);
    }
}
```

显示结果如图 2-64 所示。

图 2-64　枚举显示结果

说明：

枚举可以使代码更易于维护，有助于确保给变量指定合法的、期望的值；枚举使代码更清晰，允许用描述性的名称表示整数值，而不是用含义模糊的数来表示；枚举使代码更易于键入。在给枚举类型的实例赋值时，VS. NET IDE 会通过 IntelliSense 弹出一个包含可接受值的列表框，减少了按键次数，并能够获得哪些值可以使用。

4. enum 枚举的注意事项（举例说明）

（1）enum 枚举的变量名字不可以相同，但是变量值可以相同：

如：

```
enum sxy
```

```
{
    吃饭=0,//value is 0
    睡觉=1,//value is 1
    消消乐=1,//value is 1
}
```

（2）如果 enum 枚举中的部分成员定义了值，而部分没有，那么没有定义值的成员还是会按照上一个成员的值来递增赋值。

如：

```
enum sxy
{
    吃饭=0,//value is 0
    睡觉=1,//value is 1
    消消乐=1,//value is 1
    打游戏,//value is 2
    看电影=4,//value is 4
    吃鸡//value is 5
}
```

2.6 结 构 体

在 C#中，结构体（struct）是值类型数据结构。它使得一个单一变量可以存储各种数据类型的相关数据。struct 关键字用于创建结构体。结构体用来代表一个记录。

1. 结构体变量的定义

为了定义一个结构体，必须使用 struct 语句。struct 语句为程序定义了一个带有多个成员的新的数据类型。

```
public struct Student//结构体类型名
{
    //各种成员……:

    //成员定义格式为:访问修饰符成员类型成员名称
    //例:
    public string name;
    int age;
}
```

如果在定义结构体时，某个数据成员之前没有 public 访问修饰符，则结构体类型变量不能访问这个数据成员（如上面结构体的 age 变量是不能被访问的）。

结构体类型的定义是借助 struct 关键字向编译器声明了一种新的数据类型，对于该数据类型并没有分配相应的存储空间，因此不能直接对结构体中的变量成员进行访问、赋值等操作，只能在其被实例化之后才可以对其进行操作。

例如，可以按照以下的方式声明 Book 结构：

```
struct Books
{
    public string title;
    public string author;
    public string subject;
    public int book_id;
};
```

2. 结构体的初始化

在定义结构体变量（或实例化结构体）时，系统会根据结构体类型的定义为其分配相应的存储空间，此时就可以对结构体中的成员进行赋值、访问等操作了。

1）实例构造函数

若调用无参数构造进行初始化，则所有变量都会被设置为该类型的默认值。

结构体预定义的无参构造函数是不允许被重新定义的，并且它会一直存在。

```
class Programma
{
    static void Main(string[]args)
    {
        Student s1=new Student();
        Console.WriteLine(s1.name);//输出:(空)
        Console.WriteLine(s1.age);//输出:0
        s1.name="SXY";
        s1.age=40;
        Console.WriteLine(s1.name);//输出:sxy
        Console.WriteLine(s1.age);//输出:40
        Student s2=new Student("LiPan",41);
        Console.WriteLine(s2.name);//输出:Lipan
        Console.WriteLine(s2.age);//输出:41
    }
    struct Student
    {
        public string name;//="Lipan";
        public int age;
        public Student(string name,int age)
        {
```

```
            this.name=name;
            this.age=age;
        }
    }
}
```

显示结果如图 2-65 所示。

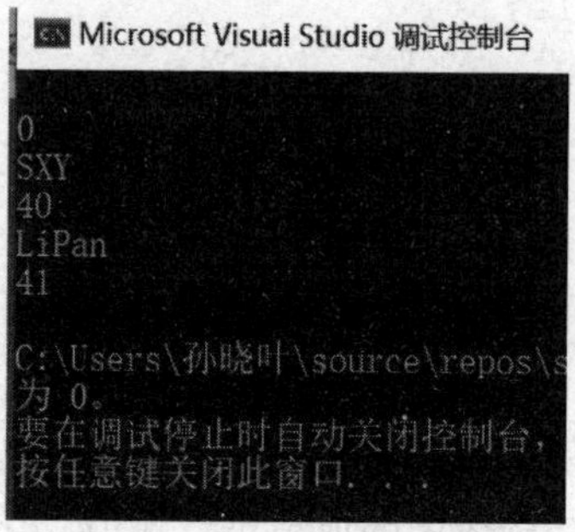

```
Microsoft Visual Studio 调试控制台
0
SXY
40
LiPan
41

C:\Users\孙晓叶\source\repos\s
为 0。
要在调试停止时自动关闭控制台，
按任意键关闭此窗口. . .
```

图 2-65　实例构造函数显示结果

2）静态构造函数

```
class Programma
{
    static void Main(string[]args)
    {
        //实例化时自动调用静态函数
        //Student s3=new Student("Lipan",5);

        //访问静态成员时会自动调用
        //Console.WriteLine(Student.id);

        //给静态成员赋值时会自动调用
        Student.id=1;
        Console.WriteLine(Student.id);
    }

    struct Student
    {
        public string name;//="Lipan";
        public int age;
        public static int id;

        public Student(string name,int age)
```

```
        {
            this.name=name;
            this.age=age;
        }
        static Student()
        {
            Console.WriteLine("静态构造函数被自动调用了...");
        }
    }
}
```

显示结果如图 2-66 所示。

注意：上面测试代码注释全部打开时，可以发现静态构造只会被调用一次。

```
Microsoft Visual Studio 调试控制台
静态构造函数被自动调用了...
1

C:\Users\孙晓叶\source\repos\jingtaigouzaocanshu
)已退出，代码为 0。
要在调试停止时自动关闭控制台，请启用“工具”-> “
按任意键关闭此窗口. . .
```

图 2-66　静态构造函数显示结果

3. 结构体的使用

1）赋值操作

```
Student s4=new Student("Lipan",42);
Student s5=s4;
```

结构体对象赋值时，本质上是把一个对象内存空间中的全体成员赋值到另一个对象存储空间中。如果结构体类型中包括大量的数据成员时，结构体对象的赋值会耗费大量时间，所以一般情况下不会这样写。

2）作为方法参数和返回值

结构体作为方法的值参数时将整个结构体深层复制一份到方法的调用空间里，在方法体内对作为值参数传递进来的结构体进行修改时，不会影响到方法体外作为实参的结构体。因此，结构体作为值参数进行传递时花销很大，在使用时，通常传递多个所需要的参数，而不是将整个结构体传进去。

```
class Programma
{
    static void Main(string[] args)
    {
        Student.id=1;
        Console.WriteLine(Student.id);
```

```
        Student s6=new Student("Czhenya", 5);
        Show(s6);
        Show(s6.name, s6.age);
        Student s7=Show();
        Console.WriteLine(s7.name);
        Console.WriteLine(s7.age);
    }
    static void Show(Student stu)
    {
        Console.WriteLine("这是使用结构体作为参数的 Show 方法:"+stu.
                          name+stu.age);
    }
    static void Show(string name, int age)
    {
        Console.WriteLine("这是多个参数的 Show 方法..."+name+age);
    }
    static Student Show()
    {
        Console.WriteLine("这是结构体作为返回值的 Show 方法...");
        return new Student("Czhenya", 5);
    }
    struct Student
    {
        public string name;//="Czhenya";
        public int age;
        public static int id;
        public Student(string name, int age)
        {
            this.name=name;
            this.age=age;
        }
    }
}
```

显示结果如图 2-67 所示。

3）C#结构的特点

在 C#中的结构与传统的 C 或 C++中的结构不同。C#中的结构有以下特点。

（1）结构可带有方法、字段、索引、属性、运算符、方法和事件。

（2）结构可定义构造函数，但不能定义析构函数。但是，不能为结构定义无参构造函数。无参构造函数（默认）是自动定义的，且不能被改变。

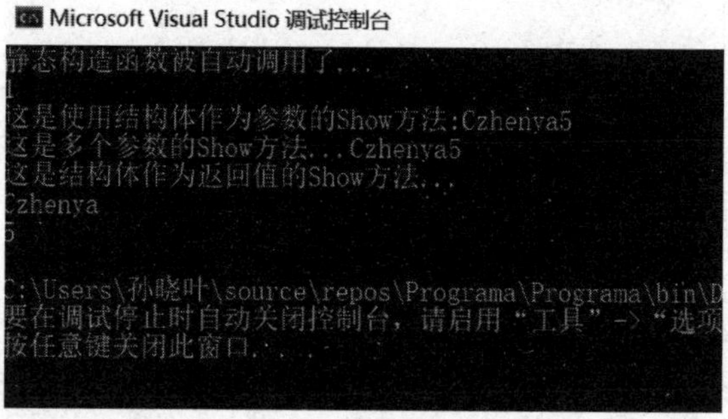

```
Microsoft Visual Studio 调试控制台
静态构造函数被自动调用了...
1
这是使用结构体作为参数的Show方法:Czhenya5
这是多个参数的Show方法...Czhenya5
这是结构体作为返回值的Show方法...
Czhenya
5

C:\Users\孙晓叶\source\repos\Programa\Programa\bin\D
要在调试停止时自动关闭控制台，请启用 "工具" -> "选项
按任意键关闭此窗口. . .
```

图 2-67　结构体作为方法的值参数显示结果

（3）与类不同，结构不能继承其他的结构或类。

（4）结构不能作为其他结构或类的基础结构。

（5）结构可实现一个或多个接口。

（6）结构成员不能指定为 abstract、virtual 或 protected。

当使用 New 操作符创建一个结构对象时，会调用适当的构造函数来创建结构。与类不同，结构可以不使用 New 操作符即可被实例化。

如果不使用 New 操作符，只有在所有的字段都被初始化之后，字段才被赋值，对象才被使用。

如：

```
using System;
using System.Text;
struct Books
{
    public string title;
    public string author;
    public string subject;
    public int book_id;
};
public class testStructure
{
    public static void Main(string[]args)
    {
        Books Book1;/* 声明 Book1,类型为 Books* /
        Books Book2;/* 声明 Book2,类型为 Books* /
        /* book 1 详述* /
        Book1.title="C Programming";
        Book1.author="Nuha Ali";
        Book1.subject="C Programming Tutorial";
        Book1.book_id=6495407;
```

```
        /* book 2 详述* /
        Book2.title="Telecom Billing";
        Book2.author="Zara Ali";
        Book2.subject="Telecom Billing Tutorial";
        Book2.book_id=6495700;
        /* 打印 Book1 信息* /
        Console.WriteLine("Book 1 title:{0}",Book1.title);
        Console.WriteLine("Book 1 author:{0}",Book1.author);
        Console.WriteLine("Book 1 subject:{0}",Book1.subject);
        Console.WriteLine("Book 1 book_id:{0}",Book1.book_id);
        /* 打印 Book2 信息* /
        Console.WriteLine("Book 2 title:{0}",Book2.title);
        Console.WriteLine("Book 2 author:{0}",Book2.author);
        Console.WriteLine("Book 2 subject:{0}",Book2.subject);
        Console.WriteLine("Book 2 book_id:{0}",Book2.book_id);
        Console.ReadKey();
    }
}
```

显示结果如图 2-68 所示。

```
Microsoft Visual Studio 调试控制台
Book 1 title : C Programming
Book 1 author : Nuha Ali
Book 1 subject : C Programming Tutorial
Book 1 book_id :6495407
Book 2 title : Telecom Billing
Book 2 author : Zara Ali
Book 2 subject : Telecom Billing Tutorial
Book 2 book_id : 6495700

C:\Users\孙晓叶\source\repos\structbook\structbook\
要在调试停止时自动关闭控制台，请启用“工具”->“选
按任意键关闭此窗口. . .
```

图 2-68　不使用 New 操作符显示结果

4. 类和结构

类和结构有以下几个基本的不同点。

(1) 类是引用类型，结构是值类型。

(2) 结构不支持继承。

(3) 结构不能声明默认的构造函数。

针对上述讨论，重写前面的实例：

```
using System;
using System.Text;
struct Books
```

```
{
    private string title;
    private string author;
    private string subject;
    private int book_id;
    public void setValues(string t,string a,string s,int id)
    {
        title=t;
        author=a;
        subject=s;
        book_id=id;
    }
    public void display()
    {
        Console.WriteLine("Title:{0}",title);
        Console.WriteLine("Author:{0}",author);
        Console.WriteLine("Subject:{0}",subject);
        Console.WriteLine("Book_id:{0}",book_id);
    }
};
public class testStructure
{
    public static void Main(string[]args)
    {
        Books Book1=new Books();/* 声明 Book1,类型为 Books* /
        Books Book2=new Books();/* 声明 Book2,类型为 Books* /
        /* book 1 详述* /
        Book1.setValues("C Programming",
        "Nuha Ali","C Programming Tutorial",6495407);
        /* book 2 详述* /
        Book2.setValues("Telecom Billing",
        "Zara Ali","Telecom Billing Tutorial",6495700);
        /* 打印 Book1 信息* /
        Book1.display();
        /* 打印 Book2 信息* /
        Book2.display();
        Console.ReadKey();
    }
}
```

显示结果如图 2-69 所示。

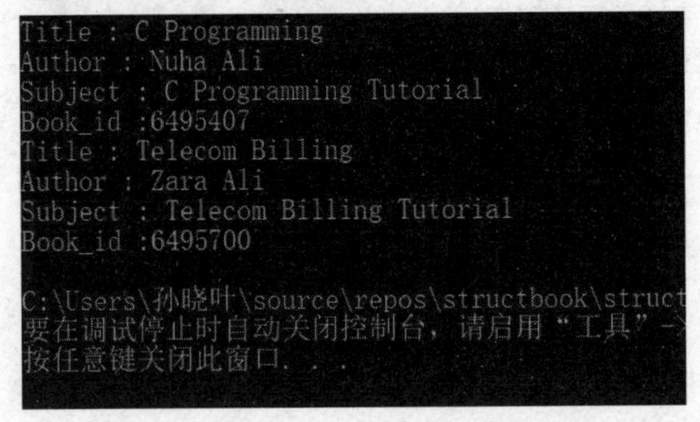

图 2-69　显示结果

2.7　字　符　串

在 C#中，字符串是一个由若干个 Unicode 字符组成的字符数组。但是，更常见的做法是使用 string 关键字来声明一个字符串变量。string 关键字是 System. String 类的别名。

1. 创建 String 对象

可以使用以下方法之一来创建 string 对象：

① 通过给 String 变量指定一个字符串；

② 通过使用 String 类构造函数；

③ 通过使用字符串串联运算符（+）；

④ 通过检索属性或调用一个返回字符串的方法；

⑤ 通过格式化方法来转换一个值或对象为它的字符串表示形式。

2. String 类的属性

String 类的属性见表 2-19。

表 2-19　String 类的属性表

属性	作用
Chars	在当前 String 对象中获取 Char 对象的指定位置
Length	在当前的 String 对象中获取字符数

3. String 类的方法

String 类有许多方法用于 string 对象的操作。表 2-20 提供了一些最常用的方法。

表 2-20　String 类的常用方法表

方法	作用
Compare（string strA，string strB）	比较两个指定的 string 对象，并返回一个表示它们在排列顺序中相对位置的整数。该方法区分大小写

续表

方法	作用
Compare (string strA, string strB, bool ignoreCase)	比较两个指定的 string 对象，并返回一个表示它们在排列顺序中相对位置的整数。但是，如果布尔参数为真时，该方法不区分大小写
Concat (string str0, string str1)	连接两个 string 对象
Concat (string str0, string str1, string str2)	连接 3 个 string 对象
Concat (string str0, string str1, string str2, string str3)	连接 4 个 string 对象
Contains (string value)	返回一个表示指定 string 对象是否出现在字符串中的值
Copy (string str)	创建一个与指定字符串具有相同值的新的 string 对象
CopyTo (int sourceIndex, char [ ] destination, int destinationIndex, int count)	从 string 对象的指定位置开始复制指定数量的字符到 Unicode 字符数组中的指定位置
EndsWith (string value)	判断 string 对象的结尾是否匹配指定的字符串
Equals (string value)	判断当前的 string 对象是否与指定的 string 对象具有相同的值
Equals (string a, string b)	判断两个指定的 string 对象是否具有相同的值
Format (string format, Object arg0)	把指定字符串中一个或多个格式项替换为指定对象的字符串表示形式
IndexOf (char value)	返回指定 Unicode 字符在当前字符串中第一次出现的索引，索引从 0 开始
IndexOf (string value)	返回指定字符串在该实例中第一次出现的索引，索引从 0 开始
IndexOf (char value, int startIndex)	返回指定 Unicode 字符从该字符串中指定字符位置开始搜索第一次出现的索引，索引从 0 开始
IndexOf (string value, int startIndex)	返回指定字符串从该实例中指定字符位置开始搜索第一次出现的索引，索引从 0 开始
IndexOfAny (char [ ] anyOf)	返回某一个指定的 Unicode 字符数组中任意字符在该实例中第一次出现的索引，索引从 0 开始
IndexOfAny (char [ ] anyOf, int startIndex)	返回某一个指定的 Unicode 字符数组中任意字符从该实例中指定字符位置开始搜索第一次出现的索引，索引从 0 开始
Insert (int startIndex, string value)	返回一个新的字符串，其中，指定的字符串被插入在当前 string 对象的指定索引位置
IsNullOrEmpty (string value)	指示指定的字符串是否为 null 或是否为一个空的字符串
Join (string separator, string [ ] value)	连接一个字符串数组中的所有元素，使用指定的分隔符分隔每个元素
Join (string separator, string [ ] value, int startIndex, int count)	连接一个字符串数组中的指定位置开始的指定元素，使用指定的分隔符分隔每个元素
LastIndexOf (char value)	返回指定 Unicode 字符在当前 string 对象中最后一次出现的索引位置，索引从 0 开始

续表

方法	作用
LastIndexOf（string value）	返回指定字符串在当前 string 对象中最后一次出现的索引位置，索引从 0 开始
Remove（int startIndex）	移除当前实例中的所有字符，从指定位置开始，一直到最后一个位置为止，并返回字符串
Remove（int startIndex，int count）	从当前字符串的指定位置开始移除指定数量的字符，并返回字符串
Replace（char oldChar，char newChar）	把当前 string 对象中所有指定的 Unicode 字符替换为另一个指定的 Unicode 字符，并返回新的字符串
Replace（string oldValue，string newValue）	把当前 string 对象中所有指定的字符串替换为另一个指定的字符串，并返回新的字符串
Split（params char [ ] separator）	返回一个字符串数组，包含当前的 string 对象中的子字符串，子字符串是使用指定的 Unicode 字符数组中的元素进行分隔的
public string [ ] Split（char [ ] separator，int count）	返回一个字符串数组，包含当前的 string 对象中的子字符串，子字符串是使用指定的 Unicode 字符数组中的元素进行分隔的。int 参数指定要返回的子字符串的最大数目
StartsWith（string value）	判断字符串实例的开头是否匹配指定的字符串
ToCharArray（）	返回一个带有当前 string 对象中所有字符的 Unicode 字符数组
ToCharArray（int startIndex，int length）	返回一个带有当前 string 对象中所有字符的 Unicode 字符数组，从指定的索引开始，直到指定的长度为止
ToLower（）	把字符串转换为小写并返回
ToUpper（）	把字符串转换为大写并返回
Trim（）	移除当前 string 对象中的所有前导空白字符和后置空白字符

例 2-35 字符串拼接。

```
using System;
namespace StringApplication
{
    class Program
    {
        static void Main(string[]args)
        {
            //通过使用字符串串联运算符(+)
            string fname,lname;
            fname="Sun";
            lname="Xiaoye";
            string fullname=fname+lname;
            Console.WriteLine("Full Name:{0}",fullname);
```

```
            //通过使用 string 构造函数
            char[]letters={'H','e','l','l','o'};
            string greetings=new string(letters);
            Console.WriteLine("Greetings:{0}",greetings);
            //通过调用一个返回字符串的方法
            string[]sarray={"Hello","Li","Pan","Point"};
            string message=String.Join("",sarray);
            Console.WriteLine("Message:{0}",message);
            //通过格式化方法来转换一个值或对象为它的字符串表示形式
            DateTime waiting=new DateTime(2022,05,24,17,58,1);
             string chat = String.Format ("Message sent at{0:t}on
                                                {0:D}",
            waiting);
            Console.WriteLine("Message:{0}",chat);
            Console.ReadKey();
        }
    }
}
```

显示结果如图 2-70 所示。

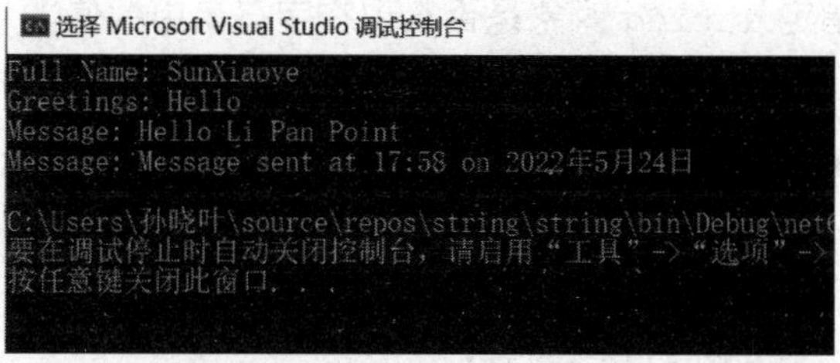

```
选择 Microsoft Visual Studio 调试控制台
Full Name: SunXiaoye
Greetings: Hello
Message: Hello Li Pan Point
Message: Message sent at 17:58 on 2022年5月24日

C:\Users\孙晓叶\source\repos\string\string\bin\Debug\net6
要在调试停止时自动关闭控制台，请启用“工具”->“选项”->
按任意键关闭此窗口. . .
```

图 2-70　例 2-35 显示结果

例 2-36　比较两个字符串大小。

```
//比较字符串 String.Compare(str1,str2)
using System;
namespace StringApplication
{
    class StringProg
    {
        static void Main(string[]args)
        {
            string str1="This is Sunxiaoye";
            string str2="This is LiPan";
```

```
            if (String.Compare(str1,str2)==0)
                Console.WriteLine(str1+"and"+str2+"are equal");
            else
                Console.WriteLine(str1+"and"+str2+"are not equal");
            Console.ReadKey();
        }
    }
}
```

显示结果如图 2-71 所示。

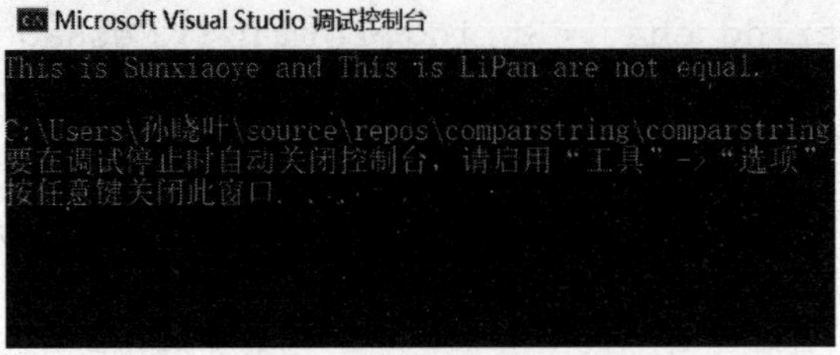

```
Microsoft Visual Studio 调试控制台
This is Sunxiaoye and This is LiPan are not equal.

C:\Users\孙晓叶\source\repos\comparstring\comparstring
要在调试停止时自动关闭控制台，请启用“工具”->“选项”
按任意键关闭此窗口. . .
```

图 2-71　例 2-36 显示结果

例 2-37　一个字符串包含另外一个字符串。

```
//字符串包含字符串 str.Contains("sun")
//返回一个表示指定 string 对象是否出现在字符串中的值。
using System;
namespace StringApplication
{
    class StringProg
    {
        static void Main(string[]args)
        {
            string str="This is sun";
            if (str.Contains("sun"))
            {
                Console.WriteLine("The sequence'sun'was found.");
            }
            Console.ReadKey();
        }
    }
}
```

显示结果如图 2-72 所示。

图 2-72　例 2-37 显示结果

例 2-38　一个字符串包含另外一个字符串。

```
//获取子字符串
using System;
namespace StringApplication
{
    class StringProg
    {
        static void Main(string[]args)
        {
            string str="Last night I dreamt of San Pedro";
            Console.WriteLine(str);
            string substr=str.Substring(23);
            Console.WriteLine(substr);
            Console.ReadKey();
        }
    }
}
```

显示结果如图 2-73 所示。

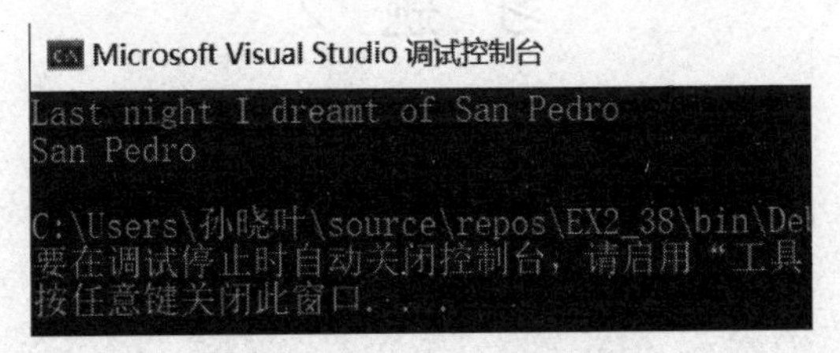

图 2-73　例 2-38 显示结果

例 2-39　连接字符串。

```
using System;
namespace StringApplication
{
    class StringProg
    {
```

```
        static void Main(string[]args)
        {
            string[]starray=new string[]{"Down the way nights are
                                            dark",
                "And the sun shines daily on the mountain top",
                "I took a trip on a sailing ship",
                "And when I reached Jamaica",
                "I made a stop"};
            string str=String.Join("\n",starray);
            Console.WriteLine(str);
            Console.ReadKey();
        }
    }
}
```

显示结果如图 2-74 所示。

```
Microsoft Visual Studio 调试控制台
Down the way nights are dark
And the sun shines daily on the mountain top
I took a trip on a sailing ship
And when I reached Jamaica
I made a stop

C:\Users\孙晓叶\source\repos\EX2_39\bin\Debug\
要在调试停止时自动关闭控制台，请启用“工具”->
按任意键关闭此窗口. . .
```

图 2-74　例 2-39 显示结果

习　题　2

1. 单选题

(1) 关于以下程序结构的描述中，(　　) 是正确的。

```
for(;;)
{循环体;}
```

A. 不执行循环体　　B. 一直执行循环体，即死循环

C. 执行循环体一次　　D. 程序不符合语法要求

(2) 枚举类型是一组命名的常量集合，所有整型都可以作为枚举类型的基本类型，如果类型省略，则定义为 (　　)。

A. int　　B. sbyte　　C. uint　　D. ulong

(3) 下列关于数组访问的描述中，(　　) 是错误的。

A. 数组元素索引是从 0 开始的

B. 对数组元素的所有访问都要进行边界检查

C. 若使用的索引小于0，或者大于数组的大小，编译器将抛出一个IndexOutOfRange-Exception异常

D. 数组元素的访问是从1开始，到Length结束

(4) 下列标识符命名正确的是（　　）。

A. X.25　　B. 4foots　　C. val（7）　　D. _Years

(5) 下面代码的输出结果是（　　）。

```
int x=5;
int y=x++;
Console.WriteLine(y);
y=++x;
Console.WriteLine(y);
```

A. 5 6　　B. 6 7　　C. 5 6　　D. 5 7

(6) 当month等于6时，下面代码的输出结果是（　　）。

```
int days=0;
switch(month)
{
    case 2:
    days=28;
    break;
    case 4:
    case 6:
    case 9:
    case 11:
    days=30;
    break;
    default:
    days=31;
    break;
}
```

A. 0　　B. 28　　C. 30　　D. 31

2. 填空题

(1) 操作符＿＿＿＿＿＿＿＿被用来说明两个条件同为真的情况。

(2) 在C#语言中，可以用来遍历数组元素的循环语句是＿＿＿＿＿＿＿＿。

(3) 数组是一种＿＿＿＿＿＿＿＿类型。

(4) 当在程序中执行到语句时，将结束所在循环语句中循环体的一次执行。

(5) 数据类型说明符用来说明方法返回值的类型，如果没有返回值，则其类型说明符应为＿＿＿＿＿＿＿＿。

3. 判断题

(1) 在使用变量之前必须先声明类型。( )

(2) if 语句后面的表达式可以是任意表达式。( )

(3) 常量通过关键字 const 进行声明。( )

(4) for 循环中，可以用 break 语句跳出循环体。( )

(5) C#中标识符内的大小写字母是没有区别的。( )

实验 2

1. 实验目的与要求

(1) 熟练掌握常量、变量、运算符及表达式的用法。

(2) 熟练掌握选择和循环结构语句的用法。

(3) 掌握数组、字符串、枚举及结构化类型的用法。

2. 实验内容与步骤

实验 2-1　根据输入的学生成绩，显示相应的等级：优、良、中、差、及格和不及格。

```
using System;
class StuGrade
{
    public static void Main()
    {
        int score;
        string grade;
        Console.Write("请输入学生的成绩:");
        score = Int32.Parse(Console.ReadLine());
        if (score >= 90)
            grade = "优秀!";
        else if (score >= 80)
            grade = "良好!";
        else if (score >= 70)
            grade = "中等!";
        else if (score > 60)
            grade = "及格!";
        else
            grade = "不及格!";
        Console.WriteLine("该学生的 成绩等级为:{0}", grade);

    }
}
```

实验 2-2 使用 while 语句，计算 1+2+3+…+100 的值。

```
using System;
class sum
{
    public static void Main()
    {
        int sum = 0, i = 1;
        while (i <= 100)
            sum += i++;      //循环变量为 i
        Console.WriteLine("sum={0}", sum);
    }
}
```

实验 2-3 冒泡排序法。

```
using System;
class maopo
{
    public static void Main()
    {
        int[] a = new int[10];
        Console.WriteLine("请输入 10 个整数");
        for (int i = 0; i < 10; i++)
        {
            Console.Write("第[{0}]个数:", i + 1);
            a[i] = Int32.Parse(Console.ReadLine());
        }
        Console.WriteLine("排序前的十个数是:");
        for (int i = 0; i < 10; i++)
            Console.Write("{0}\t", a[i]);
        Console.WriteLine();
        int temp;//临时变量
        for (int j = 0; j < 9; j++)
        {
            for (int i = 0; i < 9 - j; i++)
            {
                if (a[i] > a[i + 1])
                {
                    temp = a[i];
                    a[i] = a[i + 1];
```

```
                    a[i + 1] = temp;
                }
            }
        }
        Console.WriteLine("排序后的结果是:");
        for (int i = 0; i < 10; i++)
            Console.Write("{0}\t", a[i]);
    }
}
```

实验 2-4 使用 foreach 语句实现字符数组的遍历。

```
using System;
class charArray
{
    public static void Main()
    {
        //定义并初始化 name 字符数组
        char[] name = new char[] { 'G', 'o', 'o', 'd', '', 'm', 'o', 'r',
'n', 'i', 'n', 'g', '\0'};
        foreach (char ch in name)  //输出数组中的字符
            Console.Write("{0}", ch);
    }
}
```

第3章　C#语言面向对象基础

本章学习目标

(1) 面向对象的基本概念及特性。
(2) 类的定义与对象的声明。
(3) 构造函数和析构函数。
(4) 类的静态成员和实例成员。
(5) 类的继承与多态性。
(6) 接口、抽象与密封。
(7) 集合、索引器与泛型。
(8) 内部类、分部类及匿名类。

3.1　面向对象程序设计概述

在学习面向对象程序设计（object-oriented programming）之前，先了解面向过程程序设计（procedure-oriented programming）的方法，该方法将功能作为重点，强调以模块（过程）为中心，采用模块化、自顶向下、逐步求精设计过程，系统是实现模块功能的函数和过程的集合。但是程序员在使用面向过程程序设计方法过程中，易出现程序开发的周期延长、大程序开发前开发工作量难以预测、软件开发后维护成本成指数级增长并且软件代码的重用性差等问题。为了提高程序员的编程效率，根据人类对现实世界的抽象理解，目前，广泛使用面向对象程序设计思想进行软件开发，其中C#语言是常用的面向对象编程语言之一。

例如，编写1个猜拳游戏，玩家与计算机进行猜拳，实现玩家出拳，计算机出拳，计算机自动判断输赢。从角色的角度看，分为玩家对象（player）、计算机对象（computer）、裁判对象（judge），并且它们都有不同的功能（方法）。这些对象上的方法分别为：玩家出拳由用户控制，使用数字代表：1石头、2剪子、3布；计算机出拳由计算机随机产生；裁判根据玩家与计算机的出拳情况进行输赢判断。因此，将数据及处理这些数据的操作都封装到一起，形成的代码块就是类。在使用类的时候，需要在程序中定义类的实例，即对象。

面向对象的基本特点为：封装性、继承性与多态性。封装性就是将用来描述客观事物的一组数据和操作组装在一起，形成一个类。被封装的数据和操作必须通过所提供的公开接口被外界访问，具有私有访问权限的数据和操作是无法从外界直接访问的，只有通过封装体内的方法（或函数）才可以被访问，这就是隐藏性。继承性是当一个新类继承了原来类所有的属性和操作，并且增加了属于自己的新属性和新操作，那么称这个新类为派生类

(或子类)，原来的类是新类的基类，派生类和基类之间存在继承关系。程序员可以通过继承关系建立类的层次结构，并在这个层次结构中表达所需要解决的问题。C#只支持单继承。多态性就是在程序运行时，面向对象的语言会自动判断对象的派生类型，并调用相应的方法。

3.2 类和对象

3.2.1 类的定义

在C#语言中，使用class关键字来定义类，类必须先声明后使用，语法格式如下：

```
[类的访问修饰符]class 类名[:基类类名]
{
    类的成员列表;
}
```

其中，类的访问修饰符是用于指定类的可访问性，即作用范围，可省略。类默认为internal，能够修饰类的访问修饰符只有两个：public与internal。基类类名用来定义派生该类的基类，如果该类没有从任何类继承，则不需要该选项。类的成员列表声明该类包含的属性、字段、构造函数、方法和事件等。

例3-1 新建一个控制台应用程序，声明一个水果的类，类名为Fruit。

步骤如下。

(1) 打开Visual Studio 2022，新建一个控制台应用程序。

(2) 在打开的环境中，右键单击“解决方案资源管理器”中的项目名称，选择“添加|类”命令，如图3-1所示。

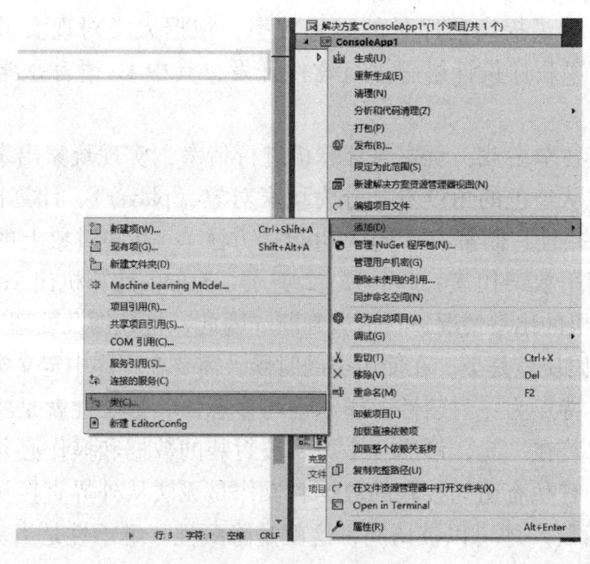

图3-1 项目中添加类

（3）在“添加新项”对话框下方名称处输入类名“Fruit”，单击“添加”按钮，如图 3-2所示。

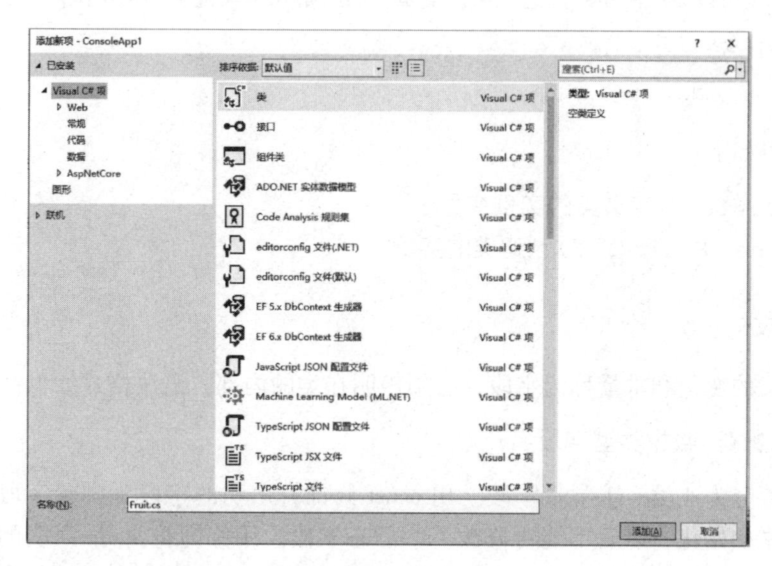

图 3-2　添加类的对话框

（4）在打开的代码窗口 Fruit. cs 中将自动生成以下代码：

```
using System;
using System.Collections.Generic;
using System.Linq;
using System.Text;
using System.Threading.Tasks;

namespace EX3_1
{
    internal class Fruit//定义一个水果类
    {
    }
}
```

3.2.2　对象的声明

类的实例称为对象，类在进行定义后，需要使用关键字 new 来创建类的实例，把类看成是对象的模板，把对象看成是类的实例，语法格式如下：

```
类名实例名=new 类名([参数]);
```

其中，声明 1 个由“类名”指定的类的名为“实例名”的实例，同时在内存中开辟存储单元，如果有参数，则将参数传递给构造函数。

示例代码如下：

```
Fruit fruit=new Fruit();
```

创建实例也可以分成两步：先定义实例变量，然后用 new 关键字创建实例，语法格式如下：

```
类名实例名;
实例名=new 类名([参数]);
```

示例代码如下：

```
Fruit fruit;//定义类的实例变量
fruit=new Fruit();//创建类的实例
```

3.2.3 字段

类中定义的变量和常量称为字段，必须声明在类的内部，语法格式如下：

```
[访问修饰符]数据类型字段名;
```

字段主要分为 4 类。①常量字段。用 const 修饰符声明的字段为常量字段，常量字段只能在声明中初始化，以后不能再修改。②静态字段。用修饰符 static 声明的字段为静态字段。静态字段只有一个共享“空间”，所有实例都会共享该字段。引用静态字段所采用的方法为：类名.静态字段名。③实例字段。类中定义的字段不使用修饰符 static，该字段为实例字段。每创建该类的一个对象，在对象内创建一个该字段实例；创建它的对象被撤销，该字段对象也被撤销。实例字段采用以下方法引用：实例名.实例字段名。④只读字段。在字段定义时如果加上 readonly 修饰符，则表明该字段为只读字段。只读字段只能在字段定义中及字段所属类的构造函数中进行赋值，在其他情况下均不能改变其值。

例 3-2 在水果类 Fruit 中，添加相关水果信息的字段，具体代码如下：

```
internal class Fruit//定义一个水果类
{
    public static int fruitSum;//声明静态字段水果数量
    public double fruitWeight;//声明实例字段水果质量
    public double unitPrice;//声明实例字段水果单价
}
```

3.2.4 属性

属性是一种成员，它提供灵活的机制来读取、写入或计算私有字段的值。属性可用作公共数据成员，它们是称为访问器的特殊方法。不光可以轻松访问数据，还能提高方法的安全性和灵活性。属性用来定义类的特征，并提供读、写操作。主要包括 2 个属性访问器：get 属性访问器主要用来读取数据，返回属性值；set 属性访问器用于写入数据，可以给属性分配新值。value 关键字用来定义设置的属性值。

```
[访问修饰符]数据类型属性名
{
        get{return 字段名;}
```

```
    set{字段名=value;}
}
```

例 3-3 在水果类 Fruit 中，添加水果编号的属性，具体代码如下：

```
private string fruitID="001";//声明水果编号
public string FruitID//声明水果编号属性
{
    get{return fruitID;}//读属性
    set{fruitID=value;}//写属性
}
```

3.2.5 类的方法

计算机很重要的工作是用来处理各种数据，处理步骤进行细化后，形成一个一个方法，方法在类中的作用体现为对数据进行操作，也是模块化编程的基础，大大提高代码的复用率。

1. 方法的定义

```
访问修饰符数据类型方法名([形式参数说明列表])//定义方法头
{
    数据定义语句;
    数据处理语句;
}
```

其中，方法可以有返回值，使用的语句为：return（表达式）;，如果方法不返回任何值，需要在定义方法时把数据类型说明符定义为：void。

例 3-4 在水果类 Fruit 中，添加获得水果总价的方法。

```
public double GetPrice()//定义一个求水果总价的方法
{
    double fruitTotal=fruitWeight* unitPrice;//声明水果总价变量并计算
    return fruitTotal;
}
```

2. 方法的调用

在使用方法时，需要对方法进行调用，调用类的方法主要有3种方式。

（1）调用类中的某个方法所使用的格式为：

```
方法名([实际参数列表])
```

（2）调用由“对象名”指定的对象、由“方法名”指定的方法，所使用的格式为：

```
对象名.方法名([实际参数列表])
```

（3）如果是另一个类的静态方法，所使用的格式为：

```
类名.方法名([实际参数列表])
```

例 3-5 调用水果类 Fruit 中的字段、属性和方法。

具体操作步骤为：打开 Program. cs 文件，注释 Console. WriteLine ("Hello，World!")；然后添加以下代码。

```
//Console.WriteLine("Hello,World!");
using EX3_5;
Fruit fruit=new Fruit();
fruit.FruitID="005";
fruit.fruitWeight=5.0;
fruit.unitPrice=6.0;
Console.WriteLine("水果编号:{0},水果质量:{1},水果单价:{2}",
fruit.FruitID,fruit.fruitWeight,fruit.unitPrice);
Console.WriteLine("水果总价:{0}",fruit.GetPrice());
```

程序的执行结果如图 3-3 所示。

```
Microsoft Visual Studio 调试控制台
水果编号：005,水果重量：5,水果单价：6
水果总价：30
```

图 3-3 例 3-5 调用结果图

3.2.6 构造函数与析构函数

1. 构造函数

构造函数是一种特殊的方法，它主要用来进行初始化的操作。它的函数名和类的名称一样。当某个类没有构造函数时，系统将自动为其创建构造函数，这种构造函数称为默认构造函数。构造函数的访问修饰符总是 public。如果是 private，则表示这个类不能被实例化，这通常用于只含有静态成员的类中。构造函数由于不需要显式调用，因而不用声明返回类型，它可以带参数，也可以不带参数。

2. 析构函数

为了及时清理内存，可以在对象销毁时进行析构函数的调用，它常用来释放对象占用的存储空间。析构函数不带有参数，没有访问修饰符，不能显式地调用它。析构函数在对象销毁时自动调用。析构函数的命名规则是在类名前加上一个“~”号。

例 3-6 演示构造函数、析构函数及静态字段的使用。

具体步骤如下。

(1) 在 Fruit. cs 文件中，添加代码如下：

```
public Fruit()//构造函数,没有参数,赋初值 0
{
    fruitSum=0;
```

```
        fruitWeight=0;
        unitPrice=0;
    }
    public Fruit(int t,double m,double n)//构造函数,有参数,赋特定的初值
    {
        fruitSum=t;
        fruitWeight=m;
        unitPrice=n;
    }
    ~Fruit()//析构函数
    {}
```

（2）在 Program.cs 文件中，添加代码如下：

```
using EX3_6;
Fruit fruit1=new Fruit(10,5.0,6.0);
Console.WriteLine("水果数量:{0},水果质量:{1},水果单价:{2}",
Fruit.fruitSum,fruit1.fruitWeight,fruit1.unitPrice);
```

静态字段 fruitSum 通过类名来引用，实例字段 fruitWeight 和 unitPrice 通过对象名来引用，运行结果如图 3-4 所示。

Microsoft Visual Studio 调试控制台

水果数量：10，水果重量：5，水果单价：6

图 3-4　例 3-6 运行结果图

3.2.7　作用域

1. 访问修饰符

所有类型和类型成员都具有可访问型级别。该级别可以控制是否可以从程序集或其他程序集中的其他代码中使用它们。在编程代码中，访问修饰符决定哪些成员可以用，哪些成员不允许用。C#中的访问修饰符有 6 个，分别为：

- public：访问不受限制。
- protected：访问限于包含类或派生自包含类的类型。
- internal：访问限于当前程序集。
- protected internal：访问限于当前程序集或派生自包含类的类型。
- private：访问限于包含类。
- private protected：访问限于包含类或当前程序集中派生自包含类的类型。

由上可见，public 相当于就是公共权限，在哪里都可以使用；private 相当于是私人权限，只在包含的类里可用。

2. 静态方法

在C#的类中包含两种方法：静态方法和实例方法。使用static修饰符的方法称为静态方法，其他则是实例方法。当调用静态方法时，采用的格式为：类名.静态方法。实例方法是通过对象名调用的。静态方法内部只能出现static变量和其他static方法。静态方法效率上要比实例方法高，静态方法的缺点是不自动进行销毁，而实例方法则可以做销毁。静态方法和静态变量创建后始终使用同一块内存，而使用实例的方式会创建多个内存。在程序中，对于一些不会经常变化而又频繁使用的数据，如连接字符串、配置信息等，可以使用静态字段和静态构造方法。

例 3-7 使用静态方法求和。

步骤如下。

在Program.cs文件中，添加代码如下：

```
class MyClass
{
    public static int Add(int x,int y)//定义静态方法
    {
        return x+y;
    }
}
class Class
{
    static void Main(string[ ]args)//主方法
    {
        int x=11,y=57;
        int sum=MyClass.Add(11,57);//调用静态方法
        Console.WriteLine("{0}+{1}={2}",x,y,sum);
    }
}
```

运行结果如图3-5所示。

图3-5　例3-7运行结果图

3.2.8 类型转换

1. 装箱与拆箱

装箱指的是把值类型转化为引用类型；拆箱指的是把引用类型转化为值类型。装箱的方法是：创建一个object实例并将值复制给这个object实例。例如：

```
int n=100;
object obt=n;//隐式转换
object obt=(object)n;//显式转换
```

拆箱是装箱的反操作，例如：

```
int n=100;
object obt=n;
int m=(int)obt;
```

图 3-6 为装箱和拆箱示意图。

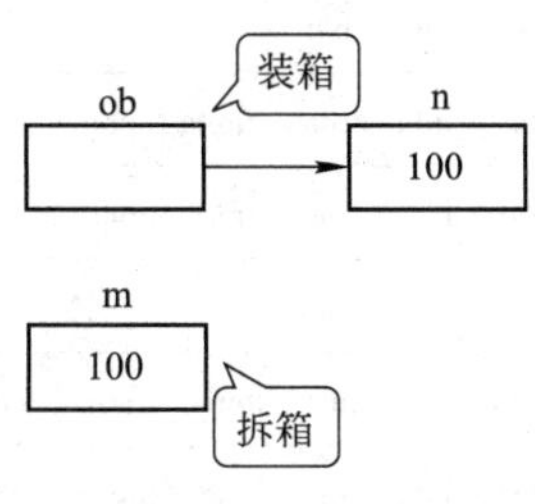

图 3-6　装箱和拆箱

2. 类型转换

C#中的数据类型转换分为两种：隐式转换和显式转换。隐式转换是 C#默认的以安全方式进行的转换，不会导致数据丢失，见表 3-1。例如，从小的整数类型转换为大的整数类型，从派生类转换为基类。显式转换即强制类型转换，使用强制转换运算符“（）”，会造成数据丢失，见表 3-2。

表 3-1　隐式类型转换

原类型	可转换类型
sbyte	short、int、long、float、double、decimal
byte	short、ushort、int、uint、long、ulong、float、double、decimal
short	int、long、float、double、decimal
ushort	int、uint、long、ulong、float、double、decimal
int	long、float、double、decimal
uint	long、ulong、float、double、decimal
long	float、double、decimal
ulong	float、double、decimal
char	ushort、int、uint、long、ulong、float、double、decimal
float	double

例如：

```
int a=100;
double d=a;//将 int 类型转换为 double 类型
float f=3.14f;
```

```
d=f;//将 float 类型转换为 double 类型
```

表 3-2 显示类型转换

原类型	可转换类型
sbyte	byte、ushort、uint、ulong、char
byte	sbyte、char
short	sbyte、byte、ushort、uint、ulong、char
ushort	sbyte、byte、short、char
int	sbyte、byte、short、ushort、uint、ulong、char
uint	sbyte、byte、short、ushort、int、char
long	sbyte、byte、short、ushort、int、uint、ulong、char
ulong	sbyte、byte、short、ushort、int、uint、long、char
char	sbyte、byte、short
float	sbyte、byte、short、ushort、int、uint、long、ulong、char、decimal
double	sbyte、byte、short、ushort、int、uint、long、ulong、char、float、decimal
decimal	sbyte、byte、short、ushort、int、uint、long、ulong、char、float、double

例如，byte 类型取值为 0~255，如果超过范围，信息将丢失。

```
int a=98;
byte b=(byte)a;//信息不会丢失
int a=2030;
byte b=(byte)a;//信息将丢失
```

3. 转换方法

1）Parse 方法

Parse 方法用于将字符串类型转换成任意基本类型，具体的语法格式如下：

```
基本数据类型.Parse(字符串类型的值);
```

要求等号左、右两边的数据类型兼容，如下面的例子：

```
string str="324";
syte a=byte.Parse(str);
short b=short.Parse(str);
```

2）Convert 方法

Convert 方法是数据类型转换中最灵活的方法，在不超出指定数据类型的范围前提下，它能够将任意数据类型的值转换成任意数据类型，语法格式如下：

```
数据类型变量名=convert.To 数据类型(变量名);
```

其中，Convert.To 后面的数据类型要与等号左边的数据类型相匹配。

表 3-3 为 C#的类型转换方法。

表 3-3　C#的类型转换方法

方法	作用
ToBoolean	类型转换为布尔型
ToByte	类型转换为字节类型
ToChar	类型转换为单个 Unicode 字符类型
ToDateTime	类型（整数或字符串类型）转换为日期-时间结构
ToDecimal	浮点型或整数类型转换为十进制类型
ToDouble	类型转换为双精度浮点型
ToInt16	类型转换为 16 位整数类型
ToInt32	类型转换为 32 位整数类型
ToInt64	类型转换为 64 位整数类型
ToSbyte	类型转换为有符号字节类型
ToSingle	类型转换为小浮点数类型
ToString	类型转换为字符串类型
ToType	类型转换为指定类型
ToUInt16	类型转换为 16 位无符号整数类型
ToUInt32	类型转换为 32 位无符号整数类型
ToUInt64	类型转换为 64 位无符号整数类型

例如：

```
string str="2025";
int aastr=Convert.ToInt32(str);
Console.WriteLine(aastr);
```

3.2.9　参数传递

1. 值参数传递概述

值参数传递是默认方式，调用方法就会立即给参数分配内存地址，然后把实参的值赋给形参，所以实参和形参是在不同的地址；赋值之后值相同但是地址不同，所以形参不会改变实参的值。

例 3-8　值参数传递。

具体步骤如下。

在 Program. cs 文件中，添加代码如下：

```
static int sum_m_n(int m,int n)//声明形参
{
    int sum;
    Console.WriteLine("m 和 n 的初值:{0},{1}",m,n);
    m++;
    n++;
```

```
        Console.WriteLine("m和n的自增后的值:{0},{1}",m,n);
        sum=m+n;
        return sum;
    }
    int a,b;//定义实参
    Console.WriteLine("请输入a和b的值:");
    a=Convert.ToInt32(Console.ReadLine());//输入实参a的值
    b=Convert.ToInt32(Console.ReadLine());//输入实参b的值
    Console.WriteLine("a和b的值:{0},{1}",a,b);
    int total=sum_m_n(a,b);//调用函数得到结果
    Console.WriteLine("a和b的值:{0},{1}",a,b);
    Console.WriteLine("求和后的值{0}",total);
```

运行结果如图3-7所示。

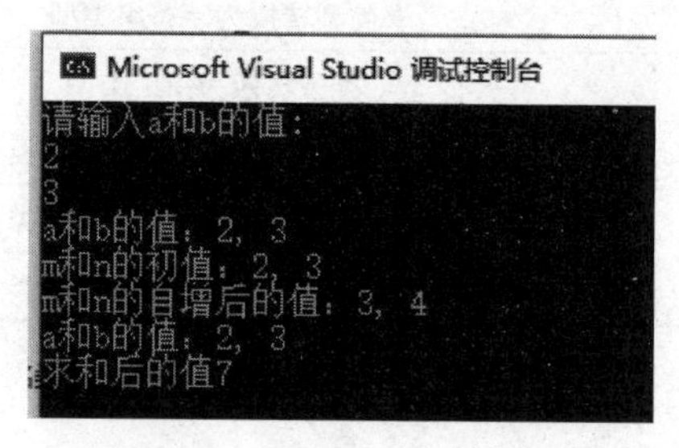

图3-7　例3-8运行结果图

2. 引用传递

当使用“引用传递”方式传递参数时，调用者赋予被调用方法直接访问和修改调用者的原始数据的权利。在方法中对形参进行修改也就修改了对应的实参，这种方式又称双向传递。

在C#中要通过引用方式传递数据，需要使用关键字ref，使用方法是在定义方法时，在按引用传递的形式参数的类型说明符前加上关键字ref；在调用方法时，在按引用传递的实际参数之前加上关键字ref。

例3-9　引用传递。

具体步骤如下。

在Program.cs文件中，添加代码如下：

```
static int sum_m_n(ref int m,ref int n)//声明形参
{
    int sum;
    Console.WriteLine("m和n的初值:{0},{1}",m,n);
    m++;
    n++;
    Console.WriteLine("m和n的自增后的值:{0},{1}",m,n);
    sum=m+n;
```

```
    return sum;
}
int a,b;//定义实参
Console.WriteLine("请输入 a 和 b 的值:");
a=Convert.ToInt32(Console.ReadLine());//输入实参 a 的值
b=Convert.ToInt32(Console.ReadLine());//输入实参 b 的值
Console.WriteLine("a 和 b 的值:{0},{1}",a,b);
int total=sum_m_n(ref a,ref b);//调用函数得到结果
Console.WriteLine("a 和 b 的值:{0},{1}",a,b);
Console.WriteLine("求和后的值{0}",total);
```

运行结果如图 3-8 所示。

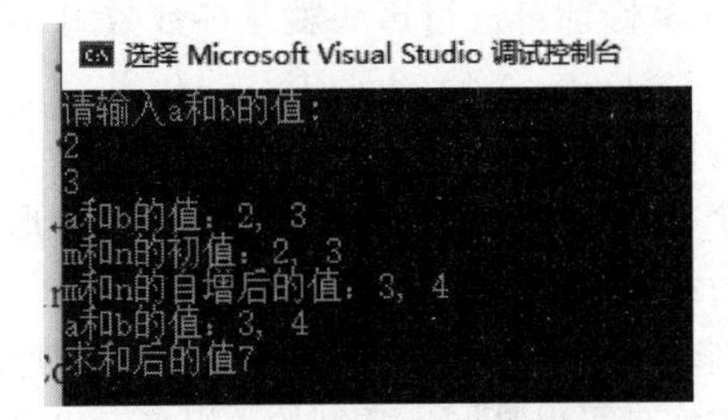

图 3-8　例 3-9 运行结果图

3. 输出参数

如果引用传递中的关键字 ref 用 out 替换，则参数就变成了输出参数。实参在传参前不需要赋初值，但在被调方法内部必须赋初值才能使用，允许在被调方法中修改与输出参数相对应的实参的值。输出参数通常用来指定由被调用方法对参数进行初始化。

例 3-10　输出参数。

具体步骤如下。

在 Program. cs 文件中，添加代码如下：

```
static int sum_m_n(out int m,out int n)//声明形参
{
    int sum;
    m=1;n=1;
    Console.WriteLine("m 和 n 的初值:{0},{1}",m,n);
    m++;
    n++;
    Console.WriteLine("m 和 n 的自增后的值:{0},{1}",m,n);
    sum=m+n;
    return sum;
}
int a,b;//定义实参
```

```
int total=sum_m_n(out a,out b);//调用函数得到结果
Console.WriteLine("a和b的值:{0},{1}",a,b);
Console.WriteLine("求和后的值{0}",total);
```

运行结果如图 3-9 所示。

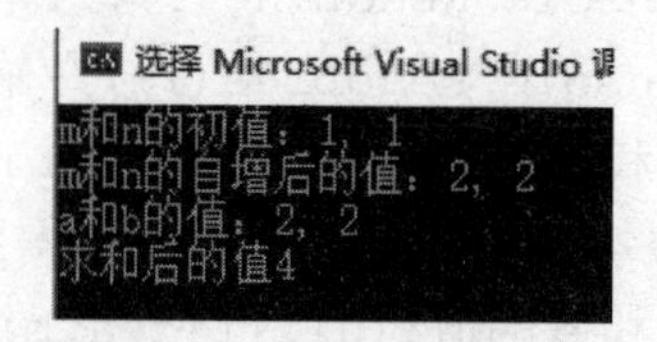

图 3-9　例 3-10 运行结果图

4. 参数数组

形参数组前如果用 params 修饰符进行声明就是参数数组，通过参数数组可以向函数传递个数变化的参数。

关于参数数组，需掌握以下几点。

（1）若形参表中含一个参数数组，则该参数数组必须位于形参列表的最后。

（2）参数数组必须是一维数组。

（3）不允许将 params 修饰符与 ref 和 out 修饰符组合起来使用。

（4）与参数数组对应的实参可以是同一类型的数组名，也可以是任意多个与该数组的元素属于同一类型的变量。

（5）若实参是数组则按引用传递，若实参是变量或表达式则按值传递。

例 3-11　定义一个静态方法和参数数组，求参数数组各元素的和。

具体步骤如下。

在 Program.cs 文件中，添加代码如下：

```
static void paramsArray(ref int sum,params int[]ss)
{
    int i;
    for(i=0;i<ss.Length;i++)
    {
        sum=sum+ss[i];//求和
        ss[i]=ss[i]+10;//数组元素值增加10
    }
}
int[]a={1,2,3};int i,s=0;
paramsArray(ref s,a);//调用方法,数组名做参数
Console.WriteLine("数组求和的值为{0}",s);
for(i=0;i<a.Length;i++)//输出数组元素的值
Console.WriteLine("a[{0}]={1}",i,a[i]);
paramsArray(ref s,56,89);//调用方法,数据项做参数
```

```
Console.WriteLine("数组求和的值为:{0}",s);
```

运行结果如图 3-10 所示。

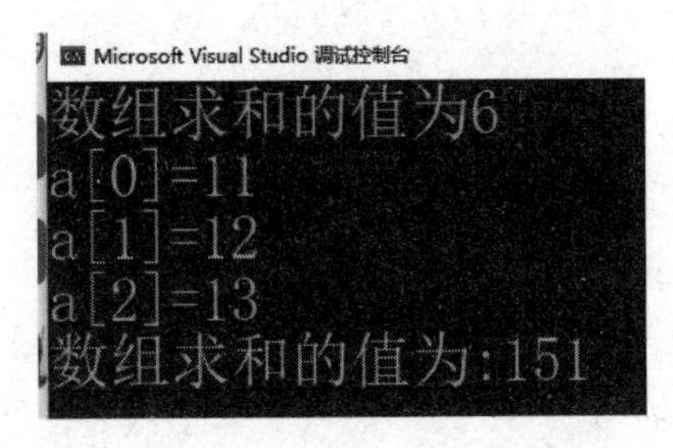

图 3-10　例 3-11 运行结果图

3.3　类的继承

为了有利于重用代码和节省开发时间，可根据一个类来定义另一个类，这叫继承。它使得创建和维护应用程序变得更容易。当创建一个类时，不需要完全重新编写新的数据成员和成员函数，只需要设计一个新的类，继承已有的类的成员即可。被继承的类为基类（父类），新创建的类为派生类（子类），具体格式如下：

```
class 派生类类名:基类类名
{
    成员声明列表;
}
```

在 C#语言中，继承的特点为：①只允许单继承，即派生类只能有一个基类；②继承是可以传递的，C 继承 B，B 继承 A，那么 C 不但继承 B 中的成员，还继承 A 中的成员；③派生类可以添加新成员，但不能删除继承的成员；④派生类不能继承基类的构造函数、析构函数和事件，但能继承基类的属性；⑤派生类的对象也是其基类的对象，但基类的对象不是其派生类的对象，故基类的引用变量可以引用其派生类对象。

例 3-12　分析下列程序的执行结果。

具体步骤如下。

（1）新建一个控制台程序，添加一个水果类 Fruit，在 Fruit. cs 中代码如下：

```
internal class Fruit
{
    public static int fruitSum;//声明静态字段水果数量
    public double fruitWeight;//声明实例字段水果质量
    public double unitPrice;//声明实例字段水果单价
    private string fruitID="001";//声明水果编号
    public string FruitID//声明水果编号属性
```

```
        {
            get{return fruitID;}//读属性
            set{fruitID=value;}//写属性
        }
        public Fruit()//构造函数,没有参数,赋初值 0
        {
            fruitSum=0;
            fruitWeight=0;
            unitPrice=0;
        }
        public Fruit(int t,double m,double n)//构造函数,有参数,赋特定的初值
        {
            fruitSum=t;
            fruitWeight=m;
            unitPrice=n;
        }
        ~Fruit()//析构函数
        {}
        public double GetPrice()//定义 1 个水果总价的方法
        {
            double fruitTotal=fruitWeight* unitPrice;//声明水果总价变量并计算
            return fruitTotal;
        }
    }
```

（2）添加一个新类 Apple，如图 3-11 所示。

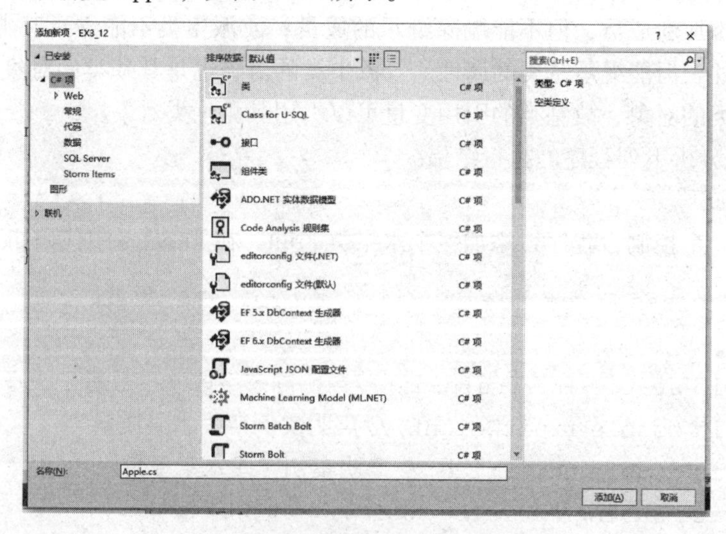

图 3-11　添加新类 Apple 界面

在打开的代码窗口 Apple. cs 中，编写代码：

```
internal class Apple:Fruit//苹果类继承于水果类
{
        public const string Appletype="苹果";//常量字段
        public string Applecolor="黄色";
        public void Appleprint()
        {
                Console.WriteLine("苹果很好吃!!!");
        }
}
```

（3）在 Program. cs 文件中，添加以下代码：

```
using EX3_12;
Apple A1=new Apple();//产生一个铅笔对象 P1
Console.Write("苹果默认颜色为:{0}",A1.Applecolor);
A1.Applecolor="红色";
//A1.pp=32;//错误,private 成员只能在本类中访问
//A1.Appletype="桃子";//错误,常量不能修改数值
A1.Appleprint();
Console.Write("苹果改变颜色为:{0}",A1.Applecolor);
Console.Write("苹果的价格为:{0}",A1.GetPrice());
```

运行结果如图 3-12 所示。

```
Microsoft Visual Studio 调试控制台
苹果默认颜色为：黄色　苹果很好吃！！！
苹果改变颜色为：红色　苹果的价格为：0
```

图 3-12　例 3-12 运行结果图

3.4　多　　态

多态性是指同一操作作用于不同类的实例，这些类对它进行不同的解释，从而产生不同的执行结果的现象。在 C#中有两种多态性：编译时的多态性和运行时的多态性。编译时的多态性是通过方法的重载实现的，由于这些同名的重载方法或参数类型不同或参数个数不同，所以编译系统在编译期间就可以确定用户所调用的方法是哪一个重载方法。运行时的多态性是通过继承和虚成员来实现的。运行时的多态性是指系统在编译时不确定选用哪个重载方法，而是直到程序运行时，才根据实际情况决定采用哪个重载方法。

3.4.1 方法重载

方法重载是指在一个类中定义多个同名的方法，但要求每个方法具有不同的参数类型或参数个数。调用重载方法时，编译器能通过检查调用的方法的参数类型和参数个数选择一个恰当的方法。方法重载通常用于创建完成一组任务相似但参数类型或参数个数或参数顺序不同的方法。

例 3-13 求不同形状的周长。

具体步骤如下。

新建一个控制台程序，在 Program. cs 文件中，添加以下代码：

```
class ShapePerimeter
{
    public double perimeter(double r)//求圆的周长,1 个参数
    {
        return(2* Math.PI* r);
    }
    public double perimeter(double a,double b)//求矩形的周长,2 个参数
    {
        return(2* a+2* b);
    }
    public double perimeter(double a,double b,double c)//求三角形的周
                                                            长,3 个参数
    {
        return(a+b+c);
    }
}
internal class Program
{
    static void Main(string[]args)
    {
        ShapePerimeter perimeterNew=new ShapePerimeter();
        Console.WriteLine("R is{0},Perimeter is{1}",3.0,perimeter-
New.perimeter(3.0));
        Console.WriteLine("A is{0},B is{1},Perimeter is{2}",3.0,
4.0,perimeterNew.perimeter(3.0,4.0));
        Console.WriteLine("A is{0},B is{1},C is{2},Perimeter is
{3}",3.0,4.0,5.0,perimeterNew.perimeter(3.0,4.0,5.0));
    }
}
```

运行结果如图3-13所示。

```
Microsoft Visual Studio 调试控制台
R is 3,Perimeter is 18.84955592153876
A is 3,B is 4,Perimeter is 14
A is 3,B is 4,C is 5,Perimeter is 12
```

图3-13　例3-13运行结果图

3.4.2　虚方法和方法覆盖

在运行时，要实现多态性，可以通过虚方法来实现。在C#语言中，默认情况下类中的成员都是非虚拟的，将类中的成员定义成虚拟的，通常使用virtual关键字，表示这些成员将会在继承后重写其中的内容。virtual关键字能修饰方法、属性、索引器及事件等，用到父类的成员中。virtual关键字不能与修饰符static、abstract和override一起使用。虚方法的执行方式可以被其派生类所改变，具体实现是通过方法重载来完成的。在派生类中重载虚方法时，要在方法名前加上override修饰符。

例3-14　虚方法的实例。

具体步骤如下。

新建一个控制台程序，在Program.cs文件中，添加以下代码：

```
class bClass     //定义基类
{
    public void nvm()//定义非虚方法
    {
        Console.WriteLine("基类的非虚方法被调用!");
    }
    public virtual void vm()//定义虚方法
    {
        Console.WriteLine("基类的虚方法被调用!");
    }
}
class sClass:bClass     //定义派生类
{
    new public void nvm()//重写非虚方法
    {
        Console.WriteLine("派生类的非虚方法被调用!");
    }
    public override void vm()//重载虚方法
    {
```

```
        Console.WriteLine("派生类的虚方法被调用!");
    }
}
class Program
{
    public static void Main(string[]args)
    {
        sClass sonObj=new sClass();
        bClass parentObj=sonObj;//把派生类对象 sonObj 赋值给基类对象 parentObj
        parentObj.nvm();
        parentObj.vm();//此处调用派生类重载的虚方法
        sonObj.nvm();
        sonObj.vm();
    }
}
```

运行结果如图 3-14 所示。

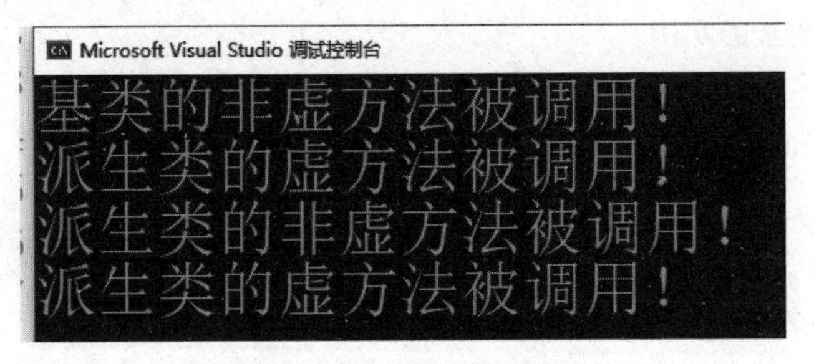

图 3-14　例 3-14 运行结果图

3.5　接口、抽象与密封

3.5.1　接口的实现

在 C#语言中，规定 1 个类只能继承 1 个基类，但可以继承多个接口。C#接口是一种引用类型，有属性、方法和事件。接口定义了所有类继承接口时应遵循的语法合同。由派生类来实现接口方法的确切内容。接口定义了语法合同“是什么”部分，派生类定义了语法合同“怎么做”部分。接口的语法格式如下：

```
[访问修饰符]INTERFACE 接口名[:基接口列表]
{
    接口成员;
}
```

接口使用 Interface 关键字声明，它与类的声明类似。接口声明默认是 public。

例 3-15　使用接口实现 1 个物品的出入库，定义 1 个物流类接口，包含物品所属物流公司名称属性、物品单号属性及显示方法，通过物品入库类和物品出库类继承该接口。

具体步骤如下。

(1) 新建 1 个控制台程序，添加 1 个接口，如图 3-15 所示。

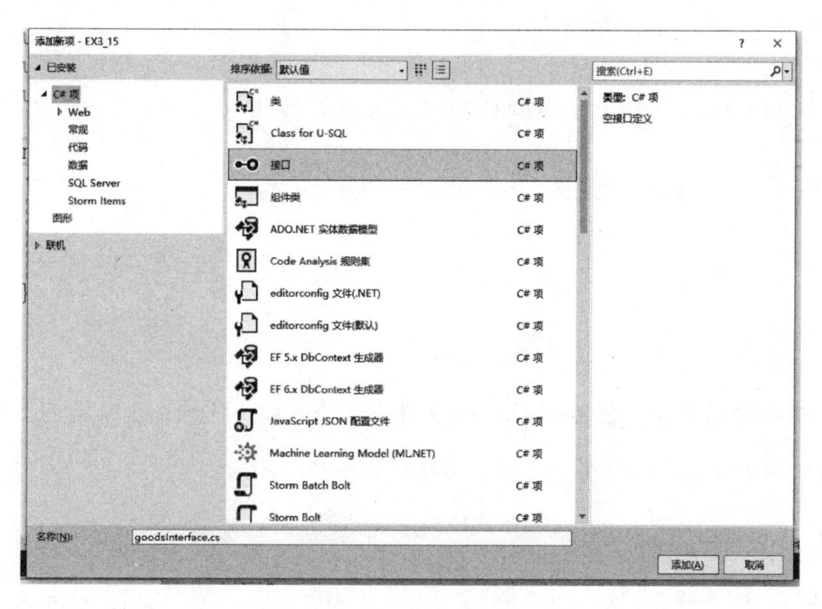

图 3-15　添加接口

在 goodsInterface. cs 中，添加代码如下：

```
public interface goodsInterface//定义接口
{
    void goodsInformation();//定义商品信息显示方法
    string Id{get;set;}//声明属性物流单号
    string Name{get;set;}///声明属性物流名称
}
```

(2) 添加 1 个入库类，在 goodsIn. cs 文件中，输入以下代码：

```
public class goodsIn:goodsInterface
{
    string id="";
    string name="";
    public string Id
    {
        get{return id;}
        set{id=value;}
    }
```

```
    public string Name
    {
        get{return name;}
        set{name=value;}
    }
    public void goodsInformation()
    {
        throw new NotImplementedException();
    }
    void goodsInterface.goodsInformation()
    {
        Console.WriteLine("入库:\n"+"物品单号:"+Id+""+"物流公司:"+Name);
    }
}
```

(3) 添加1个出库类，在 goodsOut.cs 文件中，输入以下代码:

```
public class goodsOut:goodsInterface
{
    string id="";
    string name="";
    public string Id
    {
        get{return id;}
        set{id=value;}
    }
    public string Name
    {
        get{return name;}
        set{name=value;}
    }
    void goodsInterface.goodsInformation()
    {
        Console.WriteLine("出库:\n"+"物品单号:"+Id+""+"物流公司:"+Name);
    }
}
```

(4) 在 Program.cs 文件中，添加以下代码:

```
using EX3_15;
goodsInterface[]Goods={new goodsIn(),new goodsOut()};
Goods[0].Id="2301345346";
```

```
Goods[0].Name="德邦";
Goods[0].goodsInformation();
Goods[1].Id="2342352342";
Goods[1].Name="邮政";
Goods[1].goodsInformation();
```

运行结果如图 3-16 所示。

```
Microsoft Visual Studio 调试控制台
入库:
物品单号: 2301345346 物流公司: 德邦
出库:
物品单号: 2342352342 物流公司: 邮政
```

图 3-16　例 3-15 运行结果图

3.5.2　抽象类和抽象方法

当父类无法确定子类行为时可以定义为抽象类，使用 abstract 关键字进行类的修饰。抽象类不能被实例化，主要用于被继承；抽象类里可以包含两种抽象成员，分别是抽象方法和抽象属性的声明，同时可以包含其他非抽象成员。抽象类里也可以包含构造函数，但不能被实例化。如果继承抽象类，则需实现抽象类中的所有抽象成员；如果子类也是一个抽象类，则可以不重写。static 也不能用于修饰抽象类，因为 static 意味着会有一个实例。抽象成员的访问修饰符不能是 private。

抽象类的格式为：

```
public abstract class 抽象类名
{
    [访问修饰符]abstract 返回值类型方法名([参数列表])
}
```

抽象属性的格式为：

```
public abstract 返回值类型属性名
{
    get;
    set;
}
```

抽象方法的格式为：

```
public override 方法名称([参数列表]){}
```

抽象类中的抽象方法和抽象属性都没有提供实现，当定义抽象类的派生类时，派生类必须重载基类的抽象方法和抽象属性。

例 3-16 实现水果抽象类。

具体步骤如下。

新建 1 个控制台程序，在 Program. cs 文件中，添加以下代码：

```
abstract class Fruit//定义水果抽象类
{
    public abstract void Taste();
}
class Apple:Fruit
{
    public override void Taste()
    {
        Console.WriteLine("苹果是甜的");
    }
}
class Orange:Fruit
{
    public override void Taste()
    {
        Console.WriteLine("橘子是酸的");
    }
}
class Program
{
    static void Main(string[]args)
    {
        //抽象类无法声明实例
        Fruit a=new Apple();
        Fruit b=new Orange();
        a.Taste();
        b.Taste();
    }
}
```

运行结果如图 3-17 所示。

图 3-17 例 3-16 运行结果图

接口和抽象类具有相同的特点：接口和抽象类都不能实例化；接口和抽象类都包含未实现的方法；接口和抽象类都可以被子类继承；子类必须实现接口的接口成员和抽象类的抽象成员。它们的区别为：抽象类只能继承自一个基类，接口可以继承自多个接口；抽象类可以包含字段、属性、方法，接口只能包含属性、方法、索引器、事件，不能包含字段、构造函数、析构函数和静态成员或常量；抽象类可以包含抽象方法和实例方法，接口只包含抽象方法，不能由方法实现。抽象类抽象成员必须显式用 public 修饰；接口默认为 public，且不用 public 修饰，接口方法不能用 abstract 或 virtual 修饰。

3.5.3　密封类

为了防止继承的滥用，使类的层次结构体系清晰，便于开发人员理解，C#中提出密封类来限制扩展性。如果密封某个类，则其他类不能从该类继承；如果密封某个成员，则派生类不能重写该成员的实现。C#中的密封类是指该类不可以被继承。密封类中的方法不需要定义成密封的。密封类不能用作基类。因此，它也不能是抽象类。密封类主要用于防止派生。由于密封类不能够做基类，所以有些运行时优化操作，能够略微提高密封类成员的调用速度。sealed 对于方法而言表示不能重写该方法，此时该方法为密封方法。

密封方法只能用于对基类的虚方法进行实现，并提供具体的实现。所以，声明密封方法时，sealed 修饰符总是和 override 修饰符同时使用。在对基类的虚成员进行重写的派生类上的类成员、方法、字段、属性或事件可以将该成员声明为密封成员。在用于以后的派生类时，这将取消成员的虚效果。方法是在类成员声明中将 sealed 关键字置于 override 关键字的前面。C#中声明密封类时需要使用 sealed 关键字，具体语法格式如下：

```
访问修饰符 sealed class 类名:
基类或接口
{
    //类成员
}
```

例 3-17　实现学生信息抽象类。

具体步骤如下。

新建 1 个控制台程序，在 Program. cs 文件中，添加以下代码：

```
public class Class1//定义基类
{
    public virtual void Show()//虚方法,用来显示信息
    {}
}
public sealed class Class2:Class1//密封类,继承自 Class1
{
    private string id="";//string 类型变量,用来记录学号
    private string name="";//string 类型变量,用来记录姓名
    public string ID//学号属性
```

```
        {
            get
            {
                return id;
            }
            set
            {
                id=value;
            }
        }
        public string Name//姓名属性
        {
            get
            {
                return name;
            }
            set
            {
                name=value;
            }
        }
        public sealed override void Show()//密封并重写基类中的Show方法
        {
            Console.WriteLine(ID+""+Name);
        }
    }
    class Program
    {
        static void Main(string[]args)
        {
            Class2 class2=new Class2();//创建密封类对象
            class2.ID="200121";
            class2.Name="王一";
            class2.Show();//调用密封类中的密封方法
        }
    }
```

运行结果如图 3-18 所示。

图 3-18　例 3-17 运行结果图

3.6　集合与索引器

3.6.1　集合

数组是一种非常常用的数据结构，但它存在一定的局限性，它最适用于创建和使用固定数量的强类型化对象。集合（Collection）提供更灵活的方式来使用对象组，它不仅能随意调整大小，而且对存储或检索存储在其中的对象提供了更多的方法。集合可以把一组类似的对象组合在一起，集合类是专门用于数据存储和检索的类。它属于命名空间：System. Collection。这些类提供了堆栈（Stack）、队列（Queue）、列表（List）和哈希表（Hashtable）的支持。大多数集合类实现了相同的接口。集合（Collection）类可以为元素动态分配内存，基于索引访问列表项等。这些类创建 Object 类的对象的集合，见表 3-4。

表 3-4　集合的常用类

类	作　用
动态数组（ArrayList）	单独索引的对象的有序集合，可以使用索引在指定的位置添加和移除
哈希表（Hashtable）	用键来访问集合中的元素
排序列表（SortedList）	用键和索引来访问列表中的项
堆栈（Stack）	后进先出的对象集合
队列（Queue）	先进先出的对象集合
点阵列（BitArray）	用值 1 和 0 来表示的二进制数组

例 3-18　动态数组的演示。

具体步骤如下。

新建 1 个控制台程序，在 Program. cs 文件中，添加以下代码：

```
using System.Collections;
ArrayList a=new ArrayList();
Console.WriteLine("给 a 插入几个数:");
a.Add(56);
a.Add(34);
a.Add(12);
a.Add(78);
```

```
Console.WriteLine("a 的大小:{0}",a.Capacity);
Console.WriteLine("a 有几个数:{0}",a.Count);
Console.Write("a 的原内容:");
foreach(int i in a)
Console.Write(i+"");
Console.WriteLine();
Console.Write("a 的排序后内容:");
a.Sort();
foreach(int i in a)
Console.Write(i+"");
Console.WriteLine();
```

运行结果如图 3-19 所示。

图 3-19　例 3-18 运行结果图

3.6.2　索引器

索引器允许类和结构的实例按照与数组相同的方式进行索引。索引器类似于属性，不同之处在于它们的访问器采用参数，被称为有参属性。在定义索引器时，不一定只采用一个参数，同一类中还可以拥有一个以上的索引器，也就是重载。索引器的参数可以采用任何类型，int 较为常用。

一维索引器的语法如下：

```
元素类型 this[int index]
{
    get//get 访问器
    {
        //返回 index 指定的值
    }
    set  //set 访问器
    {
        //设置 index 指定的值
```

```
    }
}
```

例3-19　索引器的演示。

具体步骤如下。

新建1个控制台程序，在Program. cs文件中，添加以下代码：

```
class FruitNames
{
    private string[]name=new string[size];
    static public int size=10;
    public FruitNames()
    {
        for(int i=0;i<size;i++)
        name[i]=null;
    }
    public string this[int index]//定义索引器
    {
        get
        {
            string tmp;
            if(index>=0&&index<=size-1)
                tmp=name[index];
            else
                tmp="";
            return(tmp);
        }
        set
        {
            if(index>=0&&index<=size-1)
                name[index]=value;
        }
    }
    static void Main(string[]args)
    {
        FruitNames names=new FruitNames();
        names[0]="桃子";
        names[1]="梨";
        names[2]="山竹";
        names[3]="葡萄";
```

```
            names[4]="西瓜";
            names[5]="荔枝";
            names[6]="草莓";
            for(int i=0;i<FruitNames.size;i++)
            {
                Console.WriteLine(names[i]);
            }
        }
    }
```

运行结果如图 3-20 所示。

Microsoft Visual Studio 调试控制台

桃子 梨 山竹 葡萄 西瓜 荔枝 草莓 空 空 空

图 3-20　例 3-19 运行结果图

属性和索引器区别为：①类的每一个属性都必须拥有唯一的名称，而类里定义的每一个索引器都必须拥有唯一的签名或参数列表；②属性可以是 static，而索引器则必须是实例成员；③为索引器定义的访问函数可以访问传递给索引器的参数，而属性访问函数则没有参数。

3.7　泛　　型

3.7.1　泛型的概念

在编程过程中，经常会遇到功能非常相似的功能模块，只是处理的数据不一样，所以会分别采用多个方法来处理不同的数据类型。为了提高效率，C#提供一种更加抽象的数据类型——泛型，来解决这个问题。泛型是通过参数化类型来实现在同一份代码上操作多种数据类型，利用参数化类型将类型抽象化，从而实现灵活的复用。

例 3-20　泛型方法的演示。

具体步骤如下。

新建 1 个控制台程序，在 Program. cs 文件中，添加以下代码：

```
class Program
{
    private static void Subtraction<T>(T a,T b)//减法运算
    {
        double sum=double.Parse(a.ToString())-double.Parse(b.ToString());
        Console.WriteLine(sum);
    }
```

```
    static void Main(string[]args)
    {
        Subtraction<double>(12.0,5.9);//将 T 设置为 double 类型
        Subtraction<int>(23,148);//将 T 设置为 int 类型
    }
}
```

运行结果如图 3-21 所示。

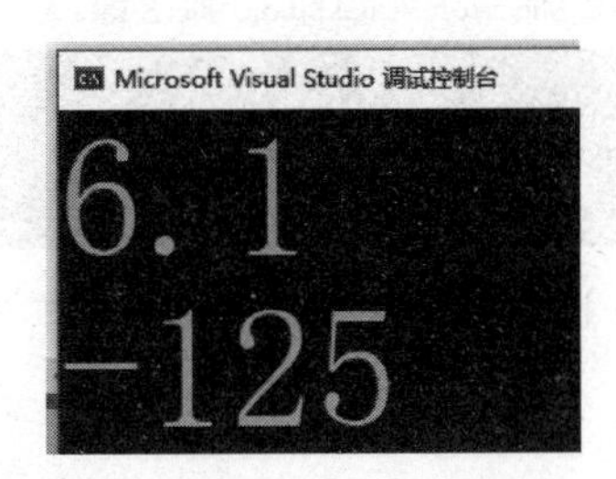

图 3-21　例 3-20 运行结果图

从图 3-21 可以看出，在调用 Subtraction 方法时能指定不同的参数类型来执行加法运算。如果在调用 Add 方法时，没有按照<T>中规定的类型传递参数，则会出现编译错误。这样，就可以尽量避免程序在运行时出现异常。

3.7.2　泛型集合

C#语言中泛型集合是泛型中最常见的应用，主要用于约束集合中存放的元素。由于在集合中能存放任意类型的值，在取值时经常会遇到数据类型转换异常的情况，因此推荐在定义集合时使用泛型集合。泛型集合中主要使用 List<T>和 Dictionary<K，V>。

1. List<T>类

List<T>类是 ArrayList 类的泛型等效类，该类使用大小可按需动态增加的数组来实现，格式为：

```
IList<T>泛型接口
```

例 3-21　泛型集合的演示。

具体步骤如下。

新建 1 个控制台程序，在 Program.cs 文件中，添加以下代码：

```
class Program
{
    static void Main(string[]args)
    {
        List<int>list=new List<int>();
        list.Add(2);
        list.Add(4);
        list.Add(6);
```

```
        list.Add(8);
        foreach(var i in list)
        Console.WriteLine(i);
    }
}
```

运行结果如图3-22所示。

图3-22　例3-21运行结果图

2. Dictionary<K，V>类

Dictionary<K，V>类是Hashtable相对应的泛型集合，其存储数据的方式与哈希表相似，通过键/值来保存元素，并具有泛型的全部特征，编译时检查类型约束，读取时无须类型转换。关于Dictionary<K，V>类，需要注意以下几点。

（1）从一组键（key）到一组值（value）的映射，每一个添加项都是由一个值及与其相关联的键组成。

（2）任何键都必须是唯一的。

（3）键不能为空引用null。若值为引用类型，则可以为空值。

（4）key和value可以是任何类型（string、int、class等）。

例3-22　泛型字典的演示。

具体步骤如下。

新建1个控制台程序，在Program.cs文件中，添加以下代码：

```
class Program
{
    //定义名字字典泛型集合,包括大名和小名
    static Dictionary<string,string>bigsmallName=new Dictionary<
string,string>();
    static void Main(string[]args)
    {
        bigsmallName.Add("李丽","豆包");//添加
        bigsmallName.Add("王娟","球球");
        bigsmallName.Add("沙强","汤圆");
        bigsmallName.Add("王二刚","豆豆");
        bigsmallName.Add("赵力","花花");
        bigsmallName.Remove("王二刚");//移除
        Console.WriteLine("“王娟”对应的名字是:"+bigsmallName["王娟"]);
```

```
            string str=string.Empty;
            bigsmallName.TryGetValue("沙强",out str);//查询
            Console.WriteLine(""沙强"对应的名字是:"+str);
            foreach(KeyValuePair<string,string>kvp in bigsmallName)
                                                            //键值对遍历
            Console.WriteLine("通过键值对遍历集合,Key={0},Value={1}",
kvp.Key,kvp.Value);
            Console.WriteLine();
            foreach(string title in bigsmallName.Keys)//键遍历
            Console.WriteLine("键:"+title+""+"值:"+bigsmallName[title]);
            Console.WriteLine();
            foreach(string name in bigsmallName.Values)//值遍历
            Console.WriteLine("值:"+name);
            Console.WriteLine();
            //查询键或值
            Console.WriteLine("是否包含键"李丽":"+bigsmallName.ContainsKey
("李丽"));
            Console.WriteLine("是否包含值"花花":"+bigsmallName.ContainsValue
("花花"));
        }
    }
```

运行结果如图 3-23 所示。

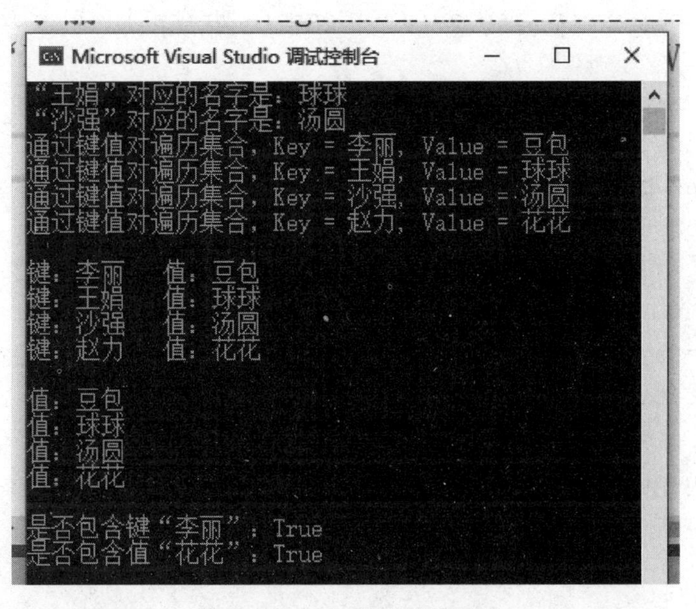

图 3-23　例 3-22 运行结果图

3.8 内部类、分部类及匿名类

3.8.1 内部类

内部类（嵌套类）是在一个类中定义另外一个类。创建内部类的一个目的是为了抽象外部类的某一状态下的行为，或者内部类仅在外部类的某一特定上下文存在，或是隐藏实现，通过修改该内部类的访问修饰符为 private，可以设置仅有外部类可以访问该类。外部类可扩展命名空间，可以将外部类的类名作为内部类的一个命名空间。内部类可以当作外部类的一个扩展，获得封装性。

例 3-23 外部类访问内部类的演示。

具体步骤如下。

新建 1 个控制台程序，在 Program. cs 文件中，添加以下代码：

```
class Outer//外部类
{
    private int outerInt;
    public Outer(){outerInt=10;}
    public class Inner//内部类
    {
        public Inner(){innerInt=1;}
        private int innerInt;
        public void DisplayIn(){Console.WriteLine(innerInt);}
    }
    public void DisplayOut(){
        Inner inn=new Inner();
        inn.DisplayIn();
        Console.WriteLine(outerInt);}
    }
    internal class Program
    {
        static void Main(string[]args)
    {
        Outer outt=new Outer();
        outt.DisplayOut();
    }
}
```

运行结果如图 3-24 所示。

图 3-24　例 3-23 运行结果图

3.8.2　分部类

分部类型声明的每个部分都必须包含 partial 修饰符。它必须具有相同的名称，并在与其他部分相同的命名空间或类型声明中声明。分部类的定义需遵循的规则如下。

（1）同一类型的各个部分的所有分部类的定义都必须使用 partial 进行修饰。

（2）如果将任意部分声明为抽象的，则整个类型都被视为抽象的。如果将任意部分声明为密封的，则整个类型都被视为密封的。

（3）partial 修饰符只能出现在紧靠关键字 class、struct 或 interface 前面的位置。

（4）分部类的各部分或各个源文件都可以独立引用类库，且坚持“谁使用谁负责添加引用”的原则。

（5）分部类的定义中允许使用嵌套的分部类。

例 3-24　分部类的演示。

具体步骤如下。

新建 1 个控制台程序，添加 2 个类：Class1 和 Class2。

（1）在 Class1. cs 文件中，添加以下代码：

```
public partial class Class
{
    public string fun1()
    {
        return"第 1 部分类";
    }
}
```

在 Class2. cs 文件中，添加以下代码：

```
public partial class Class
{
    public string fun2()
    {
        return"第 2 部分类";
    }
}
```

（2）在 Program. cs 文件中，添加以下代码：

```
using EX3_24;
Class class1=new Class();
Console.WriteLine(class1.fun1());
Console.WriteLine(class1.fun2());
```

运行结果如图 3-25 所示。

图 3-25　例 3-24 运行结果图

3.8.3　匿名类

匿名类就是没有名字的类，这种类不需要预先定义。匿名类也是一个引用类型，通常用 var 关键字。在匿名类中，可以定义一个或多个属性，这些属性自动只读。匿名类不能定义字段、方法，只能包含只读属性。

例 3-25　匿名类的演示。

具体步骤如下。

新建 1 个控制台程序，在 Program.cs 文件中，添加以下代码：

```
var person=new
{
    FirstName="Jim",
    LastName="Green",
    City="New York"
};
Console.WriteLine("Name:{0}{1}",person.FirstName,person.LastName);
Console.WriteLine("City:{0}",person.City);
```

运行结果如图 3-26 所示。

图 3-26　例 3-25 运行结果图

person 是匿名类的实例，此匿名类中包含 3 个属性：FirstName、LastName、City。不需要提前给属性指定类型，此例中类型为字符串类型。

习　题　3

1. 单选题

(1) 在C#的类结构中，class关键字前面的关键字是表示访问级别，(　　) 关键字表示该类只能被这个类的成员或派生类成员访问。

A. public　　　　B. private

C. internal　　　　D. protected

(2) 在下列类型中，(　　) 不属于引用类型。

A. String　　　　B. int

C. Class　　　　D. Delegate

(3) 在C#中，TestClass为一自定义类，其中有属性定义：public void Property {…}，使用以下语句创建了该类的对象，并使变量obj引用该对象：TestClass obj = new TestClass ()；那么，可通过 (　　) 方式访问类TestClass的Property属性。

A. Obj，Property　　　　B. MyClass. Property

C. obj : : Property　　　　D. obj. Property ()

(4) 在C#中，MyClass为一自定义类，其中有方法定义：public void Hello () {…}，使用以下语句创建该类的对象，并使变量obj引用该对象：MyClass obj = new MyClass ()；那么，可访问类MyClass的Hello方法的语句为 (　　)。

A. obj. Hello ()；　　　　B. obj : : Hello ()；

C. MyClass. Hello ()；　　　　D. MyClass : : Hello ()；

(5) 一般情况下，异常类存放在 (　　) 命名空间中。

A. 生成异常类所在的命名空间　　　　B. System. Exception命名空间

C. System. Diagnostics命名空间　　　　D. System命名空间

2. 填空题

(1) 类的数据成员可以分为静态字段和实例字段，________是和类相关联的，________是和对象相关联的。

(2) 在类的方法前加上关键字________，则该方法被称为虚方法。

(3) 类是引用类型，而结构是________。

(4) 集合类是由命名空间________提供。

(5) 类是存储在________上的引用类型，而结构是存储在________上的值类型。

3. 判断题

(1) 在C#中，一个类可以继承于多个类、多个接口。(　　)

(2) 类只能继承一个类，但能继承多个接口。(　　)

(3) 抽象类中所有的方法必须被声明为abstract。(　　)

(4) 类是对象的抽象，对象是类的实例。(　　)

(5) 若想在派生类中重写某一方法，则应将该方法用sealed修饰。(　　)

实 验 3

1. 实验目的与要求

(1) 掌握类的继承的实现。

(2) 掌握派生类、抽象类、抽象方法的使用。

(3) 掌握类的析构函数和构造函数。

(4) 了解接口的实现。

(5) 了解事件的实现。

2. 实验内容与步骤

实验3-1 创建3个类：Person类、Adult类、Baby类。要求：①Person类中有属性——姓名、年龄；有方法eat()，该方法输出“我正在吃饭”。②Adult类、Baby类是Person类的派生类，在Adult类中有方法speak()，该方法输出姓名和年龄。③在Baby类中有方法cry()，输出哭声“哇哇哇……”。④在主类E的main方法中创建Adult类与Baby类的对象类测试这2个类的功能，对象Adult调用基类中的属性及eat()、speak()方法，对象Baby调用eat()、cry() 方法。

步骤：①先建基类Person，定义Person的属性，创建方法eat()；②建立Adult类，继承Person，创建方法speak()；③建立Baby类，继承Person，创建方法cry()；④编写Main函数，在Main主函数中Adult类的实例adult可调用Person类的eat() 方法和自身的speak() 方法；Baby类的实例baby可调用Person类的eat() 方法和自身的cry() 方法。

```
class Program
{
    class Person
    {
        public string Name{get;set;}
        public int Age{get;set;}
        public void eat(string name)
        {
            Console.WriteLine(name+"正在吃饭。");
        }
    }
    class Baby:Person
    {
        public void cry()
        {
            Console.WriteLine("宝宝在哭:哇哇哇……");
        }
    }
    class Adult:Person
```

```
    {
        public void speak()
        {
            Console.WriteLine("姓名:"+Name+"\n 年龄:"+Age+"岁");
        }
    }
    static void Main(string[] args)
    {
        Baby baby =new Baby();
        Adult adult =new Adult();
        adult.Name ="晓叶";
        adult.Age =33;
        adult.eat(adult.Name);
        adult.speak();
        baby.eat("宝宝");
        baby.cry();
    }
}
```

运行结果如图 3-27 所示。

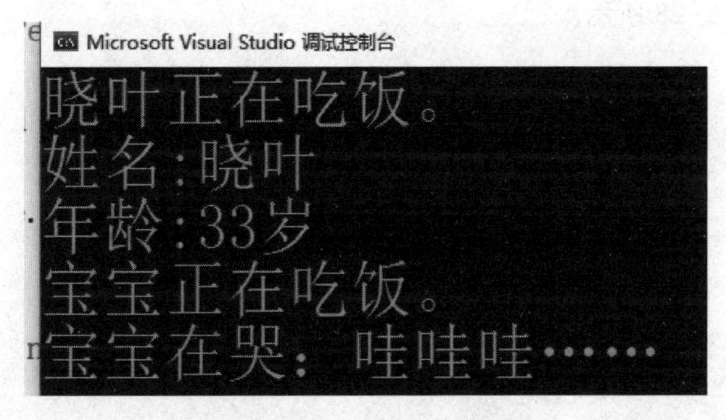

图 3-27　实验 3-1 运行结果图

实验 3-2　编写 1 个设备类，该设备拥有默认 ip 地址属性，也可通过手动设置初始化为指定 ip 地址。

```
class myDevice
{
    String ip;
    public myDevice()
    {
        ip="192.168.1.7";
    }
```

```
    public myDevice(string ip1)
    {
        ip = ip1;
    }
    public void showIp()
    {
        Console.WriteLine(ip);
    }
}
public class myCaller
{
    public static void Main(string[] args)
    {
        myDevice phone = new myDevice();
        myDevice computer = new myDevice("192.168.1.10");
        phone.showIp();
        computer.showIp();
    }
}
```

运行结果如图 3-28 所示。

图 3-28　实验 3-2 运行结果图

第 4 章　异常处理与调试

本章学习目标

（1）C#中程序错误的类型。

（2）异常的概念及异常类。

（3）异常处理的语句。

（4）自定义异常。

4.1 异　　常

在编写程序的过程中，无论多么严谨，程序都可能会发生错误。程序错误（bug）主要包括：①编译错误，如大小写混淆、数据类型与变量类型不符及使用未声明的变量等；②运行错误，如数组下标越界、除数为零及其他运行错误；③逻辑错误，如超出数据类型的取值范围、语句体忘记加大括号及其他逻辑性错误等。有时一条语句或表达式在语法上是正确的，当试图执行它时也可能会引发错误。运行期检测到的错误称为异常。此时，程序不会崩溃，大多数异常不会被程序处理，而只是产生一个错误信息。因此，有必要建立一个良好的异常处理策略。在异常产生时，要知道错误的原因及错误的相关信息，从而进行相应的修正。

4.2 异 常 处 理

4.2.1　异常类

在 C#中，异常是使用类来表示的，异常对象的基类为：System. Exception 类。System. ApplicationException 和 System. SystemException 类是派生于 System. Exception 类的异常类。System. ApplicationException 类支持由应用程序生成的异常，所以程序员定义的异常都应派生自该类；System. SystemException 类是所有预定义的系统异常的基类。

（1）由 System. SystemException 派生的异常类型：System. AccessViolationException——在试图读写受保护内存时引发的异常；System. ArgumentException——在向方法提供的其中一个参数无效时引发的异常；System. Collections. Generic. KeyNotFoundException——指定用于访问集合中元素的键与集合中的任何键都不匹配时所引发的异常；System. IndexOutOfRangeException——访问数组时，因元素索引超出数组边界而引发的异常；System. InvalidCastException——因无

效类型转换或显示转换引发的异常；System. InvalidOperationException——当方法调用对于对象的当前状态无效时引发的异常；System. InvalidProgramException——当程序包含无效 Microsoft 中间语言（MSIL）或元数据时引发的异常，这通常表示生成程序的编译器中有 bug；System. IO. IOException——发生 I/O 错误时引发的异常；System. NotImplementedException——在无法实现请求的方法或操作时引发的异常；System. NullReferenceException——尝试对空对象引用进行操作时引发的异常；System. OutOfMemoryException——没有足够的内存继续执行程序时引发的异常；System. StackOverflowException——挂起的方法调用过多而导致执行堆栈溢出时引发的异常。

（2）由 System. ArgumentException 派生的异常类型：System. ArgumentNullException——当将空引用传递给不接受它作为有效参数的方法时引发的异常；System. ArgumentOutOfRangeException——当参数值超出调用的方法所定义的允许取值范围时引发的异常。

（3）由 System. ArithmeticException 派生的异常类型：System. DivideByZeroException——试图用零除整数值或十进制数值时引发的异常；System. NotFiniteNumberException——当浮点值为正无穷大、负无穷大或非数字（NaN）时引发的异常；System. OverflowException——在选中的上下文中所进行的算数运算、类型转换或转换操作导致溢出时引发的异常。

（4）由 System. IOException 派生的异常类型：System. IO. DirectoryNotFoundException——当找不到文件或目录的一部分时引发的异常；System. IO. DriveNotFoundException——当尝试访问的驱动器或共享不可用时引发的异常；System. IO. EndOfStreamException——读操作试图超出流的末尾时引发的异常；System. IO. FileLoadException——当找到托管程序却不能加载它时引发的异常；System. IO. FileNotFoundException——试图访问磁盘上不存在的文件失败时引发的异常；System. IO. PathTooLongException 当路径名或文件名超过系统定义的最大长度时引发的异常。

（5）其他常用的异常类型：ArrayTypeMismatchException——试图在数组中存储错误类型的对象；BadImageFormatException——图形的格式错误；DivideByZeroException——除零异常；DllNotFoundException——找不到引用的 dll；FormatException——参数格式错误；MethodAccessException——试图访问私有或受保护的方法；MissingMemberException——访问一个无效版本；DllNotSupportedException——调用的方法在类中没有实现；PlatformNotSupportedException——平台不支持某个特定属性时抛出该错误。

4.2.2 异常处理关键字及自定义异常类

针对程序中的各种异常情况，C#提出异常处理的 4 个关键字，分别为：try、catch、finally和 throw。try 语句块标识 1 个将被激活的特定的异常代码块，后跟一个或多个 catch 语句块。catch 语句块为程序通过异常处理程序捕获异常。finally 用于执行给定的语句，不管异常是否被抛出都会执行。C#语言允许程序自行抛出异常，throw 语句可以在程序出现问题时，抛出一个异常，程序会在 throw 语句后立即终止，它后面的语句不会被执行。

1. try... catch... finally 语句

try... catch... finally 语句的语法格式为：

```
try
{
```

```
//程序的执行语句,可引起异常
}catch(ExceptionName e1)
{
//错误处理的代码
}catch(ExceptionName e2)
{
//错误处理的代码
}
//此处省略第 3 到 N-1 个 catch 块
catch(ExceptionName eN)
{
//错误处理代码
}finally
{
//无论是否异常,都要执行的语句
}
```

其中，当 try 语句块中发生异常时，应寻找一个最佳的 catch 语句块匹配。catch 语句块是可以省略的，当没有 catch 语句块时，程序执行过程中若发生异常，如果有 finally 语句块则将直接执行该块中的代码，否则将直接中断。finally 语句块也可以省略，但 catch 语句块和 finally 语句块不能同时省略。

例 4-1　编写演示输入错误的程序，请输入 1 个数字。

具体步骤如下。

（1）新建 1 个窗体应用程序，在窗体设计窗口，添加相应控件，见表 4-1。

表 4-1　例 4-1 的对象设置属性值

对 象 名	属　性	设 置 值
Form1	Text	请输入 1 个数字
textBox1	/	/
label1	Text	提示:
button1	Text	检查

（2）双击按钮进入代码窗口，编写代码如下：

```
private void button1_Click(object sender,EventArgs e)
{
    double n;
    try{n=Convert.ToDouble(textBox1.Text);}
    catch(Exception ex){label1.Text+=ex.Message;}
    finally{label1.Text+="\n 检查完毕!";}
}
```

（3）该程序的运行结果如图4-1所示。由于输入的内容不是数字，提示输入的字符串的格式不正确，所以产生异常。

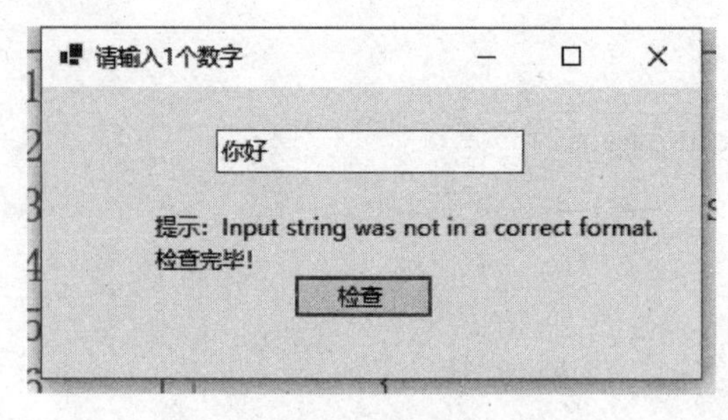

图4-1　例4-1的运行结果图

2. 抛出异常

throw语句允许用户强制抛出一个指定异常，throw语句有2种格式。

（1）throw；

该语句可以把接受到的异常直接发送出去，这个异常将传回到调用方法的代码中，在方法内的catch块中使用。

（2）throw 异常对象；

该语句为抛出“异常对象”指定的异常。如果该语句在catch语句块中，将把异常发送到调用方法的代码中。

例4-2　输入2个数，进行相除，如果除数为0，抛出异常。

具体步骤如下。

（1）新建1个窗体应用程序，在窗体设计窗口，添加相应控件，见表4-2。

表4-2　例4-2的对象设置属性值

对象名	属性	设置值
Form1	Text	除法运算
textBox1	—	—
textBox2	—	—
label1	Text	被除数：
label2	Text	除数：
label3	Text	结果为：
button1	Text	计算

（2）双击按钮进入代码窗口，编写代码如下：

```
private void button1_Click(object sender,EventArgs e)
{
    int num1,num2;
    double Result1;
    try{
        num1=Convert.ToInt32(textBox1.Text);
```

```
        num2=Convert.ToInt32(textBox2.Text);
        if(num2==0)
            throw new DivideByZeroException("除数不能为 0,请重新输入!");
        else
        {
            Result1=num1/num2;
            label3.Text+=Convert.ToString(Result1);
        }
    }
    catch(DivideByZeroException ex){label3.Text+=ex.Message;}
}
```

（3）该程序的运行结果如图 4-2 所示，除数为 0，所以产生异常。

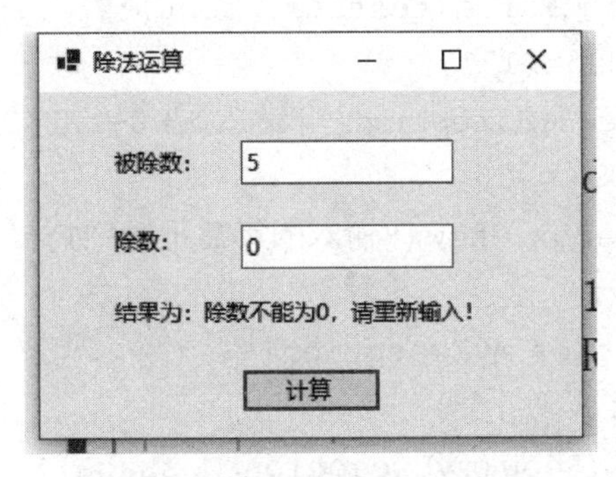

图 4-2　例 4-2 的运行结果图

3. 自定义异常类

在进行程序开发时，用户可结合需求，编写自定义异常类，自定义异常类一般派生于 ApplicationException 类，它是用作应用程序定义的异常的基类。

例 4-3　编写 1 个年龄验证的程序。

具体步骤如下。

（1）新建 1 个 Windows 窗体应用程序，在窗体设计窗口，添加相应控件，见表 4-3。

表 4-3　例 4-3 的对象设置属性值

对 象 名	属　性	设 置 值
Form1	Text	年龄验证
Textbox1	—	—
Label1	Text	年龄：
Button1	Text	验证

（2）双击按钮进入代码窗口，编写代码如下：

```
class MyException:ApplicationException//声明自定义异常类
{
```

```
        public MyException(string message):base(message)
        {
        }
        public override string Message//重载方法
        {
            get{return"年龄输入错误!"+base.Message;}
        }
    }
    private void button1_Click(object sender,EventArgs e)
    {
        try
        {
            int age=int.Parse(textBox1.Text);
            if(age<1||age>171)
                throw new MyException("年龄必须在0~170岁之间!");//抛出自定义异常
            else
                MessageBox.Show("输入的年龄正确!");
        }
        catch(MyException myException)
        {
            MessageBox.Show(myException.Message);
        }
        catch(Exception ex)
        {
            MessageBox.Show(ex.Message);
        }
    }
```

（3）该程序的运行结果分别为：输入正常，如图4-3所示；输入的数字在正常年龄范围之外，产生自定义异常，如图4-4所示；输入的不是数字，产生异常，如图4-5所示。

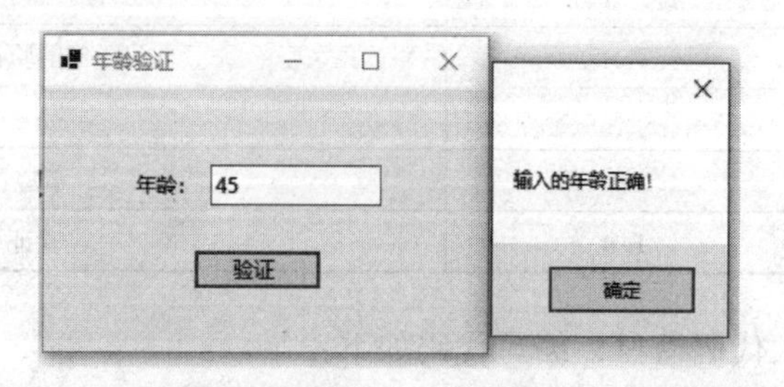

图4-3　输入正常年龄

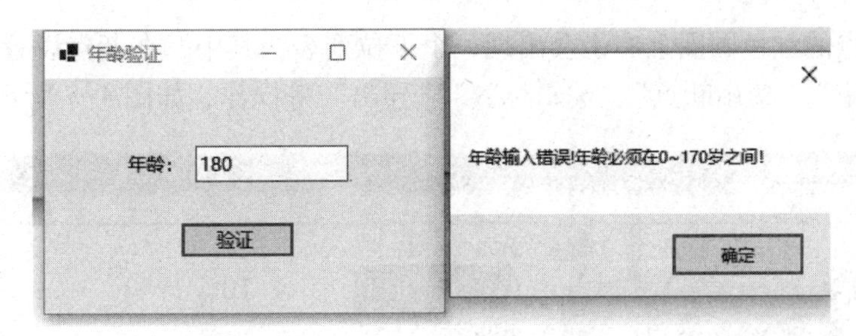

图 4-4　输入不正常年龄异常

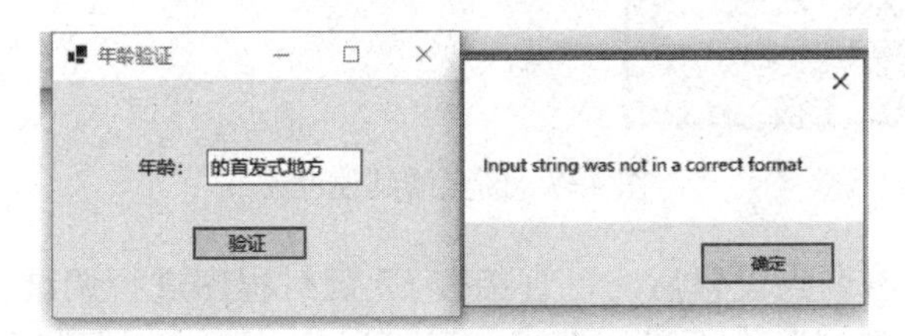

图 4-5　输入非年龄字符异常

4.3　程序调试

为了帮助程序开发人员，快速方便地发现程序中的错误，Visual Studio 2022 具备功能强大的调试器，调试的过程主要分为 4 步：①在程序代码中设置断点（所谓断点，就是当程序运行到此处后会自动中断）；②代码执行至断点处，逐行执行；③当遇到方法调用时，可进入方法体内继续逐语句执行，也可以不进入方法体内进行逐过程执行；④同时，可动态监视变量、成员及表达式的值。下面通过具体实例来演示调试的过程。

例 4-4　新建 1 个控制台应用程序，进行调试。

具体步骤如下。

（1）在 Program. cs 代码窗口，删除原有代码，编写代码如下：

```
int sum=0;
for(int i=0;i<10;i++)
sum+=i;
Console.WriteLine("sum={0}",sum);
```

（2）设置断点。设置断点的方法有两种：单击需要设置断点的行，然后直接按键盘上的 F9 键；直接单击需要设置断点的行前面的灰色区域即可，如图 4-6 所示。

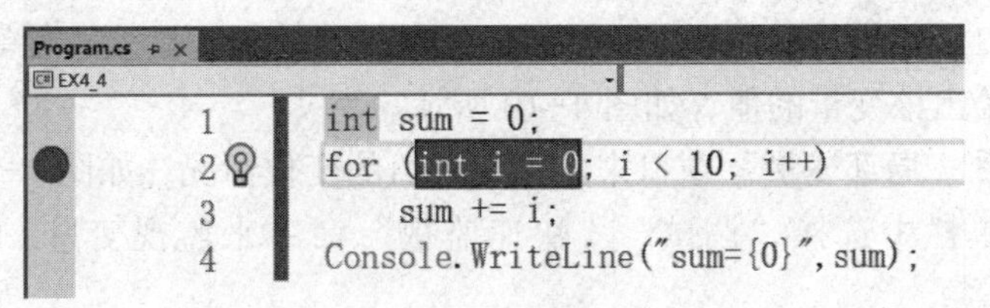

图 4-6　断点设置

在设置断点的红色圆圈上右击会出现一个下拉列表，其中，在断点设置完成后，还可进行“删除断点”“禁用断点”“编辑标签”“导出”等操作，如图 4-7 所示。

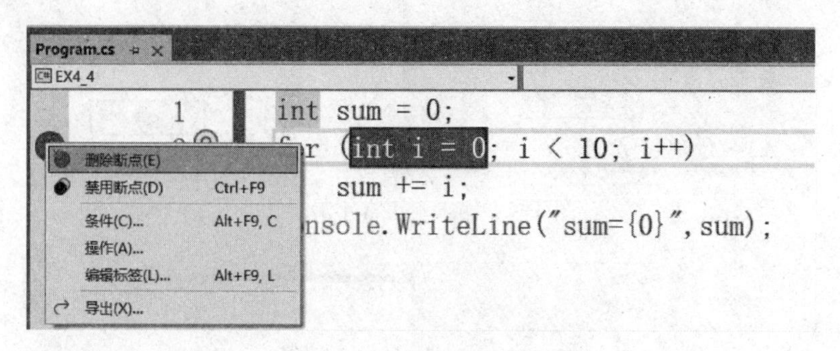

图 4-7　断点的其他设置

（3）调试程序。在断点设置后，可直接按 F5 键对程序进行调试，也可以在菜单栏中选择“调试”|“开始调试”命令进行调试，还可以直接单击工具栏的“调试”按钮进行调试。启动程序调试如图 4-8 所示。

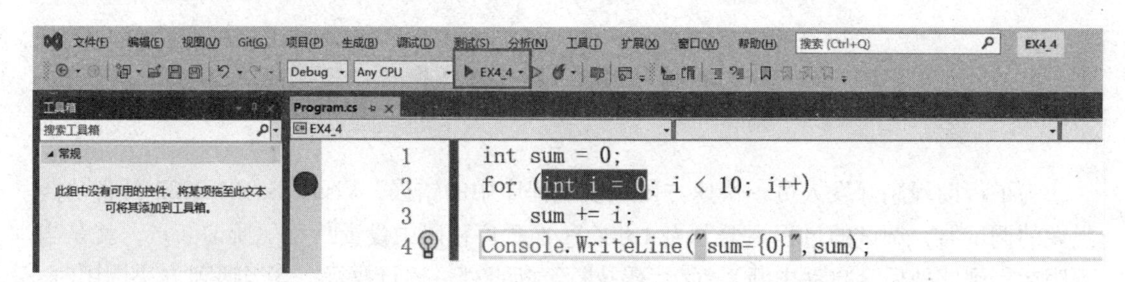

图 4-8　启动程序调试

常用的调试命令有以下几种：按 F11 键逐条对语句进行运行；按 F10 键将每个方法视为一个整体去运行，而不会跳进方法中逐句运行；按 Shift+F5 键跳出程序调试，并结束整个程序的运行。在到达断点处之后，按 F11 键可单步执行语句。图 4-9 为运行到断点。

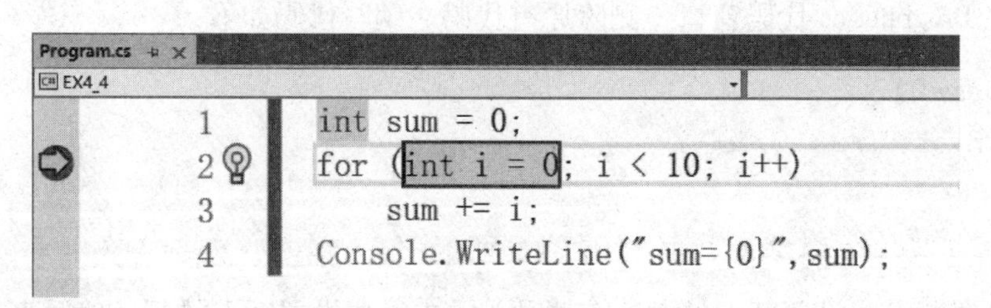

图 4-9　运行到断点

（4）监视窗口。在进行程序调试时，如果把鼠标移动到变量上，稍等片刻，可出现悬浮的提示窗口，给出该变量的值，如图 4-10 所示。

也可通过查看“局部变量”窗口来监视变量值的变化情况，如图 4-11 所示。

还可以在菜单栏中选择“调试”|“快速监视”命令来监视变量 i 的值，如图 4-12 所示。

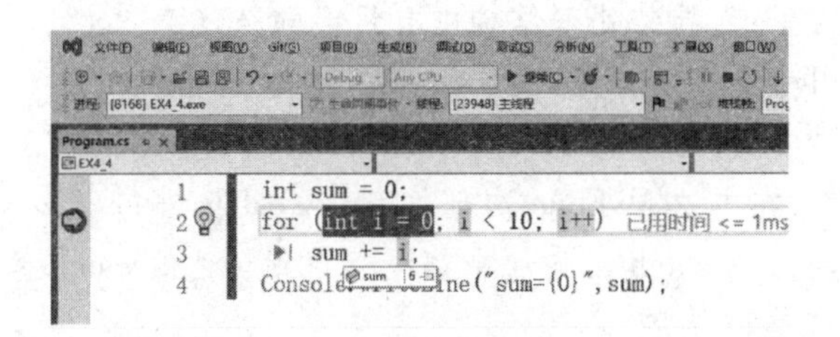

图 4-10　查看运行中变量的值

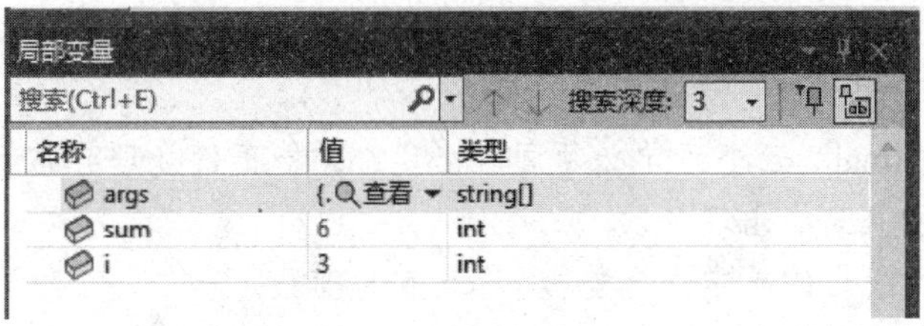

局部变量

搜索(Ctrl+E)　搜索深度: 3

名称	值	类型
args	{.查看	string[]
sum	6	int
i	3	int

图 4-11　局部变量窗口

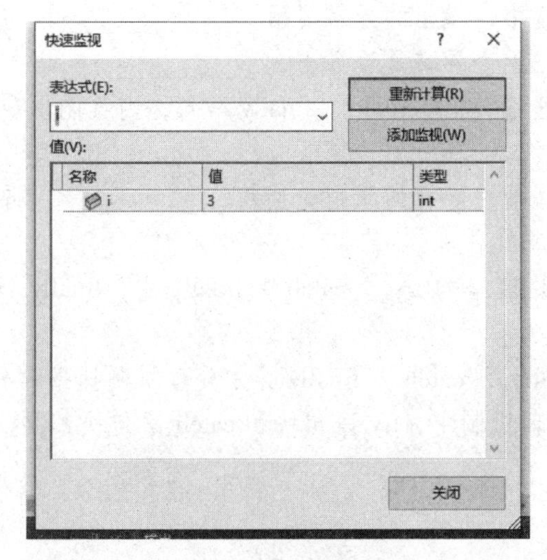

图 4-12　“快速监视”窗口

（5）按 Shift+F5 键，结束调试。

本节所介绍的调试方法，可在本书的所有例子中使用。灵活多样的调试方法的练习对培养编写一个健壮程序的思维会有很大的帮助。

习　题　4

1. 单选题

（1）程序运行可能会出现两种错误：可预料的错误和不可预料的错误，对于不可预料的错误，可以通过 C#语言提供的（　　）方法来处理。

A. 中断调试　　B. 逻辑判断　　C. 跳过异常　　D. 异常处理

(2) 在 C#语言中，下列异常处理结构中有错误的是（　　）。

A. catch {} finally {}　　B. try {} finally {}

C. try {} catch {} finally {}　　D. try {} catch {}

(3) 关于 C#语言，在方法 MyFunc 内部的 try...catch 语句中，如果在 try 语句块中发生异常，并且在当前的所有 catch 语句块中都没有找到合适的 catch 语句块，则（　　）。

A. .NET 运行时忽略该异常

B. .NET 运行时马上强制退出该程序

C. .NET 运行时继续在 MyFunc 的调用堆栈中查找提供该异常处理的过程

D. .NET 抛出一个新的“异常处理未找到”的异常方案的树型结构

(4) 下列关于异常处理的表述中正确的是（　　）。

A. try、catch、finally 三个语句必须同时出现，才能正确处理异常

B. catch 语句能且只能出现一次

C. try 语句中所抛出的异常一定能被 catch 字句捕获

D. 无论异常是否抛出，finally 语句中的内容都会被执行

2. 填空题

(1) 在异常处理结构中，抛出的异常要用__________语句捕捉。

(2) 在异常处理中，无论异常是否抛出，__________语句中的内容都会被执行。

(3) 结构化异常处理用 try...catch...finally 语句，则可能出现异常的语句放在______语句块。

(4) 结构化异常处理捕获异常的原则先捕获__________，再捕获__________。

3. 判断题

(1) 在结构化异常处理语句 try...catch...finally 中，finally 语句块的内容可以执行，也可以不执行。（　　）

(2) 在 C#中，使用 try...catch...finally 异常处理机制捕捉和处理错误。（　　）

(3) 在 C#的异常处理机制中，try 语句块和 catch 语句块都是必不可少的，finally 语句块是可以省略的。（　　）

实验 4

1. 实验目的与要求

(1) 理解异常处理的概念。

(2) 掌握异常处理的实现机制。

(3) 了解 .NET Framework 中常见的异常类型。

(4) 熟练掌握 C#关键字 try、catch、throw、finally 的使用。

(5) 掌握值类型和引用类型的使用。

2. 实验内容与步骤

实验 4-1　一个数除 0 抛出异常。

```
class DivNumbers
{
```

```
    int result;
    DivNumbers()
    {
        result=0;
    }
    public void division(int num1,int num2)
    {
        try
        {
            result=num1/num2;
        }
        catch(DivideByZeroException e)
        {
            Console.WriteLine("Exception caught:{0}",e);
        }
        finally
        {
            Console.WriteLine("Result:{0}",result);
        }
    }
    static void Main(string[]args)
    {
        DivNumbers d=new DivNumbers();
        d.division(35,0);
        Console.ReadKey();
    }
}
```

运行结果如图 4-13 所示。

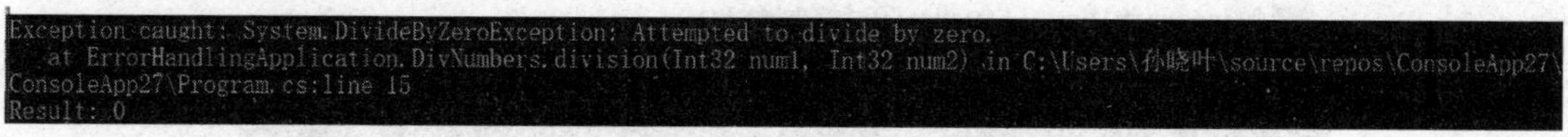

```
Exception caught: System.DivideByZeroException: Attempted to divide by zero.
   at ErrorHandlingApplication.DivNumbers.division(Int32 num1, Int32 num2) in C:\Users\孙晓叶\source\repos\ConsoleApp27\
ConsoleApp27\Program.cs:line 15
Result: 0
```

图 4-13　实验 4-1 运行结果图

实验 4-2　可以定义自己的异常。用户自定义的异常类是派生自 ApplicationException 类。

```
class TestTemperature
{
    static void Main(string[]args)
    {
        Temperature temp=new Temperature();
```

```
            try
            {
                temp.showTemp();
            }
            catch(TempIsZeroException e)
            {
                Console.WriteLine("TempIsZeroException:{0}",e.Message);
            }
            Console.ReadKey();
        }
    }
    public class TempIsZeroException:ApplicationException
    {
        public TempIsZeroException(string message):base(message)
        {    }
    }
    public class Temperature
    {
        int temperature=0;
        public void showTemp()
        {
            if(temperature==0)
                throw(new TempIsZeroException("Zero Temperature found"));
            else
                Console.WriteLine("Temperature:{0}",temperature);
        }
    }
```

运行结果如图 4-14 所示。

```
Microsoft Visual Studio 调试控制台
TempIsZeroException: Zero Temperature found

C:\Users\孙晓叶\source\repos\ConsoleApp28\ConsoleApp
要在调试停止时自动关闭控制台，请启用“工具”->“选项
按任意键关闭此窗口. . .
```

图 4-14　实验 4-2 运行结果图

第5章　Windows 窗体应用程序

本章学习目标

(1) 了解窗体的属性、事件和方法，掌握控件的用法。
(2) 了解控件的属性和事件，掌握控件的使用方法。
(3) 了解标准对话框的概念和分类、菜单的用途和设计方法。
(4) 理解 MDI 应用程序。
(5) 掌握打开、保存、字体、颜色标准对话框，以及菜单、工具栏及状态栏的使用。
(6) 理解委托和事件驱动的程序设计概念。
(7) 掌握鼠标键盘事件处理，以及自定义控件的使用。

5.1　窗　　体

Windows 应用程序与 Windows 操作系统的界面类似，每个界面都是由窗体构成的，并且能通过鼠标单击、键盘输入等操作完成相应的功能。在 Visual Studio 集成开发环境（IDE）中，可以创建具有基于 Windows 的用户界面（UI）的 C#应用程序。在 IDE 中进行应用程序开发，首先设计窗体界面，然后设计窗口和可视化工具的属性，最后编写功能代码。

5.1.1　Windows 窗体

1. 窗体属性

具体的窗体属性见表 5-1。

表 5-1　窗体属性表

属　性	作　用
Name	获取或设置窗体的名称
WindowState	获取或设置窗体的窗口状态
StartPosition	获取或设置窗体运行时的起始位置
Text	获取或设置窗口标题栏中的文字
Width	用来获取或设置窗体的宽度
Heigth	用来获取或设置窗体的高度
Left	用来获取或设置窗体左边缘的 x 坐标（以像素为单位）
Top	用来获取或设置窗体上边缘的 y 坐标（以像素为单位）

续表

属　性	作　用
ControlBox	用来获取或设置一个值，该值指示在该窗体的标题栏中是否显示控制框
MaximizeBox	获取或设置窗体标题栏右上角是否有最大化按钮，默认为 True
MinimizeBox	获取或设置窗体标题栏右上角是否有最小化按钮，默认为 True
AcceptButton	该属性用来获取或设置一个值，该值是一个按钮的名称，当用户按 ENTER 键时就相当于单击了窗体上的该按钮
CancelButton	该属性用来获取或设置一个值，该值是一个按钮的名称，当用户按 ESC 键时就相当于单击了窗体上的该按钮
Modal	该属性用来设置窗体是否为有模式显示窗体
ActiveControl	用来获取或设置容器控件中的活动控件
ActiveMdiChild	用来获取多文档界面（MDI）的当前活动子窗口
AutoScroll	用来获取或设置一个值，该值指示窗体是否实现自动滚动
BackColor	获取或设置窗体的背景色
BackgroundImage	获取或设置窗体的背景图像
BackgroundImageLayout	获取或设置图像布局
Enabled	获取或设置窗体是否可用
Font	获取或设置窗体上文字的字体
ForeColor	获取或设置窗体上文字的颜色
Icon	获取或设置窗体上显示的图标
IsMdiChild	获取一个值，该值指示该窗体是否为多文档界面（MDI）子窗体
IsMdiContainer	获取或设置一个值，该值指示窗体是否为多文档界面（MDI）中的子窗体的容器
KeyPreview	获取或设置一个值，该值指示在将按键事件传递到具有焦点的控件前，窗体是否将接收该事件
MdiChildren	获取窗体的数组，这些窗体表示以此窗体作为父级的多文档界面（MDI）子窗体
MdiParent	获取或设置此窗体的当前多文档界面（MDI）父窗体
ShowInTaskbar	获取或设置一个值，该值指示是否在 Windows 任务栏中显示窗体
Visible	获取或设置一个值，该值指示是否显示该窗体或控件
Capture	如果该属性值为 True，则鼠标就会被限定只由此控件响应，不管鼠标是否在此控件的范围内

2. 窗体常用方法

（1）Show 方法。该方法的作用是让窗体显示出来，格式为：

```
窗体名.Show();
```

（2）Hide 方法。该方法的作用是把窗体隐藏起来，格式为：

```
窗体名.Hide();
```

(3) Refresh 方法。该方法的作用是刷新并重画窗体，格式为：

```
窗体名.Refresh();
```

(4) Activate 方法。该方法的作用是激活窗体并给予它焦点，格式为：

```
窗体名.Activate();
```

(5) Close 方法。该方法的作用是关闭窗体，格式为：

```
窗体名.Close();
```

(6) ShowDialog 方法。该方法的作用是将窗体显示为模式对话框，格式为：

```
窗体名.ShowDialog();
```

3. 窗体常用事件

窗体常用事件见表 5-2。

表 5-2 窗体常用事件表

事　件	作　用
Load	在窗体加载到内存时发生
Shown	当窗体第一次显示时发生
Activated	在窗体激活时发生
Deactivate	在窗体失去焦点成为不活动窗体时发生
Resize	在改变窗体大小时发生
Paint	在重绘窗体时发生
Click	在用户单击窗体时发生
DoubleClick	在用户双击窗体时发生
MouseCaptureChanged	在用户鼠标捕获更改时发生
MouseClick	在用户鼠标单击时发生
MouseDoubleClick	在用户鼠标双击时发生
FormClosing	在用户关闭窗体时发生，用户可以在该事件中取消关闭，窗体仍然保持打开状态。因此可以在该事件中提示一些状态信息，询问用户是否关闭窗口
FormClosed	当用户关闭窗体时发生，可以在该事件中处理保存窗口的一些信息等操作，不能取消窗口关闭

5.1.2 窗体布局

1. 默认布局

在窗体中，默认状态是没有控件的，也可以添加 panel 控件，如图 5-1 所示。在工具箱中，通过鼠标拖动 panel 控件的方式，根据自己的想法布局。拖动控件的过程中，会有对齐线的操作。在工具栏中有对齐工具可供选择，也有调整各个控件大小的工具。控件可以分层，右击控件，可以选择置于顶层或置于顶层。当部分布局完成，为了避免操作失误，把布局好的控件打乱，可以选中布局好的控件，右键锁定控件，这样布局好的控件就不可以随意拖动了。

图 5-1　默认布局

2. 边界布局

在窗体上，添加某个控件，设置属性 Anchor，可以定义某个控件绑定到容器的边缘。当控件固定到某个边缘时，与指定边缘最接近的控件边缘与指定边缘之间的距离将保持不变。控件的 Dock 属性（见图 5-2），一般配合 panel 使用，该属性包括：Top——靠上，高度不变，左右（宽度）拉伸（拉动窗体时）；Bottom——靠下，高度不变，左右拉伸（拉动窗体时）；Fill——填充整个区域；Left——靠左，宽度不变，上下拉伸（拉动窗体时）；Right——靠右，宽度不变，上下拉伸（拉动窗体时）等设置。

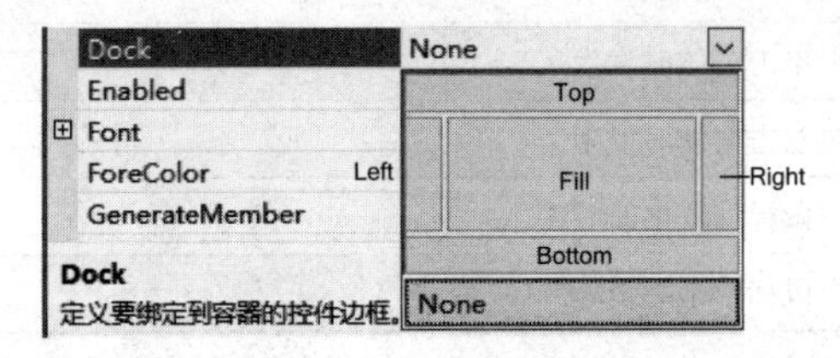

图 5-2　Dock 属性图

3. 流式布局

在窗体上添加 1 个 Flowlayoutpanel 控件，控件会按照一定的方向流进行布局，其中属性 FlowDirectiaon 取值分别为：LeftToRight（从左到右）、TopDown（从上往下）、RightToLeft（从右到左）、BottomUp（从下往上）。流式布局如图 5-3 所示。

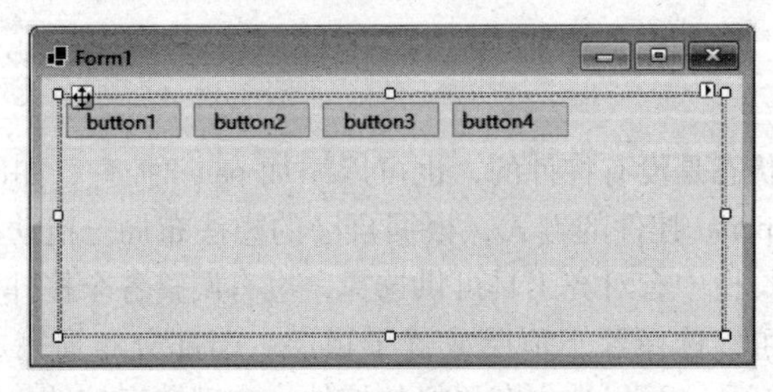

图 5-3　流式布局

4. 网格布局

在窗体上添加 1 个 TablelayPanel 控件，表格布局默认为两行两列，可以自行添加行或列，做好表格后，可以往表格里面添加控件，类似网页布局。网格布局如图 5-4 所示。

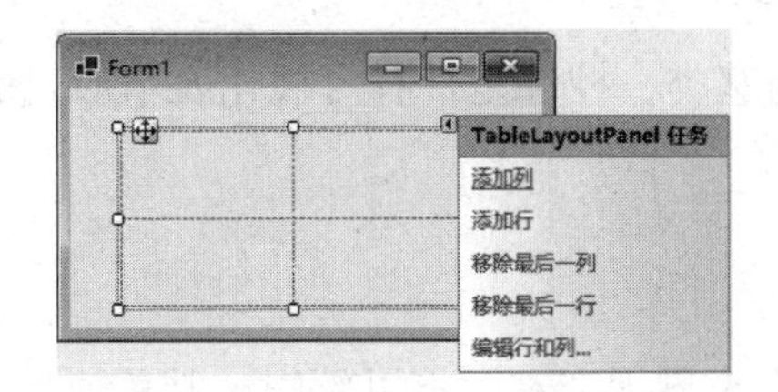

图 5-4　网格布局

5. 卡片布局

在窗体上添加 1 个卡片布局（TabControl）控件，即选项卡，如图 5-5 所示。

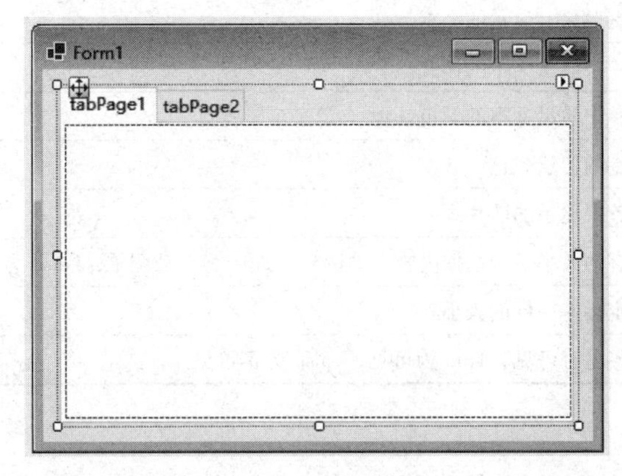

图 5-5　卡片布局

6. 分割布局

在窗体上添加 1 个 SplitContainer 控件，然后在其中一个面板上再添加第 2 个 SplitContainer 控件，该控件的属性 orientation 的调整分割方式可以确定拆分器是水平的（horizontal）还是垂直的（vertical），如图 5-6 所示。

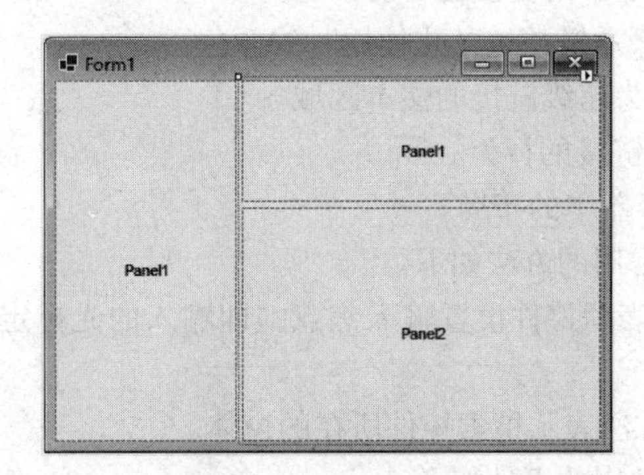

图 5-6　分割布局

设置第 2 个 SplitContainer 控件的 orientation 属性为：horizontal。

5.2 控 件

Control 类是定义控件的基类，控件是带有可视化表示形式的组件。

5.2.1 文本类控件

1. Label 控件

标签（Label）控件常用来显示文本，不可编辑，常用属性见表 5-3。

表 5-3 Label 控件常用属性表

属　性	作　用
Name	标签对象的名称，区别不同标签的唯一标志
Text	标签对象上显示的文本
Font	标签中显示文本的样式
ForeColor	标签中显示文本的颜色
BackColor	标签的背景颜色
Image	标签中显示的图片
AutoSize	标签的大小是否根据内容自动调整，True 为自动调整，False 为用户自定义大小
Size	指定标签控件的大小
Visible	标签是否可见，True 为可见，False 为不可见

2. LinkLabel 控件

超级链接标签（LinkLabel）控件是可显示超链接的 Windows 标签控件，用户可以将 LinkLabel 中的文本的一部分设置为指向网页的链接。

（1）LinkLabel 控件常用的属性如下。

ActiveLinkColor：表示单击链接时的颜色。

LinkColor：表示链接的初始颜色。

VisitedLinkColor：表示单击链接之后的颜色。

DisabledLinkColor：表示链接被禁止使用时的颜色。

LinkArea：表示显示为超级链接的文本区域。

LinkBehaviour：表示链接的行为。

Dock：表示链接在容器中的布局。

（2）LinkLabel 控件常用的方法如下。

Focus 方法：该方法表示控件设置输入焦点，即输入的光标定位到该控件上，实现人机的交互性。

FindForm 方法：该方法表示检索控件所在的窗体。

（3）LinkLabel 控件常用的事件如下。

LinkClicked 事件：当用户单击控件中的链接时，处理 LinkClicked 事件以执行任务，将 Link LabelLinkClickedEventArgs 类的实例传递给 LinkClicked 事件的处理程序，该实例包含与所单击的链接关联的 LinkLabel. Link 对象。可以使用在 LinkLabel. Link 类的 LinkData 属性中指定的信息确定单击了哪个链接或单击该链接后要执行的任务类型。

例 5-1　使用超级链接。

具体步骤如下。

(1) 新建 1 个窗体应用程序，在窗体的设计窗口，添加 1 个 LinkLabel1 控件，见表 5-4。

表 5-4　例 5-1 的对象设置属性值

对 象 名	属 性	设 置 值
Form1	Text	超级链接
LinkLabel1	—	—

(2) 在窗体的设计窗口，双击窗体进入代码窗口 Form1. cs，编写代码如下：

```
private void Form1_Load(object sender, EventArgs e)
{
    linkLabel1.Text="百度 CSDN";
    linkLabel1.Links.Add(0, 4,"http://www.baidu.com/");
    linkLabel1.Links.Add(10, 4,"http://www.csdn.net/");
}
```

(3) 选中该控件，在属性窗口，单击“事件”图标，双击“LinkClicked”事件，如图 5-7 所示。

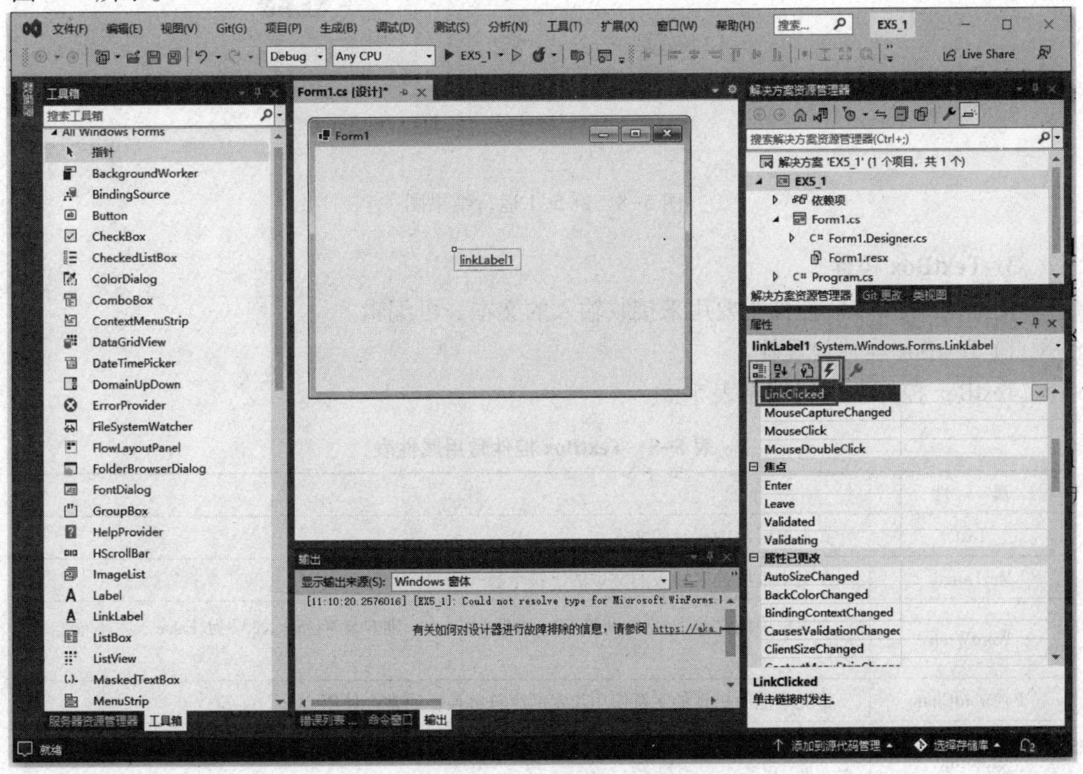

图 5-7　事件设置窗口

在打开的代码窗口 Form1.cs 中，输入以下代码：

```
private void linkLabel1_LinkClicked(object sender, LinkLabelLink-
ClickedEventArgs e)
    {
      this.linkLabel1.LinkVisited =true;//this 关键字一般指当前对象,即窗体
      System.Diagnostics.ProcessStartInfo proInfo=
      new System.Diagnostics.ProcessStartInfo();
          proInfo.UseShellExecute =true;//从.net6.0 开始把 UseShellExe-
cute 默认设为 false
      proInfo.FileName ="http://www.baidu.com";
          System.Diagnostics.Process.Start(proInfo);
    }
```

运行结果如图 5-8 所示。

图 5-8　例 5-1 运行结果图

3. TextBox 控件

文本（TextBox）控件主要用来接收输入的文本，可编辑。

1）TextBox 控件的属性

TextBox 控件常用属性见表 5-5。

表 5-5　TextBox 控件常用属性表

属　性	作　用
Text	文本框对象中显示的文本
MaxLength	在文本框中最多输入的文本的字符个数
WordWrap	文本框中的文本是否自动换行：如果为 True，则自动换行；如果为 False，则不能自动换行
PasswordChar	将文本框中出现的字符使用指定的字符替换，通常会使用“*”字符
Multiline	指定文本框是否为多行文本框：如果为 True，则为多行文本框；如果为 False，则为单行文本框

续表

属　性	作　用
ReadOnly	指定文本框中的文本是否可以更改：如果为 True，则不能更改，即只读文本框；如果为 False，则允许更改文本框中的文本
Lines	指定文本框中文本的行数
ScrollBars	指定文本框中是否有滚动条：如果为 True，则有滚动条；如果为 False，则没有滚动条

2）TextBox 控件的常用方法

AppendText 方法：向文本框的当前文本追加文本，格式如下：

文本框对象.AppendText(str)

Clear 方法：清除文本框中的所有文本，格式如下：

文本框对象.Clear()

Focus 方法：设置文本框的焦点，若设置成功，值为：True，否则为：False，格式如下：

文本框对象.Focus()

Copy 方法：复制文本框中选定的内容，格式如下：

文本框对象.Copy()

Cut 方法：剪切文本框中选定的内容，格式如下：

文本框对象.Cut()

Paste 方法：粘贴到文本框中选定的位置，格式如下：

文本框对象.Paste()

Undo 方法：撤销文本框中上一个操作，格式如下：

文本框对象.Undo()

Select 方法：选定文本框中的文本，格式如下：

文本框对象.Select(start,length)

start 表示当前选定的第 1 个字符，length 表示选择的字符个数。

SelectAll 方法：选定文本框中的所有文本，格式如下：

文本框对象.SelectAll()

3）TextBox 控件的常用事件

GotFocus 事件：在文本框接收焦点时发生。

LostFocus 事件：在文本框失去焦点时发生。

TextChanged 事件：在 Text 属性值更改时发生。无论是通过编程修改还是通过用户交互更改文本框的 Text 属性值，均会引发此事件。

4. RichTextBox 控件

用户可以使用富文本（RichTextBox）控件输入和编辑文本。该控件还提供比标准 TextBox 控件更高级的格式设置功能。

1）RichTextBox 控件的常用属性

RightMargin 属性：获取或设置 RichTextBox 控件内单个文本行的大小，代码如下：

```
RichTextBox1. RightMargin=RichTextBox1. Width-20;
```

Rtf 属性：获取或设置 RichTextBox 控件的文本，包括所有 RTF 格式代码。

SelectedText 属性：获取或设置 RichTextBox 内选定的文本。

SelectionColor 属性：获取或设置当前选定文本或插入点的文本颜色。

SelectionFont 属性：获取或设置当前选定文本或插入点的字体。

2）RichTextBox 控件的常用方法

表 5-6 为 RichTextBox 控件的常用方法表。

表 5-6 RichTextBox 控件的常用方法表

成员名称	说　明
Find()	在 RichTextBox 的文本内容内搜索文本
Redo()	重新应用控件中上次撤销的操作
LoadFile()	将文件的内容加载到 RichTextBox 控件中
SaveFile	将 RichTextBox 的内容保存到文件
MatchCase()	仅定位大小写正确的搜索文本的实例
NoHighlight()	如果找到搜索文本，不突出显示它
None()	定位搜索文本的所有实例，而不论是否为全字匹配
Reverse()	搜索在控件文档的结尾处开始，并搜索到文档的开头
WholeWord()	仅定位全字匹配的文本

例 5-2　登录窗体。单击“登录”超链接标签，对文本框中输入的用户名和密码进行判断，如果用户名和密码的输入值分别为 xiaoye 和 123456，则弹出消息框提示“登录成功!”，否则提示“登录失败!”。

具体步骤如下。

（1）首先创建一个名为 LoginForm 的窗体，然后在窗体上添加文本框和标签，属性值见表 5-7。

表 5-7　例 5-2 的对象设置属性值

对 象 名	属　性	设 置 值
Label1	Name	username
	Text	用户名
TextBox1	—	—
Label2	Name	password
	Text	密码
TextBox2	PasswordChar	*
Linklabel1	Text	登录

（2）在窗体的设计窗口，双击窗体进入代码窗口 Form1. cs，编写代码如下：

```
private void linkLabel1_LinkClicked(object sender, LinkLabelLink-
ClickedEventArgs e)
{
```

```
        //获取用户名
        string username=textBox1.Text;
        //获取密码
        string password=textBox2.Text;
        //判断用户名密码是否正确
        if("xiaoye".Equals(username)&&"123456".Equals(password))
            MessageBox.Show("登录成功!");
        else
            MessageBox.Show("登录失败!");
}
```

运行结果如图 5-9 所示。

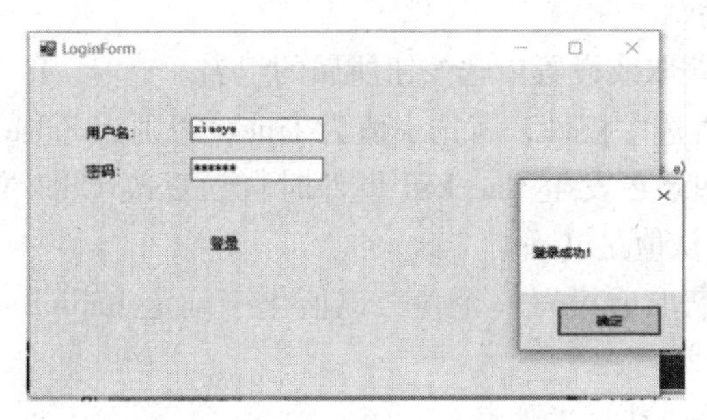

图 5-9　例 5-2 运行结果图

5.2.2　选择类控件

1. Button 控件

按钮（Button）控件是最常见也是用得较多的一个控件，它一般用来执行命令，实现人机交互。

1）Button 控件的常用属性

Text 属性：获取或设置在 Button 控件中显示的文本标题。

Image 属性：指定在按钮上显示的图像。

FlatStyle 属性：指定按钮的样式，该属性的取值见表 5-8。

表 5-8　按钮样式表

取　值	含　义
Flat	Button 控件以平面显示
Popup	Button 控件以平面显示，直到鼠标指针移动到该控件为止，此时该控件外观为三维显示
Standard	Button 控件的外观为三维显示
System	Button 控件的外观是由用户的操作系统决定的

2）Button 控件的常用事件

Click 事件：当用户单击 Button 控件时发生。

DoubleClick 事件：当用户双击 Button 控件时发生。

MouseDown 事件：当鼠标指针位于 Button 控件上并按下鼠标键时发生。

MouseUp 事件：当鼠标指针位于 Button 控件上并释放鼠标键时发生。

2. GroupBox 控件

分组框（GroupBox）控件可作为一个容器，显示围绕一组具有可选标题的控件的框架，常用的情况是给 RadioButton 控件进行分组。GroupBox 控件的 Text 属性赋值用来为分组框中的控件提供提示信息。GroupBox 控件的 Visible 属性用来设置框架的可见性，当该分组框不可见时，分组框内的控件组同样也是不可见的。位于分组框中的所有控件随着分组框的移动而一起移动，随着分组框的删除而全部删除。

3. RadioButton 控件

单选按钮（RadioButton）控件，使用时，一般是将多个 RadioButton 控件通过添加进 GroupBox 控件而分为一组，这一组内的 RadioButton 控件只能有一个被选中。

1）RadioButton 控件的常用属性

GroupName 属性：获取或设置单选按钮所属的组名。

Checked 属性：是否选中控件，若选中值为 True，否则为 False。

AutoCheck 属性：如果在发生 Checked 事件时自动更改 Click 值和控件的外观，则为 True，否则为 False。默认值是 True。

Appearance 属性：获取或设置一个值，该值用于确定 RadioButton 的外观。默认值是 Normal。

2）RadioButton 控件的常用事件

OnClick 事件：单击 RadioButton 控件时触发的事件。

CheckedChanged 事件：当 Checked 属性值发生变化时触发的事件。

例 5-3　RadioButton 单选按钮演示。

具体步骤如下。

（1）创建一个窗体，然后在窗体上添加 Label、RadioButton 和 Button，设置属性值见表 5-9。

表 5-9　例 5-3 的对象设置属性值

对　象　名	属　　性	设　置　值
GroupBox1	Text	请选择您的年龄段
RadioButton1	Text	少年
RadioButton2	Text	青年
RadioButton3	Text	中年
RadioButton4	Text	老年
Button1	Text	确定

（2）在窗体的设计窗口，双击窗体进入代码窗口 Form1. cs，编写代码如下：

```
private void button1_Click(object sender, EventArgs e)
{
    string msg="";
```

```
    if (radioButton1.Checked)
        msg=radioButton1.Text;
    else if (radioButton2.Checked)
        msg=radioButton2.Text;
    else if (radioButton3.Checked)
        msg=radioButton3.Text;
    else if (radioButton4.Checked)
        msg=radioButton4.Text;
    MessageBox.Show("您选择的年龄段是"+msg, "提示");
}
```

运行结果如图 5-10 所示。

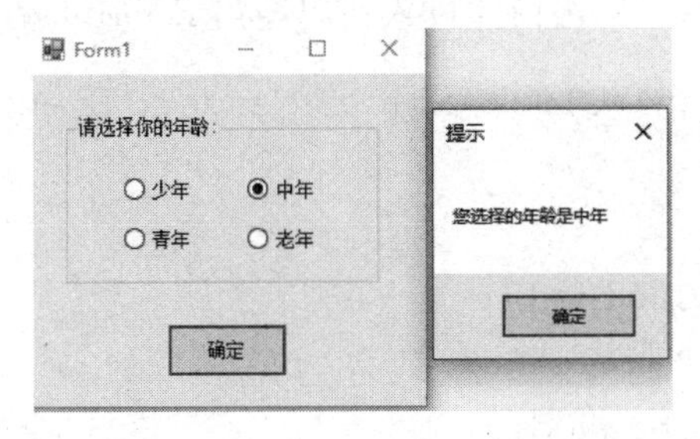

图 5-10　例 5-3 运行结果图

4. CheckBox 控件

在 C#语言中，复选框（CheckBox）控件是与 RadioButton 控件相对应的，用于选择多个选项的操作。

1）CheckBox 控件的常用属性

TextAlign 属性：获取或设置与 CheckBox 控件关联的文本标签的对齐方式。默认值是 Right。

Checked 属性：获取或设置一个值，该值指示 CheckBox 控件是否处于被选中状态。如果 CheckBox 处于被选中状态，则为 True；否则为 False。默认值为 False。

CheckState 属性：获取或设置 CheckBox 控件的状态。默认值是 Unchecked，表示没被选中。

ThreeState 属性：获取或设置一个值，该值指示此 CheckBox 控件是否允许 3 种复选状态而不是 2 种。如果 CheckBox 控件可以显示 3 种复选状态，则为 True；否则为 False。默认值是 False。如果 ThreeState 属性设置为 False，CheckState 属性值只能设置为 Indeterminate。Indeterminate 表明该控件处于不确定状态，通常为灰色外观。

2）CheckBox 控件的常用事件

Click 事件：单击 CheckBox 控件时触发的事件。

CheckedChanged 事件：当 Checked 属性值发生变化时触发的事件。

例 5-4　CheckBox 复选按钮演示。

具体步骤如下。

（1）创建一个窗体，然后在窗体上添加 Label、CheckBox 和 Button，属性值见表 5-10。

表 5-10　例 5-4 的对象设置属性值

对　象　名	属　　性	设　置　值
Label1	Text	请选择您的爱好
CheckBox1	Text	乒乓球
CheckBox2	Text	羽毛球
CheckBox3	Text	篮球
CheckBox4	Text	足球
Button1	Text	确定

（2）在窗体的设计窗口，双击窗体进入代码窗口 Form1. cs，编写代码如下：

```
private void button1_Click(object sender, EventArgs e)
{
    string msg="";
    if(checkBox1.Checked)
        msg=msg+""+checkBox1.Text;
    if(checkBox2.Checked)
        msg=msg+""+checkBox2.Text;
    if (checkBox3.Checked)
        msg=msg+""+checkBox3.Text;
    if (checkBox4.Checked)
        msg=msg+""+checkBox4.Text;
    if (msg! ="")
        MessageBox.Show("您选择的爱好是"+msg,"提示");
    else
        MessageBox.Show("您没有选择爱好","提示");
}
```

运行结果如图 5-11 所示。

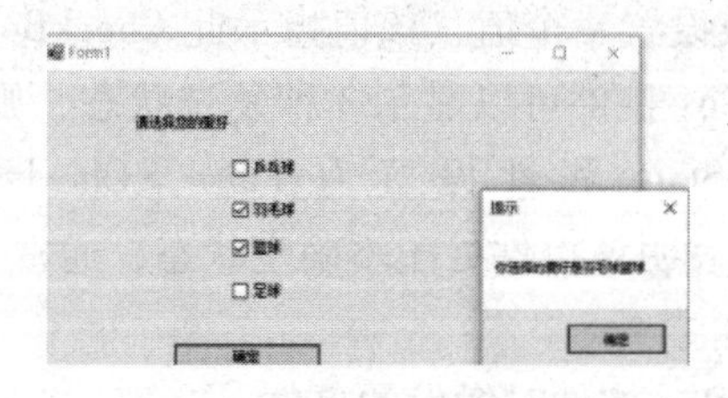

图 5-11　例 5-4 运行结果图

5.2.3　列表类控件

1. ListBox 控件

列表框（ListBox）控件将所提供的内容以列表的形式显示出来，并可以选择其中的一项或多项内容。

1）ListBox 控件的常用属性

Items 属性：获取或设置 ListBox 控件中的值。

MultiColumn 属性：获取或设置列表框是否支持多列，如果设置为 True，则表示支持多列；如果设置为 False，则表示不支持多列。默认值为 False。

ColumnWidth 属性：获取或设置每列的宽度。

SelectionMode 属性：获取或设置列表框中选择的模式，当值为 One 时，代表只能选中一项；当值为 MultiSimple 时，代表能选择多项；当值为 None 时，代表不能选择；当值为 MultiExtended 时，代表能选择多项，但要在按下 Shift 键后再选择列表框中的项。

SelectedIndex 属性：获取列表框中当前选中项的索引，索引从 0 开始。

SelectedItem 属性：获取列表框中当前选中的项。

SelectedItems 属性：获取列表框中所有选中项的集合。

Text 属性：表示已选中的文本。

2）ListBox 控件的常用方法

FindString( ) 方法：查找 ListBox 中以指定字符串开始的第一个项。

GetSelected( ) 方法：返回一个值，该值指示是否选定了指定的项。

SetSelected( ) 方法：选择或清除对 ListBox 中指定项的选定。

Items. Add( ) 方法：向 ListBox 内添加 1 个列表项。

Items. Insert( ) 方法：向 ListBox 内指定位置插入 1 个列表项。

Items. Remove( ) 方法：从 ListBox 中删除 1 个列表项。

Items. Clear( ) 方法：清除 ListBox 中所有的项。

BeginUpdate( ) 方法：当向 ListBox 中一次添加一个项时，通过防止该控件绘图来维护性能，直到调用 EndUpdate( ) 方法为止。

EndUpdate( ) 方法：在 BeginUpdate( ) 方法挂起绘制后，该方法恢复绘制 ListBox 控件。

3）ListBox 控件的常用事件

Click 事件：在单击 ListBox 控件时发生。

SelectedIndexChanged 事件：在 ListBox 控件中改变选中项时发生。

例 5-5　ListBox 列表框演示。

具体步骤如下。

（1）创建一个名为 ListBoxForm 的窗体，然后在窗体上添加 Label、ListBox 和 Button，属性值见表 5-11。

表 5-11　例 5-5 的对象设置属性值

对 象 名	属　性	设 置 值
Label1	Text	爱好

续表

对象名	属性	设置值
ListBox1	Items	乒乓球\n羽毛球\n篮球\n足球\n唱歌\n爬上\n写作
	SelectionMode	MultiSimple
Button1	Text	确定
Button2	Text	删除
Button3	Text	添加
Form1	Text	ListBoxForm

（2）在窗体的设计窗口，分别双击 Button1、Button2 和 Button3，进入代码窗口 Form1. cs，编写代码如下：

```
private void button1_Click(object sender, EventArgs e)
{
    string msg="";
    for (int i=0; i<listBox1.SelectedItems.Count; i++)
        msg=msg+""+listBox1.SelectedItems[i].ToString();
    if (msg! ="")
        MessageBox.Show("您选择的爱好是:"+msg, "提示");
    else
        MessageBox.Show("您没有选择爱好", "提示");
}
private void button2_Click(object sender, EventArgs e)
{
    //由于列表框控件中允许多选,所以需要循环删除所有已选项
    int count=listBox1.SelectedItems.Count;
    List<string> itemValues=new List<string>();
    if (count! =0)
    {
        for (int i=0;i<count;i++)
            itemValues.Add(listBox1.SelectedItems[i].ToString());
        foreach (string item in itemValues)
            listBox1.Items.Remove(item);
    }
    else
        MessageBox.Show("请选择需要删除的爱好!");
}
private void button3_Click(object sender, EventArgs e)
{
    //当文本框中的值不为空时将其添加到列表框中
    if (textBox1.Text! ="")
```

```
        listBox1.Items.Add(textBox1.Text);
    else
        MessageBox.Show("请添加爱好!");
}
```

运行结果如图 5-12 所示。

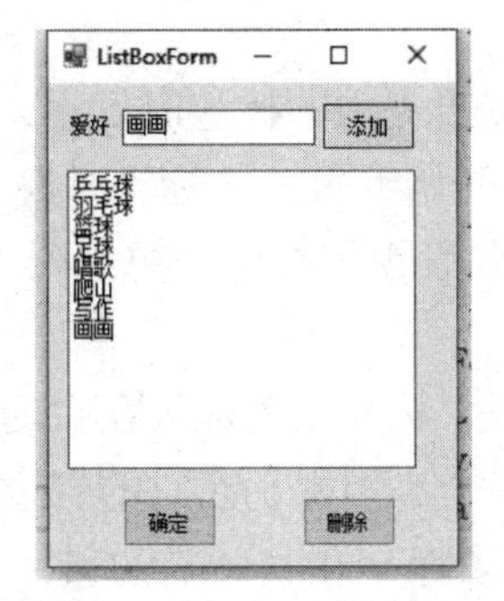

图 5-12 例 5-5 运行结果图

2. ListView 控件

列表视图（ListView）控件派生于 ListBox 控件，添加 1 个名为 view 的属性，它可以自定义视图。

1）ListView 控件的常用属性

GridLines：设置行和列之间是否显示网格线，默认的值为 False。

AllowColumnReorder：设置是否可拖动列表头来改变列的顺序，默认的值为 False。

View：获取或设置项在控件中的显示方式，包括 Details、LargeIcon、List、SmallIcon、Tile，默认的值为 LargeIcon。

MultiSelect：设置是否可以选择多个项，默认的值为 False。

HeaderStyle：获取或设置列表头样式，包括：Clickable：列表头的作用类似于按钮，单击时可以执行操作；NonClickable：列标头不响应鼠标单击；None：不显示列表头。

LabelEdit：设置用户是否可以编辑控件中数据项的标签，对于 Detail 视图，只能编辑行的第一列的内容，默认的值为 False。

CheckBoxes：设置控件中各项的旁边是否显示复选框，默认的值为 False。

LargeImageList：大图标集，只在 LargeIcon 视图使用。

SmallImageList：小图标集，只在 SmallIcon 视图使用。

SelectedItems：获取在控件中选定的项。

CheckedItems：获取控件中当前复选框选中的项的信息。

Soritng 属性：对列表视图的项进行排序。默认值为 None：项未排序；Ascending：项按递增顺序排序；Descending：项按递减顺序排序。

HideSelection 属性：设置选定项在控件无焦点时是否仍突出显示，默认值为 False。

ShowGroups 属性：设置是否以分组方式显示项，默认值为 False。

Groups 属性：设置分组的对象集合。

TopItem 属性：获取或设置控件中的第一个可见项，可用于定位。

2）ListView 控件的常用方法

EnsureVisible( ) 方法：列表视图滚动定位到指定索引项的选项行。

FindItemWithText：查找以给定文本值开头的第一个 ListViewItem。

FindNearestItem：按照指定的搜索方向，从给定点开始查找下一个项。只有在 LargeIcon 或 SmallIcon 视图才能使用该方法。

3）ListView 控件的常用事件

AfterLabelEdit 事件：当用户编辑完项的标签时发生，需要 LabelEdit 属性为 True。

BeforeLabelEdit 事件：当用户开始编辑项的标签时发生。

ColumnClick 事件：当用户在列表视图控件中单击列表头时发生。

4）ListView 控件的 5 种视图

LargeIcon：每个项都显示为一个最大化图标，在它的下面有一个标签。

SmallIcon：每个项都显示为一个小图标，在它的右边带一个标签。

List：每个项都显示为一个小图标，在它的右边带一个标签。各项排列在列中，没有列表头。

Details：可以显示任意的列，但只有第一列可以包含一个小图标和标签，其他的列项只能显示文字信息，有列表头。

Tile：每个项都显示为一个完整大小的图标，在它的右边带项标签和子项信息。

例 5-6 ListView 列表框演示。

具体步骤如下。

在完成本示例之前，请先下载 Visual Studio Image Library，它是由微软提供的一套免费的高质量图标库，下载链接：https://www.microsoft.com/en-us/download/details.aspx?id=35825。

（1）创建一个名为 ListBoxForm 的窗体，属性值见表 5-12。

表 5-12 例 5-6 的对象设置属性值

对 象 名	属 性	设 置 值
ListView1	—	—
Button1	Text	大图标
Button2	Text	小图标
ImageList1	图像大小	32，32
ImageList2	图像大小	16，16
Form1	Text	列表视图

在窗体上添加完 ImageList1 控件，是不显示的，它显示在窗体下方，可设置图像大小，还可以选择图片，具体设置如图 5-13 和图 5-14 所示。

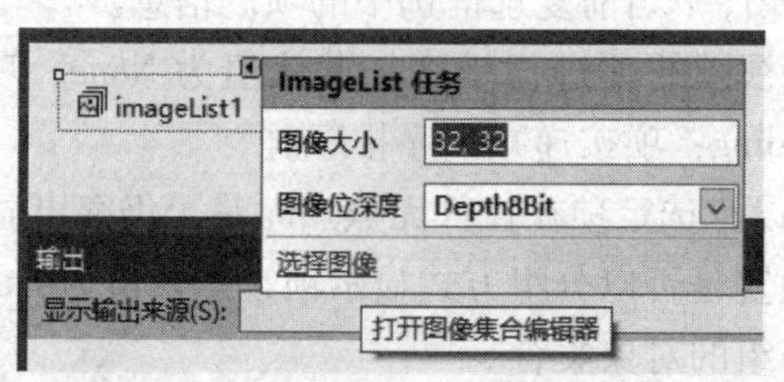

图 5-13 设置属性

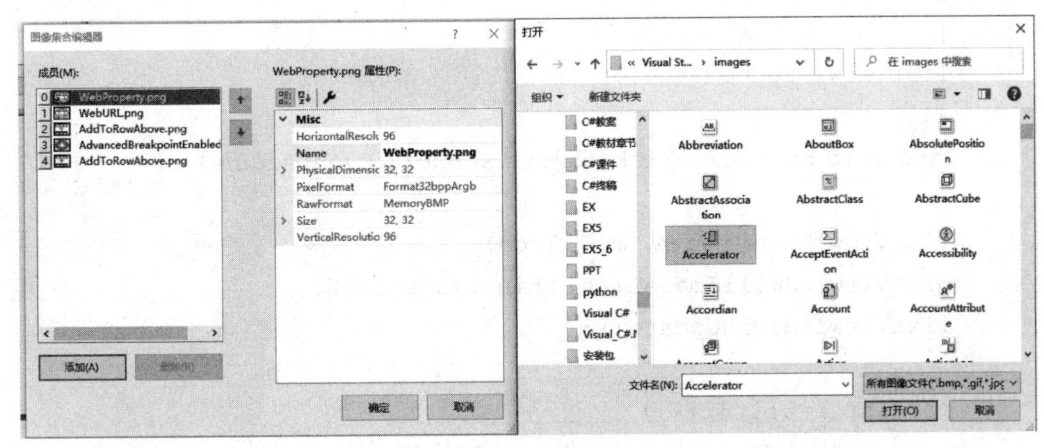

图 5-14 添加图片

(2) 在窗体的设计窗口，双击窗体进入代码窗口 Form1. cs，编写代码如下：

```
private void Form1_Load(object sender, EventArgs e)
{
    listView1.BeginUpdate();//数据更新,UI 暂时挂起,直到 EndUpdate 绘制控件
    for(int i=0;i<6;i++)   //添加 10 行数据
    {
        ListViewItem listview=new ListViewItem();
          listview.ImageIndex = i;   //通过与 imageList 绑定,显示
                                       imageList 中第 i 项图标
        listview.Text="subitem"+i;
        listview.SubItems.Add("第 2 列,第"+i+"行");
        listview.SubItems.Add("第 3 列,第"+i+"行");
        listView1.Items.Add(listview);
    }
    listView1.EndUpdate();  //结束数据处理,UI 界面一次性绘制。
}
private void button1_Click(object sender, EventArgs e)
{
    listView1.View=View.LargeIcon;
    listView1.LargeImageList=this.imageList1;
    listView1.BeginUpdate();
    for (int i=0;i<6;i++)
    {
        ListViewItem listview1=new ListViewItem();
        listview1.ImageIndex=i;
        listview1.Text="item"+i;
        listView1.Items.Add(listview1);
```

```
    }
    listView1.EndUpdate();
}
private void button2_Click(object sender, EventArgs e)
{
    listView1.View=View.SmallIcon;
    listView1.SmallImageList=this.imageList2;
    listView1.BeginUpdate();
{
    for(int i=0;i<6;i++)
        ListViewItem listview2=new ListViewItem();
        listview2.ImageIndex=i;
        listview2.Text="item"+i;
        listView1.Items.Add(listview2);
    }
    listView1.EndUpdate();
}
```

运行结果如图 5-15~图 5-17 所示。

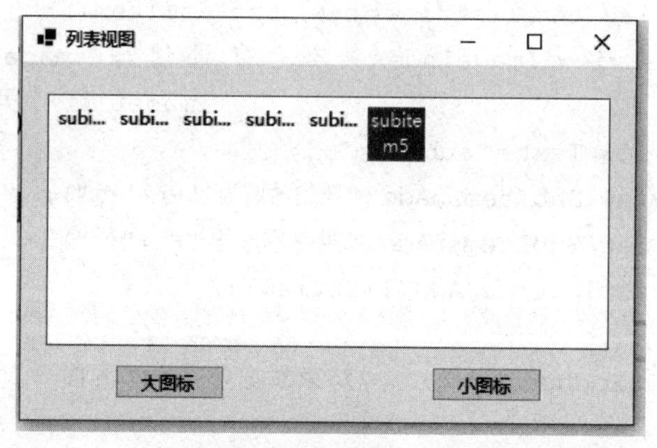

图 5-15　窗体加载的运行结果

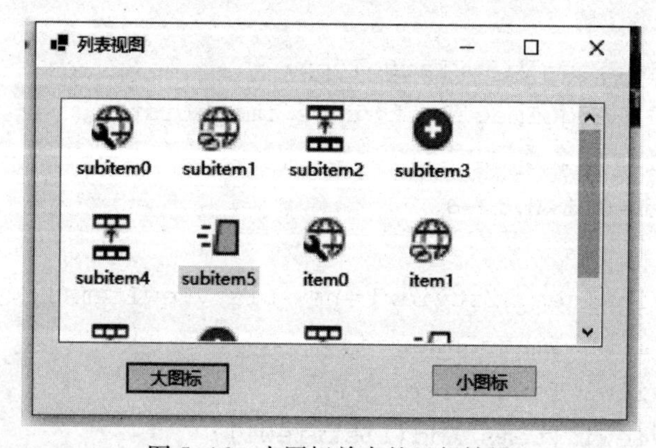

图 5-16　大图标单击的运行结果

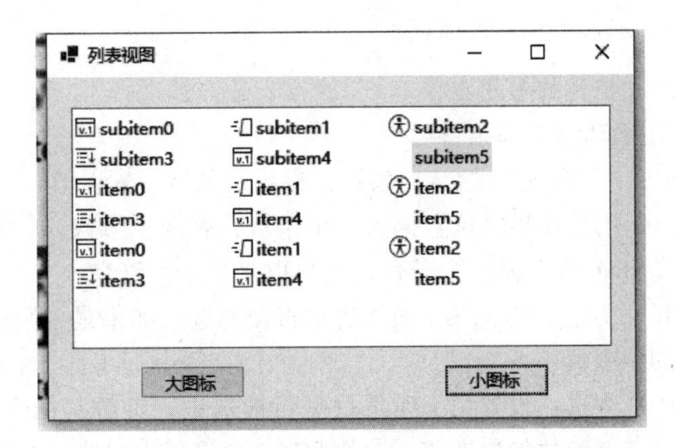

图 5-17　小图标单击的运行结果

3. CheckedListBox 控件

复选列表（CheckedListBox）控件显示一个 ListBox，其中在每项的左边多显示一个复选框。

1）CheckedListBox 控件的常用属性

CheckOnClick 属性：是布尔类型的值，如果为 True，那么单击条目就能将条目勾选；如果为 False，则要双击条目才能将其勾选。

ColumnWidth 属性：属性是整型数据，表示多列条目各列的列宽。该属性只有在 MultiColumn 属性（允许多列显示）设置为 True 时才有意义。

MultiColumn 属性：是布尔类型的值，指示是否开启多列显示条目。该属性是配合 ColumnWidth 属性一起使用。

SelectMode 属性：该属性指示列表将是单选还是多选，这里的“选”表示选中而不是“勾选”，选中后条目会高亮，但条目左边的小方框不会勾选。在 CheckedListBox 控件中，不支持多项选择，该属性只有两个值是有效的，分别是 None 和 One。None 表示条目不能被选中，左边的小方框也不能被勾选；One 表示只有一个条目可以被选中（但勾选可以选多项）。

Sorted 属性：是布尔类型的值，如果为 True，则条目会根据字母进行排序；如果为 False，则不进行排序。

Count 属性：表示列表中条目的总量。其用法如下：

```
int conut=checkedListBox1.Items.Count
```

Items 属性：取列表中条目的集合，通过下标获取指定条目。其用法如下：

```
object item=checkedListBox1.Items[i];
```

SelectedItem 属性：获取选中的条目。

SelectedItems 属性：是一个数组，保存着被选中的条目的集合，可通过下标来获取条目。其用法如下：

```
object item=checkedListBox1.SelectedItem;
object item=checkedListBox1.SelectedItems[i];
```

```
checkedListBox1.Items.Add(item);
```

2）CheckedListBox 控件的常用方法

Add() 方法：用于动态添加条目。

RemoveAt() 方法：用于移除指定的条目，参数是条目的索引值。

Insert() 方法：作用是在指定位置插入一个条目，有两个参数，分别是 index 和 item。index 是条目的索引，item 可以是一个条目，也可以是一个字符串。

GetItemChecked() 方法：返回第 i 项条目是否被勾选，如果是，则返回 True，否则为 False。参数是条目的索引值。

SetItemChecked() 方法：设置第 i 项条目是否被选中，参数有两个，第一个是索引，第二个是布尔值。第二个参数如果选 True，则将第 i 项设置为勾选，否则设置为不勾选。

Clear() 方法：作用是清除所有的条目。

3）CheckedListBox 控件的常用事件

ItemCheck 事件：当条目被勾选时发生。

SelectedIndexChanged 事件：在条目被选中时发生。

SelectedValuedChanged 事件：在条目被选中时发生。

例 5-7 使用 CheckedListBox 完成选购水果的操作。

具体步骤如下。

（1）创建一个名为 CheckedListBoxForm 的窗体，添加控件，属性值见表 5-13。

表 5-13 例 5-7 的对象设置属性值

对 象 名	属　性	设 置 值
CheckedListBox	Items	西瓜 \ n 樱桃橘子 \ n 椰子 \ n 苹果 \ n 梨
Button1	Text	大图标
Form1	Text	CheckedListBoxForm

（2）在窗体的设计窗口，双击窗体进入代码窗口 Form1.cs，编写代码如下：

```
//"购买"按钮的单击事件,用于在消息框中显示购买的水果种类
private void button1_Click(object sender, EventArgs e)
{
    string msg="";
    for (int i=0;i<checkedListBox1.CheckedItems.Count;i++)
        msg=msg+""+checkedListBox1.CheckedItems[i].ToString();
        if(msg! ="")
            MessageBox.Show("您购买的水果有:"+msg, "提示");
        else
            MessageBox.Show("您没有选购水果!","提示");
    }
```

运行结果如图 5-18 所示。

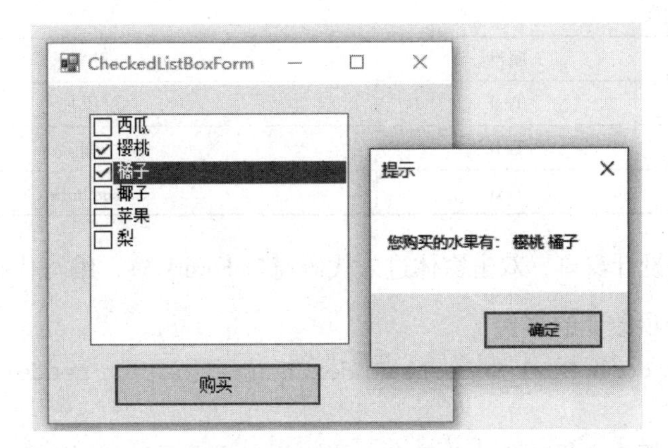

图 5-18　例 5-7 运行结果

4. ComboBox 控件

组合框（ComboBox）控件可认为是文本框和列表框的组合，它不能多选，常用属性见表 5-14。

表 5-14　ComboBox 控件的常用属性

属性	作用
DropDownStyle	获取或设置组合框的外观，如果值为 Simple，同时显示文本框和列表框，并且文本框可以编辑；如果值为 DropDown，则只显示文本框，通过鼠标或键盘的单击事件展开文本框，并且文本框可以编辑；如果值为 DropDownList，显示效果与 DropDown 值一样，但文本框不可编辑。默认情况下为 DropDown
Items	获取或设置组合框中的值
Text	获取或设置组合框中显示的文本
MaxDropDownItems	获取或设置组合框中最多显示的项数
Sorted	指定是否对组合框列表中的项进行排序：如果值为 True，则排序；如果值为 False，则不排序。默认情况下为 False

在组合框中，常用的事件是在改变组合框中的值时发生的，即组合框中的选项改变事件 SelectedIndexChanged。

例 5-8　使用 ComboBox 控件实现一个选择专业的实例。

具体步骤如下。

(1) 创建一个名为 ComboBox 的窗体，添加两个 Label 标签，Text 属性为“请选择您的专业”；一个 comboBox 标签；两个 Button 按钮，Text 属性为添加、删除，属性值见表 5-15。

表 5-15　例 5-8 的对象设置属性值

对象名	属性	设置值
comboBox	—	—
Label1	Text	请选择您的专业
Label2	Text	专业

续表

对象名	属性	设置值
Button1	Text	添加
Button2	Text	删除
Form1	Text	comboBox

（2）在窗体的设计窗口，双击窗体进入代码窗口 Form1. cs，编写代码如下：

```
//组合框中选项改变的事件
private void comboBox1_SelectedIndexChanged(object sender, EventArgs e)
{
    //当组合框中选择的值发生变化时弹出消息框显示当前组合框中选择的值
    MessageBox.Show("您选择的专业是:"+comboBox1.Text, "提示");
}
//窗体加载事件,为组合框添加值
private void Form1_Load(object sender, EventArgs e)
{
    comboBox1.Items.Add("计算机应用");
    comboBox1.Items.Add("物联网工程");
    comboBox1.Items.Add("网络工程");
    comboBox1.Items.Add("大数据工程");
    comboBox1.Items.Add("英语");
}
//"添加"按钮的单击事件,用于向组合框中添加文本框中的值
private void button1_Click(object sender, EventArgs e)
{
    //判断文本框中是否为空,不为空则将其添加到组合框中
    if(textBox1.Text! ="")
    {
        //判断文本框中的值是否与组合框中的值重复
        if (comboBox1.Items.Contains(textBox1.Text))
            MessageBox.Show("该专业已存在!");
        else
        {
            comboBox1.Items.Add(textBox1.Text);
            MessageBox.Show("添加成功!");
        }
    }
    else
        MessageBox.Show("请输入专业!","提示");
```

```
}
//"删除"按钮的单击事件,用于删除文本框中输入的值
private void button2_Click(object sender, EventArgs e)
{
    //判断文本框是否为空
    if (textBox1.Text! ="")
    {
        //判断组合框中是否存在文本框中输入的值
        if (comboBox1.Items.Contains(textBox1.Text))
        {
            comboBox1.Items.Remove(textBox1.Text);
            MessageBox.Show("删除成功!");
        }
        else
            MessageBox.Show("您输入的专业不存在", "提示");
    }
    else
        MessageBox.Show("请输入要删除的专业","提示");
}
```

运行结果如图 5-19 所示。

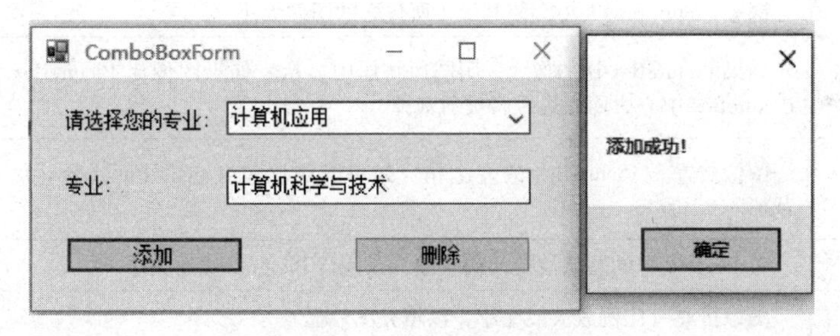

图 5-19　例 5-8 运行结果

5. TreeView 控件

树形视图（TreeView）控件显示标记项的分层集合，每个标记项用一个 TreeNode 来表示。

1）TreeView 控件的常用属性

Nodes 属性：该属性用于设计 TreeView 控件的节点。

ImageList 属性：设置获取图像的 ImageList 控件，该属性的设置必须与 ImageList 控件相配合。

Scrollable 属性：用于指示当 TreeView 控件包含多个节点而无法全部可视时确定是否使用滚动条，有 True 和 False 两个值。

ShowLines 属性：用于指示是否在同级别节点及父节点与子节点之间显示连线，有

True 和 False 两个值。

ShowPlusMinus 属性：用于指示是否在父节点旁边显示“+/-”按钮，有 True 和 False 两个值。

ShowRootLines 属性：用于指示是否在根节点之间显示连线，有 True 和 False 两个值。

SelectedNode 属性：用于获取或设置 TreeView 控件中被选中的节点。

2）TreeView 控件的常用事件

AfterSelect 事件：当更改 TreeView 控件中选定的内容时触发该事件。

5.2.4 容器类控件

1. PictureBox 控件

图片框（PictureBox）控件，常用来显示图片、绘制图形和图像处理等工作，该控件可加载的图像文件格式为：*.bmp、*.jpg、*.jpeg、*.gif、*.png 和 *.wmf。

PictureBox 控件的常用属性如下。

Image 属性：获取或设置由 PictureBox 显示的图像。

ErrorImage 属性：获取或设置在图像加载过程中发生错误时，或者图像加载取消时要显示的图像。

InitialImage 属性：获取或设置在加载主图像时显示在 PictureBox 控件中的图像。

SizeMode 属性：指示如何显示图像。默认值为 Normal，具体取值见表 5-16。

表 5-16 PictureBox 控件的常用属性表

属　性	作　用
AutoSize	调整 PictureBox 大小，使其等于所包含的图像大小
CenterImage	如果 PictureBox 比图像大，则图像将居中显示。如果图像比 PictureBox 大，则图片将居于 PictureBox 中心，而外边缘将被剪裁掉
Normal	图像被置于 PictureBox 的左上角。如果图像比包含它的 PictureBox 大，则该图像将被剪裁掉
StretchImage	PictureBox 中的图像被拉伸或收缩，以适合 PictureBox 的大小
Zoom	图像按原有比例放大或缩小，以填充图片框

例 5-9 使用 PictureBox 实现图片交换。

具体步骤如下。

（1）创建一个窗体，在该窗体上放置两个图片控件和一个按钮，属性值见表 5-17。

表 5-17 例 5-9 的对象设置属性值

对 象 名	属　性	设 置 值
pictureBox1	—	—
pictureBox2	—	—
Button1	Text	交换
Form1	Text	图片交换

（2）在窗体的设计窗口，双击窗体进入代码窗口 Form1. cs，编写代码如下：

```
private void Form1_Load(object sender, EventArgs e)
{
    pictureBox1.Image = Image.FromFile(@"C:\Users\lipan\Desktop\
EX5_9\EX5_9\a.jpg");
    pictureBox1.SizeMode=PictureBoxSizeMode.StretchImage;
    pictureBox2.Image = Image.FromFile(@"C:\Users\lipan\Desktop\
EX5_9\EX5_9\b.jpg");
    pictureBox2.SizeMode=PictureBoxSizeMode.StretchImage;
}
private void button1_Click(object sender, EventArgs e)
{
    PictureBox pictureBox=new PictureBox();
    pictureBox.BackgroundImage=pictureBox1.Image;
    pictureBox1.Image=pictureBox2.Image;
    pictureBox2.Image=pictureBox.BackgroundImage;
}
```

运行结果如图 5-20 与图 5-21 所示。

图 5-20　例 5-9 初始状态

图 5-21　例 5-9 交换后显示

2. TabControl 控件

选项卡（TabControl）控件，一般用于控制 TabPage 容器的外观，特别是正在显示的选项卡。

1）TabControl 控件的常用属性

TabControl 控件的常用属性见表 5-18。

表 5-18　常用属性表

属　性	描　述
Alignment	控制标签在标签控件的什么位置显示。默认的位置为控件的顶部
Appearance	控制标签的显示方式。标签可以显示为一般的按钮或带有平面样式
HotTrack	如果这个属性设置为 True，则当鼠标指针滑过控件上的标签时，其外观就会改变
Multiline	如果这个属性设置为 True，就可以有几行标签
RowCount	返回当前显示的标签行数
SelectedIndex	返回或设置选中标签的索引
SelectedTab	返回或设置选中的标签。注意这个属性在 TabPages 的实例上使用
TabCount	返回标签的总数
TabPages	这是控件中的 TabPage 对象集合。使用这个集合可以添加和删除 TabPage 对象

2）TabControl 控件的常用方法

SelectTab( ) 方法：使指定的选项卡成为当前选项卡，具体格式为：

```
TabControl 控件名.SelectTab(Tab 页名|Tab 页标签字符|Tab 页序号)
```

3）TabControl 控件的常用事件

Selected 事件：在选择选项卡时发生。

SelectedIndexChanged 事件：在 TabControl 控件的 SelectedIndex 属性更改后发生。

Selecting 事件：在取消选择某个选项卡之前发生，使处理程序能够取消选项卡更改。

4）TabControl 控件的 TabPages 页集合的常用属性和方法

Count 属性：获取 TabControl 控件中 TabPages 的个数。

IsReadOnly 属性：指示 TabPages 页集合是否只读，值为 True 时只读。

Item 属性：集合属性，通过它可用序号来标识 TabPages 页集合中的每一个 Tab 页。

add 方法：为 TabControl 控件添加 1 个 Tab 页，格式如下：

```
TabControl 控件名.Pages.Add(Tab 页名称|Tab 页标签)
```

Clear( ) 方法：删除 TabControl 控件所有 Tab 页，格式如下：

```
TabControl 控件名.Pages.Clear()
```

IndexOf( ) 方法 ：获取指定 Tab 页的序号，格式如下：

```
TabControl 控件名.Pages.IndexOf(Tab 页名称)
```

Insert( ) 方法：为 TabControl 控件插入 1 个 Tab 页，格式如下：

```
TabControl 控件名.Pages.Insert(位置,Tab 页名称|Tab 页标签)
```

Remove( ) 方法：删除 TabControl 控件 1 个 Tab 页，格式如下：

```
TabControl 控件名.Pages.Remove(Tab 页名称)
```

例 5-10 使用 TabControl 换页显示。

具体步骤如下。

(1) 创建一个窗体，在该窗体上放置 1 个 TabControl 控件，属性值见表 5-19。

表 5-19 例 5-10 的对象设置属性值

对 象 名	属 性	设 置 值
tabControl1	—	—
tabPage1	Text	第 1 页
tabPage2	Text	第 2 页
Label1	Text	Hello World!
Button1	Text	请单击我
Form1	Text	标签

(2) 在窗体的设计窗口，双击 Button1，编写代码如下：

```
private void button1_Click(object sender, EventArgs e)
{
    if (tabControl1.SelectedIndex==0)
        tabControl1.SelectedIndex=1;
}
```

运行结果如图 5-22 与图 5-23 所示（在第 1 页单击按钮后出现第 2 页）。

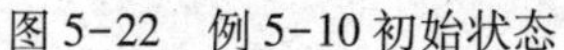

图 5-22 例 5-10 初始状态

图 5-23 例 5-10 单击完按钮出现界面

5.2.5 其他常用控件

1. Timer

定时器（Timer）又称为计时器控件，该控件的作用是按一定的时间间隔周期性地触发一个名为 Tick 的事件，在程序运行时，定时器控件是不可见的。

1) Timer 控件的常用属性

Enabled 属性：用来设置定时器是否正在运行。值为 True 时，定时器正在运行，值为

False 时，定时器不再运行。

Interval 属性：用来设置定时器两次 Tick 事件发生的时间间隔，以毫秒为单位。如它的值设置为 500，则将每隔 0.5 s 发生一个 Tick 事件。

2）Timer 控件的常用方法

Start 方法：用来启动定时器，格式为：Timer 控件名 . start（）；

Stop 方法：用来停止定时器，格式为：Timer 控件名 . stop（）；

3）Timer 控件的常用事件

定时器控件响应的事件只有 Tick，每隔 Interval 时间后将触发一次该事件。

例 5-11　使用 Timer 实现图片每秒切换一次的功能。

具体步骤如下。

（1）创建 1 个窗体，在该窗体上放置 1 个 PictureBox1 控件等控件，属性值见表 5-20。

表 5-20　例 5-11 的对象设置属性值

对 象 名	属　性	设 置 值
PictureBox1	—	—
Timer1	Interval	1 000
Button1	Text	启动定时器
Button2	Text	关闭定时器
Form1	Text	TimerForm

（2）在窗体的设计窗口，双击事件 SelectedIndexChanged，编写代码如下：

```
public partial class TimerForm:Form
{//设置当前图片空间中显示的图片
//如果是 Timer1.jpg  flag 的值为 FALSE
//如果是 Timer2.jpg  flag 的值为 TRUE
    bool flag=false;
    public TimerForm()
    {
        InitializeComponent();
    }
    //触发定时器的事件,在该事件中切换图片
    private void timer1_Tick(object sender, EventArgs e)
    {
        //当 flag 的值为 TRUE 时将图片控件的 Image 属性切换到 Timer1.jpg
        //否则将图片的 Image 属性切换到 Timer2.jpg
        if (flag)
        {
            pictureBox1.Image = Image.FromFile(@ "C:\Users\lipan\
Desktop\EX555\EX5_11\Timer1.jpg");
```

```
                flag=false;
            }
            else
            {
                pictureBox1.Image = Image.FromFile (@ "C:\Users\lipan\
Desktop\EX555\EX5_11\Timer2.jpg");
                flag=true;
            }
        }
        private void Form1_Load(object sender, EventArgs e)
        {
            pictureBox1.Image=Image.FromFile(@ "C:\Users\lipan\Desktop
\EX555\EX5_11\Timer1.jpg");
            pictureBox1.SizeMode=PictureBoxSizeMode.StretchImage;
            //设置每隔 1 秒调用一次定时器 Tick 事件
            timer1.Interval=1000;
            //启动定时器
            timer1.Start();
        }
        private void button1_Click(object sender, EventArgs e)
        {
            timer1.Start();
        }
        private void button2_Click(object sender, EventArgs e)
        {
            timer1.Stop();
        }
    }
```

运行结果如图 5-24 所示。

图 5-24　例 5-11 运行结果

2. DateTimePicker 控件和 MonthCalendar 控件

1）DateTimePicker 控件

该控件用来让用户选择日期和时间并以指定的格式显示此日期和时间。常用属性和事件包括以下几个。

MaxDate 属性：获取或设置可在控件中选择的最大日期和时间。

MinDate 属性：获取或设置可在控件中选择的最小日期和时间。

Value 属性：获取或设置分配给控件的日期/时间值。

ValueChanged 事件：当 Value 属性更改时发生。

2）MonthCalendar 控件

该控件使用户能够使用可视月历显示来选择日期。常用属性和事件包括以下几项。

SelectionRange 属性：为月历控件获取或设置选定的日期范围。

MaxSelectionCount 属性：获取或设置月历控件中可选择的最大天数。

TodayDate 属性：获取或设置由 MonthCalendar 用作今天的日期的值。

DateChanged 事件：当 MonthCalendar 中的所选日期更改时发生。

DateSelected 事件：用户使用鼠标进行显式日期选择时发生。

例 5-12 使用 DateTimePicker 在窗体上设置动态的日期时间（使用定时器）。

具体步骤如下。

（1）创建 1 个窗体，在该窗体上添加控件，属性值见表 5-21，如图 5-25 所示。

表 5-21 例 5-12 的对象设置属性值

对 象 名	属 性	设 置 值
DateTimePicker1	—	—
Label1	Text	当前时间：
Timer1	Interval	100
Form1	Text	DateTimePicker

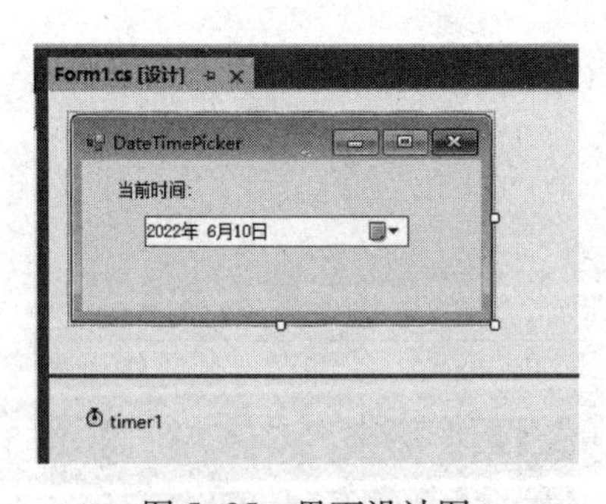

图 5-25 界面设计图

（2）在窗体的设计窗口，双击窗体进入代码窗口 Form1. cs，编写代码如下：

```
private void Form1_Load(object sender, EventArgs e)
{
    //设置日期时间控件中仅显示时间
    dateTimePicker1.Format=DateTimePickerFormat.Time;
```

```
        //设置每隔一秒调用一次定时器 Tick 事件
        timer1.Interval=1000;
        //启动定时器
        timer1.Start();
    }

    private void timer1_Tick(object sender, EventArgs e)
    {
        //重新设置日期时间控件的文本
        dateTimePicker1.ResetText();
    }
```

运行结果如图 5-26 所示。

图 5-26　例 5-12 运行结果

例 5-13　使用 MonthCalendar 在窗体上设置动态的日期时间（使用定时器）。

具体步骤如下。

（1）创建 1 个窗体，在该窗体上放置控件，见表 5-22。

表 5-22　例 5-13 的对象设置属性值

对　象　名	属　　性	设　置　值
MonthCalendar1	—	—
Label1	Text	开学时间：
TextBox1	—	—
Button1	Text	选择
Form1	Text	MonthCalendar

（2）在窗体的设计窗口，双击窗体进入代码窗口 Form1.cs，编写代码如下：

```
private void Form1_Load(object sender, EventArgs e)
{
    monthCalendar1.Hide();//隐藏日历控件
}
private void button1_Click(object sender, EventArgs e)
{
    monthCalendar1.Show();//显示日历控件
}
```

```
    //日历控件的日期改变事件
    private void monthCalendar1_DateChanged(object sender, DateRangeEvent
Args e)
    {
        //将选择的日期显示在文本框中
        textBox1.Text =monthCalendar1.SelectionStart.ToShortDateString();
    }
```

运行结果如图 5-27 所示。

图 5-27　例 5-13 运行结果

3. ProgressBar 控件

进度条（ProgressBar）控件是在水平栏中显示适当长度的矩形来指示进程的进度。当执行进程时，进度条用系统突出显示颜色在水平栏中从左向右进行填充。进程完成时，进度栏被填满。可以提示用户进度的进展情况。

1）ProgressBar 控件的常用属性

Maximum 属性：用来设置或返回进度条能够显示的最大值，默认值为 100。

Minimum 属性：用来设置或返回进度条能够显示的最小值，默认值为 0。

Value 属性：用来设置或返回进度条的当前位置。

Step 属性：用来设置或返回一个值，该值用来决定每次调用 PerformStep 方法时，Value 属性增加的幅度。例如，如果要复制一组文件，则可将 Step 属性的值设置为 1，并将 Maximum 属性的值设置为要复制的文件总数。在复制每个文件时，可以调用 PerformStep 方法按 Step 属性的值增加进度栏。

2）ProgressBar 控件的常用方法

Increment( ) 方法：用来按指定的数量增加进度条的值，调用的一般格式如下：

```
progressBar对象.Increment(n);
```

其功能是把“progressBar 对象”指定的进度条对象的 Value 属性值增加 n，n 为整数。调用该方法之后，若 Value 属性大于 Maximum 属性的值，则 Value 属性值就是 Maximum 值，若 Value 属性值小于 Minimum 属性值，则 Value 属性值就是 Minimum 值。

PerformStep 方法：用来按 Step 属性值来增加进度条的 Value 属性值，调用的一般格式如下：

```
progressBar 对象 . PerformStep();
```

该方法无参数。例如，下列程序段是一个显示复制多个文件的进度的进度条使用方法。

```
Private void CopyWithProgress(string[]filenames)
{
    pBar1.Visible=true;
    pBar1.Minimum=1;
    pBar1.Maximum=filenames.Length;
    pBar1.Value=1;
    pBar1.Step=1;
    for(intx=1;x<=filenames.Length;x++)
    {
        if(CopyFile(filenames[x-1])==true)
            pBar1.PerformStep();
    }
}
```

ProgressBar 控件能响应很多事件，但一般很少使用。

4. TrackBar 控件

跟踪条（TrackBar）控件又称滑块控件，该控件主要用于在大量信息中进行浏览，或者用于以可视形式调整数字设置。TrackBar 控件有两部分：缩略图（也称为滑块）和刻度线。缩略图是可以调整的部分，其位置与 Value 属性相对应。刻度线是按规则间隔分隔的可视化指示符。跟踪条控件可以按指定的增量移动，并且可以水平或垂直排列。

1）TrackBar 控件的常用属性

Maximum 属性：用来获取或设置 TrackBar 控件可表示的范围上限，即最大值。

Minimum 属性：用来获取或设置 TrackBar 控件可表示的范围下限，即最小值。

Orientation 属性：用来获取或设置一个值，该值指示跟踪条是在水平方向还是在垂直方向。

LargeChange 属性：用来获取或设置一个值，该值指示当滑块长距离移动时应为 Value 属性中加上或减去的值。

SmallChange 属性：用来获取或设置当滑块短距离移动时对 Value 属性进行增减的值。

Value 属性：用来获取或设置滑块在跟踪条控件上的当前位置的值。

TickFrequency 属性：用来获取或设置一个值，该值指定控件上绘制的刻度之间的增量。

TickStyle 属性：用来获取或设置一个值，该值指示如何显示跟踪条上的刻度线。

2）TrackBar 控件的常用事件

ValueChanged：该事件在 TrackBar 控件的 Value 属性值改变时发生。

例 5-14 ProgressBar 控件和 TrackBar 控件的使用。

具体步骤如下。

（1）创建 1 个窗体，在该窗体上添加控件，见表 5-23。

表 5-23 例 5-14 的对象设置属性值

对象名	属性	设置值
ProgressBar1	Step	1
TrackBar1	Minimum	1
Timer1	Interval	100
Label1	Text	已完成
Label2	Text	—
Label3	Text	设置速度
Button1	Text	开始
Form1	Text	ProgressBarTrackBar

（2）在窗体的设计窗口，双击窗体进入代码窗口 Form1. cs，编写代码如下：

```
private void timer1_Tick(object sender, EventArgs e)
{
    if (progressBar1.Value==progressBar1.Maximum)
        progressBar1.Value=progressBar1.Minimum;
    else
        progressBar1.PerformStep();
    int FinishedPercent;
    FinishedPercent=100* (progressBar1.Value-progressBar1.Minimum)/
(progressBar1.Maximum-progressBar1.Minimum);
    label2.Text=Convert.ToInt16(FinishedPercent).ToString()+"% ";
    }

    private void trackBar1_Scroll(object sender, EventArgs e)
    {
        timer1.Interval=Convert.ToInt16(1000/trackBar1.Value);
                                                    //设置计时器的时间间隔
    }
    private void button1_Click(object sender, EventArgs e)
    {
        if (timer1.Enabled==true)
        {
            timer1.Enabled=false;
            button1.Text="开始";
```

```
        }
        else
        {
            timer1.Enabled=true;
            button1.Text="停止";
        }
    }
```

运行结果如图 5-28 所示。

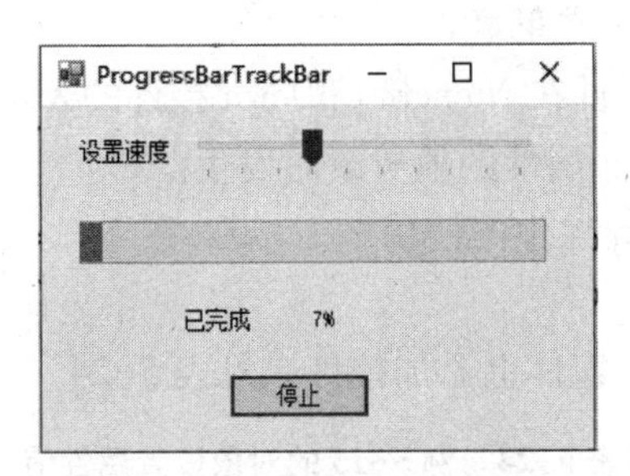

图 5-28　例 5-14 运行结果图

5. HScrollBar 控件和 VScrollBar 控件的使用

滚动条（ScrollBar）是 Windows 界面的一种常见控件，通常分为水平滚动条（HScroll-Bar）和垂直滚动条（VScrollBar）。这两个控件主要用于在应用程序或控件中水平或垂直滚动，以方便在较长的列表中或大量信息的浏览。

1）ScrollBar 控件的常用属性

Value 属性：用于设置或返回滑块在滚动条中所处的位置，其默认值为 0。当滑块的位置值为最小值时，滑块移到水平滚动条的最左端位置，或者移到垂直滚动条的顶端位置。当滑块的位置值为最大值时，滑块移到水平滚动条的最右端位置或垂直滚动条的底端位置。

SmallChange 属性：当鼠标单击滚动条两边的箭头时，滑块滚动的值，即 Value 属性增加或减小的值。

LargeChange 属性：当用鼠标直接单击滚动条时滑块滚动的值。当用户按下 PageUp 键或 PageDown 键或在滑块的任何一边单击滚动条轨迹时，Value 属性将按照 LargeChange 属性中设置的值进行增加或减小。

2）ScrollBar 控件的常用事件

Scroll 事件：该事件在用户通过鼠标或键盘移动滑块后发生。

ValueChanged 事件：该事件在滚动条控件的 Value 属性值改变时发生。

6. NumericUpDown 控件

NumericUpDown 控件看起来像是一个文本框与一对用户可单击以调整值的箭头的组合。可以通过单击向上和向下按钮、按向上和向下箭头键来增大和减小数字，也可以直接输入数字。单击向上箭头键时，值向最大值方向增加；单击向下箭头键时，值向最小值方向减少。

1）NumericUpDown 控件的常用属性

DecimalPlaces：获取或设置该控件中显示的小数位数。

Hexadecimal：获取或设置一个值，该值指示该控件是否以十六进制格式显示所包含的值。

Increment：获取或设置单击向上或向下按钮时，该控件递增或递减的值。

Maximum：获取或设置该控件的最大值。

Minimum：获取或设置该控件的最小值。

Value：获取或设置该控件的当前值。

2）NumericUpDown 控件的常用事件

ValueChanged 事件：该事件在 NumericUpDown 控件的 Value 属性值改变时发生。

TextChanged 事件：当 Text 属性的值更改时发生。

例 5-15 NumericUpDown 控件的使用。

具体步骤如下。

（1）创建 1 个窗体，在该窗体上添加控件，见表 5-24。

表 5-24 例 5-15 的对象设置属性值

对象名	属性	设置值
NumericUpDown1	Step	1
Label1	Text	—
TextBox1	—	—
TextBox2	—	—
Button1	Text	设置小数点位数
Button2	Text	设置增量数值
Button3	Text	增加
Button4	Text	减少
Form1	Text	NumericUpDown

（2）在窗体的设计窗口，双击窗体进入代码窗口 Form1.cs，编写代码如下：

```
private void Form1_Load(object sender, EventArgs e)
{
    label1.Text="显示值";
}
private void button1_Click(object sender, EventArgs e)
{
    try
    {
        numericUpDown1.DecimalPlaces=int.Parse(textBox1.Text);
    }
    catch
```

```
        {
            MessageBox.Show("输入的值有误");
            textBox1.Clear();
        }
    }
    private void button2_Click(object sender, EventArgs e)
    {
        try
        {
            numericUpDown1.Increment=int.Parse(textBox2.Text);
        }
        catch
        {
            MessageBox.Show("输入的值有误");
            textBox2.Clear();
        }
    }
    private void button3_Click(object sender, EventArgs e)
    {
        numericUpDown1.UpButton();
    }
    private void button4_Click(object sender, EventArgs e)
    {
        numericUpDown1.DownButton();
    }
    private void numericUpDown1_ValueChanged(object sender, EventArgs e)
    {
        label1.Text=numericUpDown1.Value.ToString();
    }
```

运行结果如图 5-29 所示。

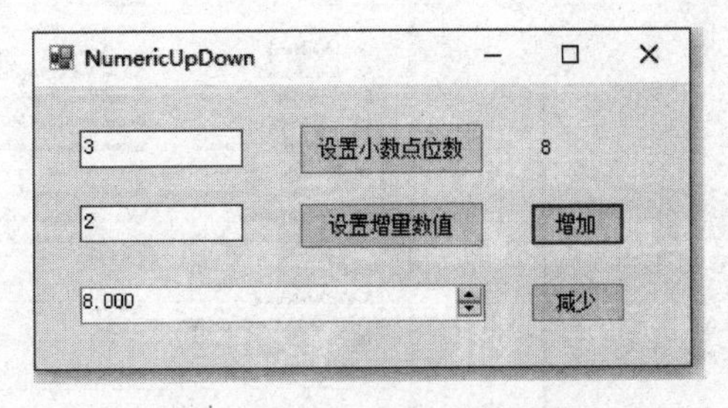

图 5-29　例 5-15 运行结果

5.2.6　菜单、工具栏和状态栏

1. MenuStrip 控件

Windows 的菜单系统是图形用户界面（GUI）的重要组成部分，在 C#中使用 MenuStrip 控件来方便地实现 Windows 的菜单。

1）MenuStrip 控件菜单项的常用属性

Text 属性：表示菜单项标题。当使用 Text 属性为菜单项指定标题时，还可以在字符前加一个“&”号来指定热键（访问键，即加下划线的字母）。例如，若要将“File”中的“F”指定为访问键，应将菜单项的标题指定为“&File”。

Checked 属性：表示选中标记是否出现在菜单项文本的旁边。如果要放置选中标记在菜单项文本的旁边，属性值为 True，否则属性值为 False。默认值为 False。

DefaultItem 属性：表示菜单项是否为默认菜单项。值为 True 时，是默认菜单项，值为 False 时，不是默认菜单项。菜单的默认菜单项以粗体的形式显示。当用户双击包含默认项的子菜单后，默认项被选定，然后子菜单关闭。

Enabled 属性：表示菜单项是否可用。值为 True 时表示可用，值为 False 时表示当前禁止使用。

RadioCheck 属性：表示选中的菜单项的左边是显示单选按钮还是选中标记。值为 True 时将显示单选按钮标记，值为 False 时显示选中标记。

Shortcut 属性：表示与菜单项相关联的快捷键。

ShowShortcut 属性：表示与菜单项关联的快捷键是否在菜单项标题的旁边显示。如果快捷组合键在菜单项标题的旁边显示，该属性值为 True，如果不显示快捷键，该属性值为 False。默认值为 True。

MdiList 属性：表示是否用在关联窗体内显示的多文档界面（MDI）子窗口列表来填充菜单项。若要在该菜单项中显示 MDI 子窗口列表，则设置该属性值为 True，否则设置该属性的值为 False。默认值为 False。

2）MenuStrip 控件菜单项的常用事件

菜单项的常用事件主要有 Click 事件，该事件在用户单击菜单项时发生。使用 MainMenu 控件和 MenuStrip 控件很方便地实现 Windows 的菜单。MainMenu 控件不出现在工具箱中，需要加载后才能使用。图 5-30 为打开选择项，图 5-31 为添加 MainMenu。

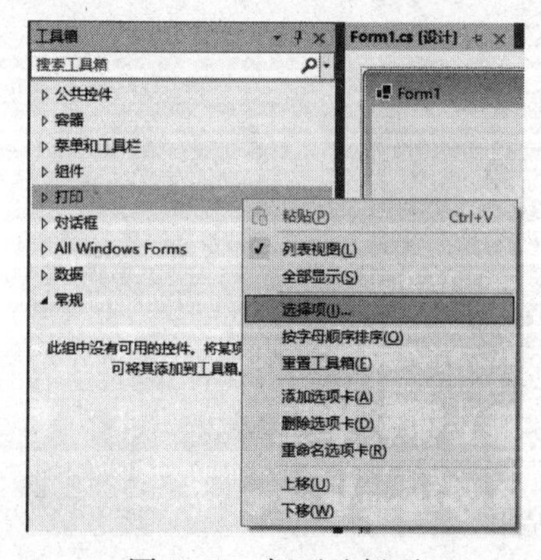

图 5-30　打开选择项

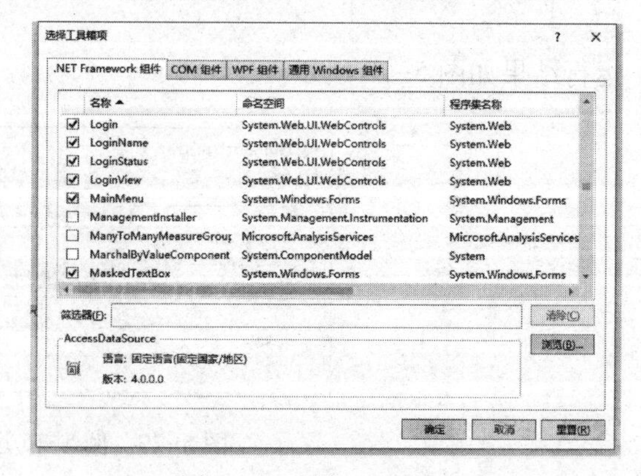

图 5-31　添加 MainMenu

菜单的基本结构如图 5-32 所示。

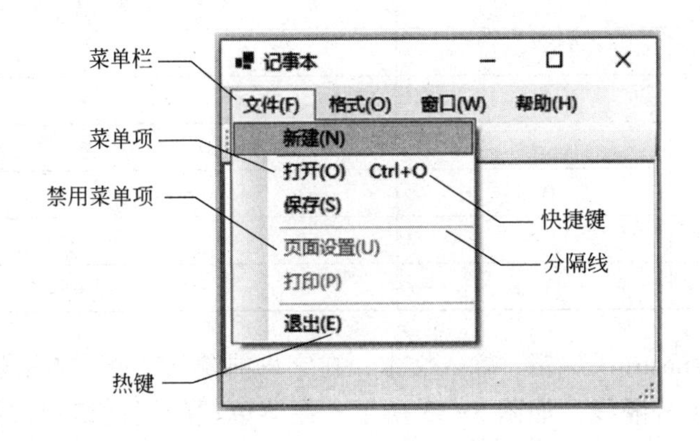

图 5-32　菜单的基本结构图

2. ContextMenuStrip 控件

上下文菜单（ContextMenuStrip）控件，又称为右键菜单、快捷菜单，即右击某个控件或窗体时出现的菜单，它也是一种常用的菜单控件。在 Windows 窗体应用程序中，上下文菜单在设置时直接与控件的 ContextMenuStrip 属性绑定即可。

3. ToolStrip 控件

工具栏（ToolStrip）控件，通常由一系列按钮、列表框、复选框等控件组成，形象化的图标与功能的对应，使应用程序界面具有更好的交互性。

4. StatusStrip 控件

在 Windows 应用程序中，状态栏一般用来显示一些信息，如时间、鼠标位置等。

1）StatusStrip 控件的常用属性

Items 属性：集合属性，存储状态栏中的各个分栏对象。单击其后标题为…的按钮，可以打开集合编辑器对话框，增加或删除分栏，修改分栏属性。

2）状态栏（StatusStrip）控件分栏的属性

状态条可以为单栏，也可以为多栏。属性 Text，表示在状态栏中显示的内容。如为单栏，在单栏中显示字符串的语句是：statusBar1. Text = “在单栏中显示的文本”，如为多栏，在第 2 栏中显示字符串的语句是：statusBar1. Panels［1］. Text = “在第 2 栏中显示的文本”。

Alignment 属性：对齐方式，可以为左对齐、右对齐和中间对齐。

Text 属性：表示在状态栏中显示的内容。

Width 属性：栏的宽度。

BorderStyle 属性：指定状态栏控件上每个分栏的边框外观。边界风格：=None（默认值），不显示边框；=Raised，三维凸起边框；=Sunken，三维凹陷边框显示。

例 5-16　设计简化记事本程序界面。

具体步骤如下。

(1) 创建 1 个窗体，在该窗体上添加控件，见表 5-25。

表 5-25　例 5-16 的对象设置属性值

对 象 名	属 性	设 置 值
Menustrip1	—	—
Toolstrip1	—	—
Statusstrip1	—	—
Richtextbox1	Dock	Fill
Contextmenustrip1	—	—
Form1	Text	记事本

（2）菜单栏 Menustrip1 编辑，输入文本，在字母前输入“&”表示热键，输入分隔符输入减号“-”表示分隔线，如图 5-33 所示。在菜单项的属性窗口选择“ShortcutKeys”属性可以设置快捷键，如图 5-34 所示。

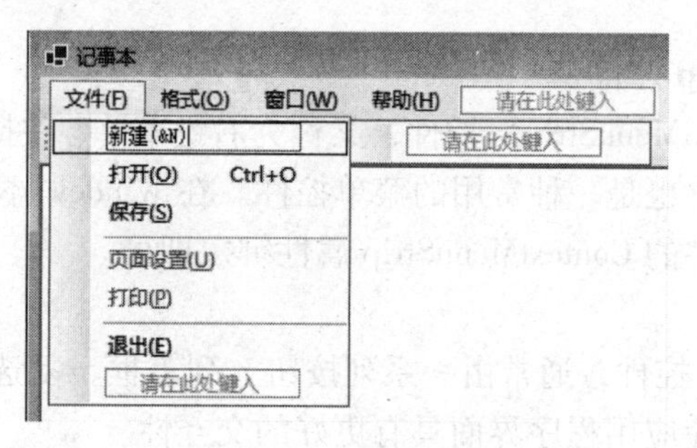

图 5-33　菜单栏设置

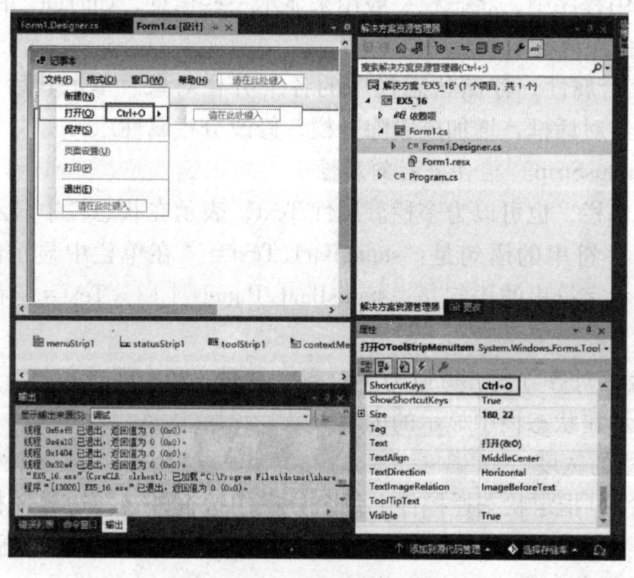

图 5-34　快捷键的设置

（3）工具栏 Toolstrip1 编辑，单击图标后面的下拉箭头，选择 Button（见图 5-35），将在 ToolStrip 控件上添加一个 ToolStripButton，然后再选择 Label 和 DropDownButton 选项，向 ToolStrip 控件添加 ToolStripLabel 和 ToolStripDropDownButton。

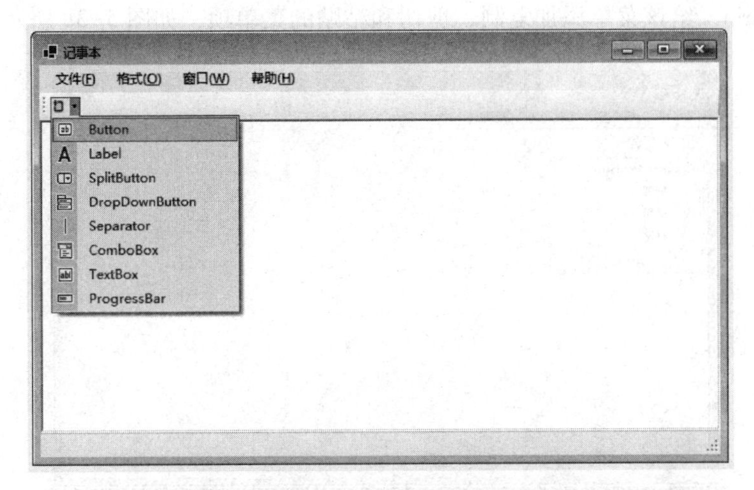

图 5-35　添加工具栏里面的工具项

(4) 在“解决方案资源管理器”窗口选择项目名，右击，新建文件夹“images”，将图片文件保存在里面，如图 5-36 所示。

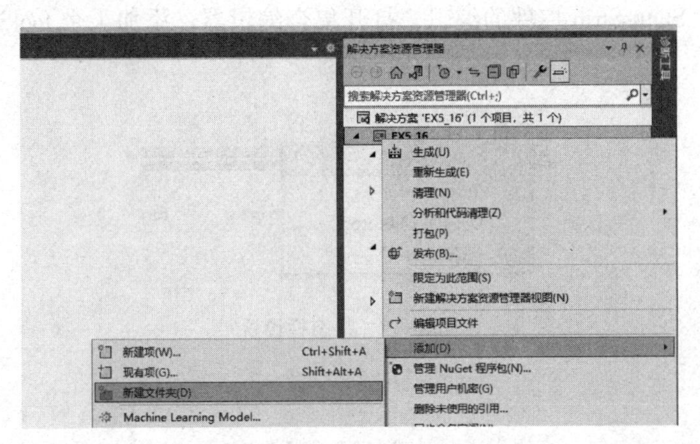

图 5-36　新建文件夹

(5) 将 ToolStripButton 的 Text 属性设置为“保存”，Image 属性添加本地图片 Save. png；ToolStripLabel 的 Text 属性设置为“字体”；ToolStripDropDownButton 的 Image 属性添加本地图片 FontIcon. png，在该控件下面添加 1 项：打开字体对话框，如图 5-37 所示。

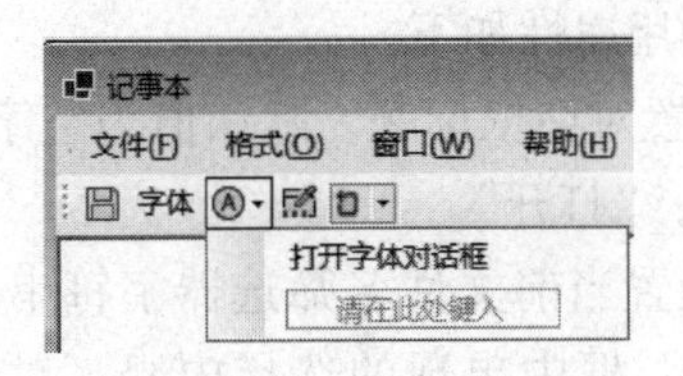

图 5-37　工具项的设置

(6) 将 ContextMenuStrip1 控件绑定到 Richtextbox1 控件上，Richtextbox1 控件的 ContextMenuStrip 属性设置为 ContextMenuStrip1，这样当单击富文本框时，就能弹出上下文菜单

ContextMenuStrip，给该菜单添加复制、剪切和粘贴的菜单项，如图 5-38 所示。

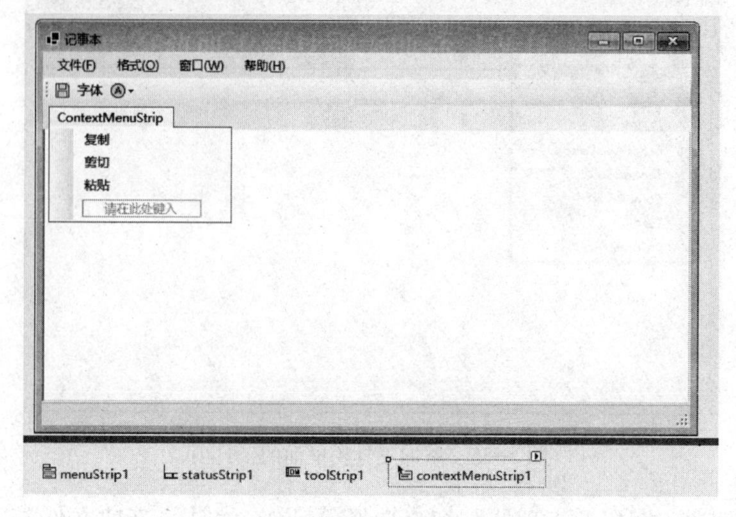

图 5-38 ContextMenuStrip 的设置

（7）状态栏 StatusStrip 控件的编辑，打开集合编辑器，添加 1 个 toolStripStatusLabel1，如图 5-39 所示。

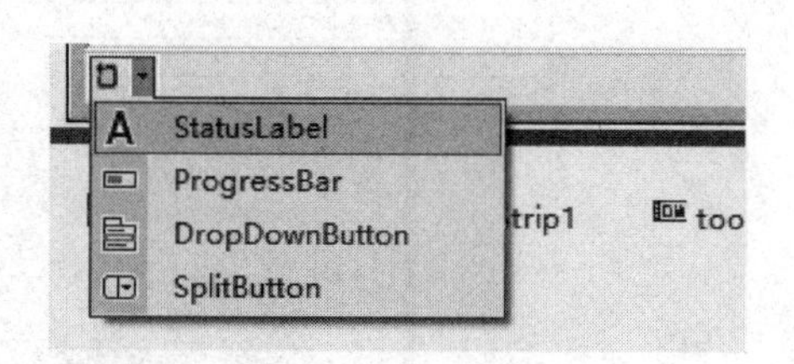

图 5-39 状态栏设置

5.3 标准对话框

5.3.1 OpenFileDialog 控件

打开文件对话框（OpenFileDialog）控件，可弹出 Windows 中标准的“打开文件”对话框。OpenFileDialog 控件的常用属性如下。

（1）Title 属性：获取或设置对话框标题，默认值为空字符串（""）。如果标题为空字符串，则系统将使用默认标题：“打开”。

（2）Filter 属性：获取或设置当前文件名筛选器字符串，该字符串决定对话框的“另存为文件类型”或“文件类型”框中出现的选择内容。对于每个筛选选项，筛选器字符串都包含筛选器说明、垂直线条（|）和筛选器模式。不同筛选选项的字符串由垂直线条隔开，例如，“文本文件（*.txt)|*.txt|所有文件（*.*)|*.*”。

（3）FilterIndex 属性：获取或设置文件对话框中当前选定筛选器的索引。第一个筛选器的索引为 1，默认值为 1。

（4）FileName 属性：获取在打开文件对话框中选定的文件名的字符串。文件名既包含文件路径也包含扩展名。如果未选定文件，该属性将返回空字符串（""）。

（5）InitialDirectory 属性：获取或设置文件对话框显示的初始目录，默认值为空字符串（""）。

（6）ShowReadOnly 属性：表示对话框是否包含只读复选框。如果对话框包含只读复选框，则属性值为 True，否则属性值为 False。默认值为 False。

（7）ReadOnlyChecked 属性：表示是否选定只读复选框。如果选中了只读复选框，则属性值为 True，反之，属性值为 False。默认值为 False。

（8）Multiselect 属性：表示对话框是否允许选择多个文件。如果对话框允许同时选定多个文件，则该属性值为 True，反之，属性值为 False。默认值为 False。

（9）FileNames 属性：获取对话框中所有选定文件的文件名。每个文件名都既包含文件路径又包含文件扩展名。如果未选定文件，该方法将返回空数组。

（10）RestoreDirectory 属性：表示对话框在关闭前是否还原当前目录。假设用户在搜索文件的过程中更改了目录，且该属性值为 True，那么，对话框会将当前目录还原为初始值，若该属性值为 False，则不还原成初始值。默认值为 False。

OpenFileDialog 控件的常用方法有 2 个：OpenFile 和 ShowDialog 方法，ShowDialog 方法的作用是显示通用对话框，其一般调用形式如下：

```
通用对话框对象名.ShowDialog();
```

通用对话框运行时，如果单击对话框中的“确定”按钮，则返回值为 DialogResult. OK；否则返回值为 DialogResult. Cancel。其他对话框控件均具有 ShowDialog 方法。

5.3.2 SaveFileDialog 控件

保存文件对话框（SaveFileDialog）控件，可弹出 Windows 中标准的“保存文件”对话框。程序员必须自己编写文件打开或保存程序，才能真正实现文件的打开和保存功能。

5.3.3 FontDialog 控件

字体对话框（FontDialog）控件，可弹出 Windows 中标准的“字体”对话框。字体对话框的作用是显示当前安装在系统中的字体列表，供用户进行选择，它的主要属性包括以下几个。

（1）Font 属性：该属性可以设定或获取字体信息。

（2）Color 属性：用来设定或获取字符的颜色。

（3）MaxSize 属性：用来获取或设置用户可选择的最大磅值。

（4）MinSize 属性：用来获取或设置用户可选择的最小磅值。

（5）ShowColor 属性：表示对话框是否显示颜色选择框。如果对话框显示颜色选择框，属性值为 True，反之，属性值为 False。默认值为 False。

（6）ShowEffects 属性：表示对话框是否包含允许用户指定删除线、下划线和文本颜色选项的控件。如果对话框包含设置删除线、下划线和文本颜色选项的控件，属性值为True，反之，属性值为False。默认值为True。

5.3.4 ColorDialog控件

颜色对话框（ColorDialog）控件，可弹出Windows中标准的“颜色”对话框。颜色对话框的作用是供用户选择一种颜色，并用Color属性记录用户选择的颜色值，它的主要属性包括以下几项。

（1）AllowFullOpen属性：表示用户是否可以使用该对话框定义自定义颜色。如果允许用户自定义颜色，属性值为True，否则属性值为False。默认值为True。

（2）FullOpen属性：表示用于创建自定义颜色的控件在对话框打开时是否可见。值为True时可见，值为False时不可见。

（3）AnyColor属性：表示对话框是否显示基本颜色集中可用的所有颜色。值为True时，显示所有颜色，否则不显示所有颜色。

（4）Color属性：用来获取或设置用户选定的颜色。

5.3.5 PrintDialog和PrintDocument控件

PrintDocument控件在工具箱中，使用PrintDialog控件可以显示Windows标准的“打印”对话框，在该对话框中用户可以选择打印机、选择要打印的页及页码范围等。需要注意的是：该对话框并不负责具体的打印任务，要想在应用程序中控制打印内容必须使用PrintDocument控件。

5.3.6 消息对话框

在程序中，要给用户一定的信息提示，需要使用消息对话框，如在操作过程中遇到错误或程序异常。在C#中，MessageBox消息对话框位于System. Windows. Forms命名空间中，1个消息对话框包含信息提示文字内容、消息对话框的标题文字、用户响应的按钮及信息图标等内容。MessageBox消息对话框只提供了一个方法Show( )，用来把消息对话框显示出来。此方法提供不同的重载版本，根据用户的需要设置不同风格的消息对话框，该方法的返回类型为DialogResult枚举类型，包含用户在此消息对话框中所做的操作，枚举值见表5-26。

表5-26 枚举值的取值

成员名称	作　用
AbortRetryIgnore	在消息框对话框中显示“中止”“重试”“忽略”3个按钮
OK	在消息框对话框中显示“确定”按钮
OKCancel	在消息框对话框中显示“确定”和“取消”2个按钮
RetryCancel	在消息框对话框中显示“重试”和“取消”2个按钮
YesNo	在消息框对话框中显示“是”和“否”2个按钮
YesNoCancel	在消息框对话框中显示“是”“否”“取消”3个按钮

在 Show( ) 方法的参数中使用 MessageBoxButtons 来设置消息对话框要显示的按钮的个数及内容，此参数也是一个枚举值，取值与表 5-25 相同。Show( ) 方法中使用 MessageBoxIcon 枚举类型定义显示在消息框中的图标类型，其可能的取值和形式见表 5-27。

表 5-27　图标取值

成员名称	图　标	作　用
Asterisk		圆圈中有一个字母 i 组成的提示符号图标
Error		红色圆圈中有白色×所组成的错误警告图标
Exclamation		黄色三角中有一个！所组成的符号图标
Hand		红色圆圈中有一个白色×所组成的图标符号
Information		信息提示符号
Question		由圆圈中一个问号组成的符号图标
Stop		背景为红色圆圈中有白色×组成的符号
Warning		由背景为黄色的三角形中有一个！组成的符号图标
None		没有任何图标

例 5-17　承例 5-16 实现简化记事本程序。

具体步骤如下。

(1) 打开保存文件，在窗体上添加 1 个 OpenFileDialog 和 SaveFileDialog 控件。选中打开菜单在属性窗口的双击 Click 事件，如图 5-40 所示。

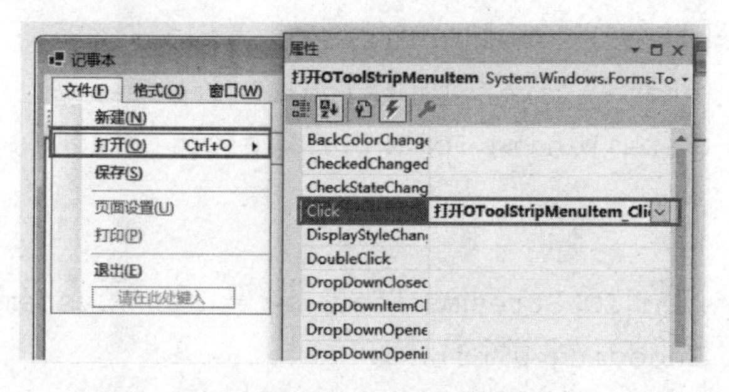

图 5-40　添加菜单单击事件

在代码窗口 Form1. cs 添加以下代码：

```
private void 打开OToolStripMenuItem_Click(object sender, EventArgs e)
{
    richTextBox1.Clear();
    DialogResult dr=openFileDialog1.ShowDialog();
    //获取所打开文件的文件名
    string filename=openFileDialog1.FileName;
    if (dr==System.Windows.Forms.DialogResult.OK && ! string.IsNullOrEmpty
(filename))
    {
        System.IO.StreamReader sr=new System.IO.StreamReader(filename);
        richTextBox1.Text=sr.ReadToEnd();
        sr.Close();
    }
}
private void 保存SToolStripMenuItem_Click(object sender, EventArgs e)
{
    DialogResult dr=saveFileDialog1.ShowDialog();
    string filename=saveFileDialog1.FileName;
    if (dr = =System.Windows.Forms.DialogResult.OK && ! string.IsNullOrEmpty
(filename))
    {
            System.IO.StreamWriter sw = new System.IO.StreamWriter
(filename, true, Encoding.UTF8);
        sw.Write(richTextBox1.Text);
        sw.Close();
    }
}
private void toolStripButton1_Click(object sender, EventArgs e)
{
    DialogResult dr=saveFileDialog1.ShowDialog();
    string filename=saveFileDialog1.FileName;
    if (dr = =System.Windows.Forms.DialogResult.OK && ! string.IsNullOrEmpty
(filename))
    {
            System.IO.StreamWriter sw = new System.IO.StreamWriter
(filename, true, Encoding.UTF8);
        sw.Write(richTextBox1.Text);
        sw.Close();
    }
```

```
}

private void bianToolStripMenuItem_Click(object sender, EventArgs e)
{
    //显示字体对话框
    DialogResult dr=fontDialog1.ShowDialog();
    //如果在对话框中单击“确认”按钮,则更改文本框中的字体
    if (dr==DialogResult.OK)
    {
        richTextBox1.Font=fontDialog1.Font;
    }
}

private void 添加ToolStripMenuItem_Click(object sender, EventArgs e)
{
    //显示字体对话框
    DialogResult dr=fontDialog1.ShowDialog();
    //如果在对话框中单击“确认”按钮,则更改文本框中的字体
    if (dr==DialogResult.OK)
    {
        richTextBox1.Font=fontDialog1.Font;
    }
}

private void toolStripButton2_Click(object sender, EventArgs e)
{
    //显示颜色对话框
    DialogResult dr=colorDialog1.ShowDialog();
    //如果选中颜色,单击“确定”按钮则改变文本框的文本颜色
    if (dr==DialogResult.OK)
    {
        richTextBox1.ForeColor=colorDialog1.Color;
    }
}

private void 消息对话框ToolStripMenuItem_Click(object sender, EventArgs e)
{
        MessageBox.Show ( " 欢 迎 你 进 入 记 事 本 系 统!"," 欢 迎 ",
MessageBoxButtons.OKCancel,MessageBoxIcon.Information);
```

```
    }

    private void 复制ToolStripMenuItem_Click(object sender, EventArgs e)
    {
        if(richTextBox1.SelectedText! ="")
            Clipboard.SetText(richTextBox1.SelectedText);
    }

    private void 剪切ToolStripMenuItem_Click(object sender, EventArgs e)
    {
        if (richTextBox1.SelectedText! ="")
            Clipboard.SetText(richTextBox1.SelectedText);
        richTextBox1.SelectedText=null;
    }

    private void 粘贴ToolStripMenuItem_Click(object sender, EventArgs e)
    {
        IDataObject iData=Clipboard.GetDataObject();
        if (iData.GetDataPresent(DataFormats.Text))
        {
                richTextBox1.SelectedText  =  ( String )  iData.GetData
(DataFormats.Text);
        }
    }

    private void Form1_Load(object sender, EventArgs e)
    {
        toolStripStatusLabel1.Text=DateTime.Now.ToString();
    }

    private void 退出EToolStripMenuItem_Click(object sender, EventArgs e)
    {
        Application.Exit();
    }
```

(2) 智能编码功能，Visual Studio 2022的环境提供了方便的智能编码工具，当在书写以下代码（见图5-41）时，可自动出现灰色部分，只需单击Tab键便可以自动生成代码。

(3) 设置窗口菜单，如图5-42所示。

(4) 程序运行过程中将出现各种对话框，如图5-43~图5-46所示。

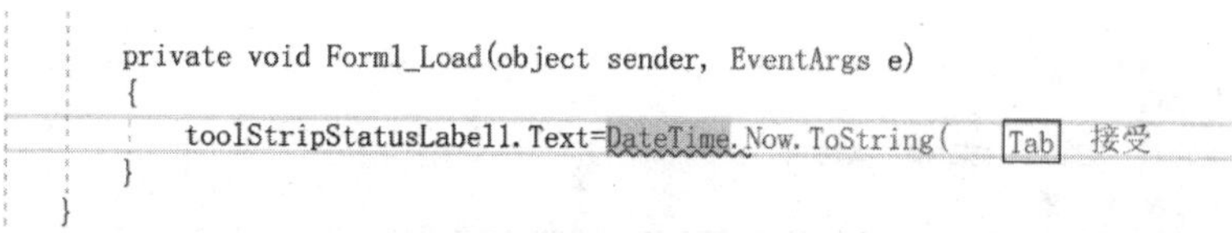

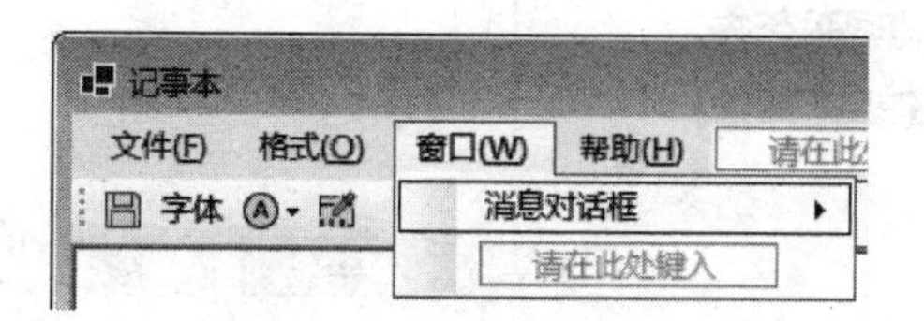

图 5-41　智能编码

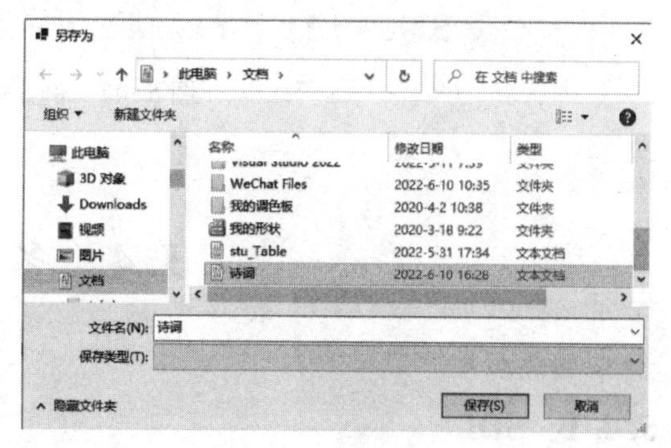

图 5-42　窗口菜单的设置

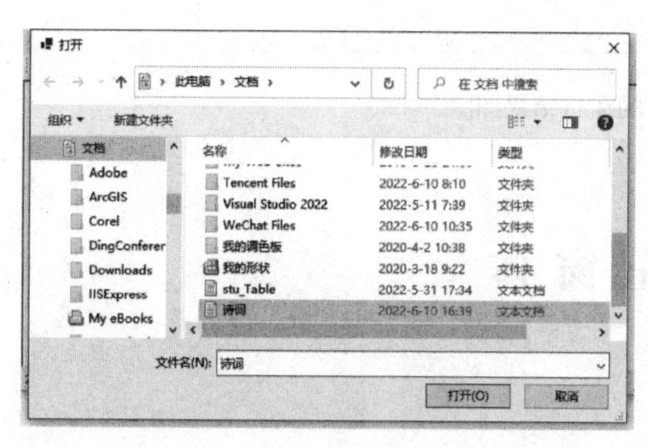

图 5-43　打开对话框

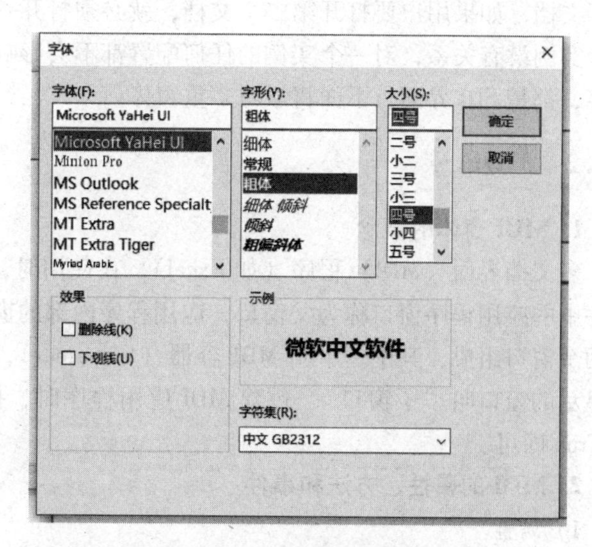

图 5-44　保存对话框

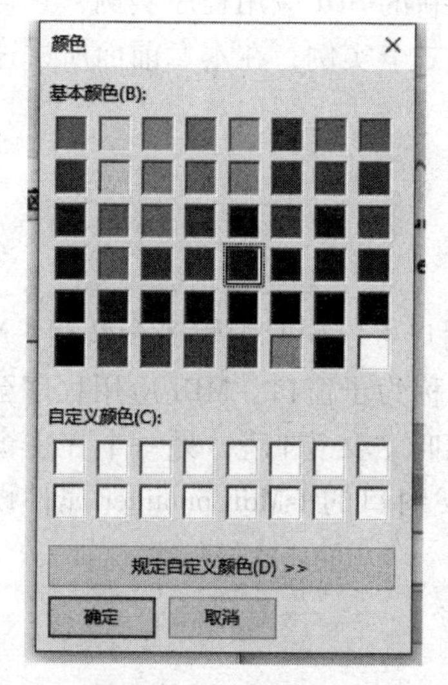

图 5-45　颜色对话框

图 5-46　字体对话框

运行结果如图 5-47 所示。

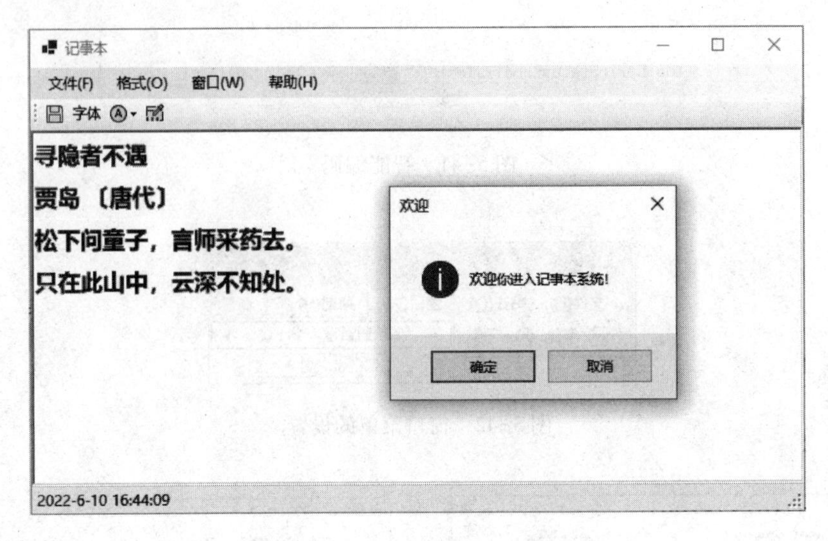

图 5-47　例 5-17 的运行结果图

5.4　多重窗体

5.4.1　SDI

单一文档界面（SDI）一次只能打开一个窗体，如 Windows 的记事本，一次只能处理一个文档，如果用户要打开第二个文档，就必须打开一个新的 SDI 应用程序实例，它与第一个实例没有关系，对一个实例的任何配置都不会影响第二个实例，在本章前面所讲述的内容，都是 SDI 界面，下面将学习多重窗体。

5.4.2　MDI

1. MDI 窗体的概念

多文档界面（MDI）程序（如 Excel），在使用时，用户可以同时编辑多个文档。MDI 程序中的应用程序窗口称为父窗口，应用程序内部的窗口称为子窗口。MDI 应用程序至少由两个窗口组成，其中一个叫 MDI 容器（Container），也叫“父窗口”，另一个在主窗口中显示的窗口叫“子窗口”。创建 MDI 应用程序时，把父窗口的 IsMdiContainer 属性设置为 True 即可。

2. MDI 的属性、方法和事件

1）属性

MDI 父窗体的常用属性如下。

ActiveMdiChild 属性：激活窗体的 MDI 子级。

IsMdiContainer 属性：表示窗体是否为多文档界面（MDI）子窗体的容器。如果该窗体是 MDI 子窗体的容器，则为 True；否则，为 False。默认值为 False。

MdiChildren 属性：获取窗体的数组，这些窗体表示以此窗体作为父级的多文档界面（MDI）子窗体。

MDI 子窗体的常用属性如下。

IsMdiChild 属性：获取一个值，该值指示窗体是否为多文档界面（MDI）子窗体。如果该窗体是 MDI 子窗体，则为 True；否则，为 False。

MdiParent 属性：获取或设置此窗体的当前多文档界面（MDI）父窗体。

2）父窗体的 LayoutMdi 方法

在 MDI 父窗体内排列多文档界面（MDI）子窗体。

格式：MDI 父窗体名 . LayoutMdi（Value）

其中 Value 取值有：MdiLayout. ArrangeIcon 是所有 MDI 子图标都排列在 MDI 父窗体的工作区内；MdiLayout. TileHorizontal 是所有 MDI 子窗口都水平平铺在 MDI 父窗体的工作区内；MdiLayout. TileVertical 是所有 MDI 子窗口都垂直平铺在 MDI 父窗体的工作区内；MdiLayout. Cascade 是所有 MDI 子窗口都层叠在 MDI 父窗体的工作区内。

3）父窗体的 MdiChildActivate 事件

在多文档界面（MDI）应用程序内激活或关闭 MDI 子窗体时发生。

例 5-18　MDI 程序的多窗体显示。

具体步骤如下。

（1）创建 1 个窗体，在该窗体上添加控件，见表 5-28。

表 5-28　例 5-17 的对象设置属性值

对　象　名	属　　性	设　置　值
Menustrip1	—	—
openFileDialog1	—	—
Form1	Text	记事本
	IsMdiContainer	True

在程序运行时，选择菜单“文件”|“打开”命令将弹出一个“打开”对话框，让用户选择一个文件打开。执行菜单“文件”|“退出”命令将退出应用程序，如图 5-48 所示。“窗口”菜单的前四项用来对子窗口进行相应的排列，“窗口”菜单中的“关闭所有子窗体”命令的作用是删除所有的子窗口，如图 5-49 所示。

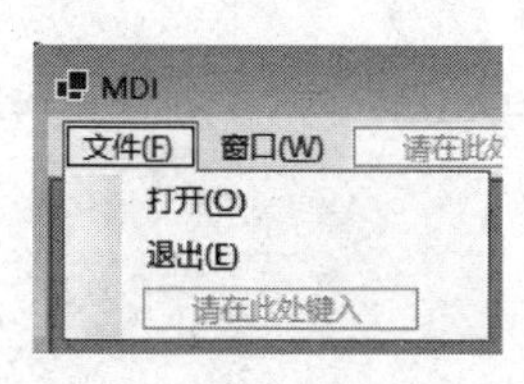

图 5-48　文件菜单

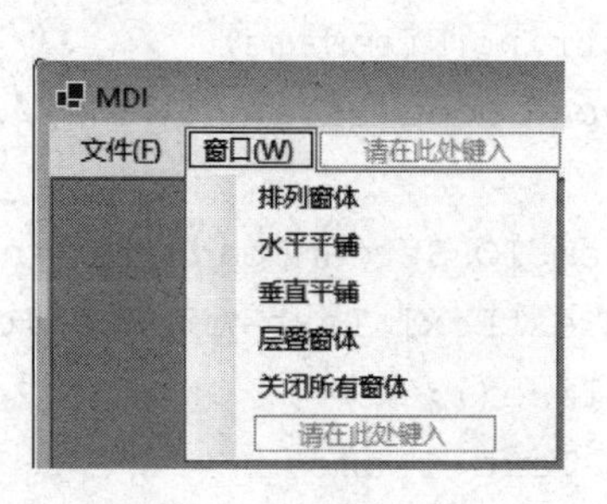

图 5-49　窗口菜单

（2）添加第 2 个窗体，如图 5-50 和图 5-51 所示。

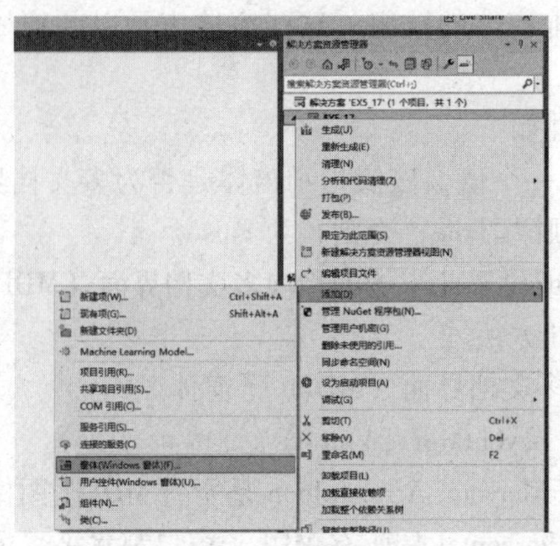

图 5-50　选择“添加”命令

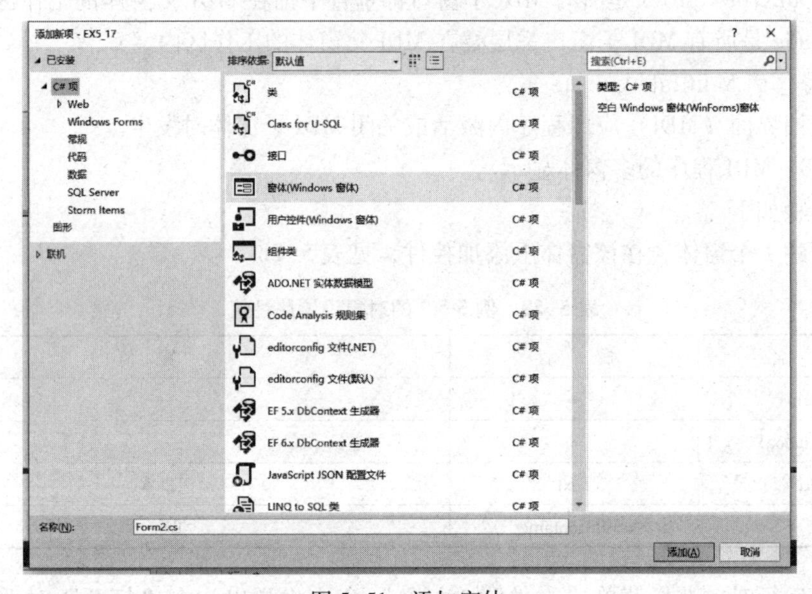

图 5-51　添加窗体

在 Form2 的界面上添加 1 个富文本框 richTextBox1，Dock 属性为 Fill。在 Form2. cs 代码文件中添加代码如下：

```
public string FileName;        //打开文件的文件名
public void Open(string FName)//自定义的打开文件方法
{
    System.IO.StreamReader sr=new System.IO.StreamReader(FName);
    richTextBox1.Text=sr.ReadToEnd();
    sr.Close();
    this.Text=FName;
    this.FileName=FName;
    }
```

(3) 在 Form1. cs 代码文件中添加代码如下:

```
private void 打开 OToolStripMenuItem_Click(object sender, EventArgs e)
{
    string filename;
    openFileDialog1.Filter="文本文件(*.txt)|*.txt";
    openFileDialog1.ShowDialog();
    filename=openFileDialog1.FileName;
    Form2 Child=new Form2();             //创建新的子窗体
    Child.MdiParent=this;                //设置子窗体的父窗体
    Child.Open(filename);//调用在子窗体中定义的 open 方法把文件显示在
                                richTextBox 框中
    Child.Show();//显示子窗体
}
private void 退出 EToolStripMenuItem_Click(object sender, EventArgs e)
{
    Application.Exit();
}
private void 排列图标 ToolStripMenuItem_Click(object sender, EventArgs e)
{
    this.LayoutMdi(MdiLayout.ArrangeIcons);
}
private void 水平平铺 ToolStripMenuItem_Click(object sender, EventArgs e)
{
    this.LayoutMdi(MdiLayout.TileHorizontal);
}
private void 垂直平铺 ToolStripMenuItem_Click(object sender, Even-
tArgs e)
{
    this.LayoutMdi(MdiLayout.TileVertical);
}
private void 层叠窗体 ToolStripMenuItem_Click(object sender, Even-
tArgs e)
{
    this.LayoutMdi(MdiLayout.Cascade);
}
private void 关闭所有窗体 ToolStripMenuItem_Click(object sender,
EventArgs e)
{
    for(int i=this.MdiChildren.Length-1;i>=0;i--)
```

```
        this.MdiChildren[i].Close();
    }
```

运行结果如图 5-52 与图 5-53 所示。

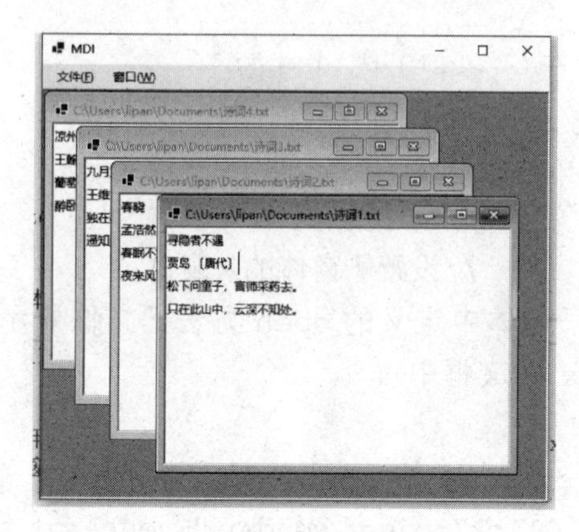

图 5-52　层叠排列

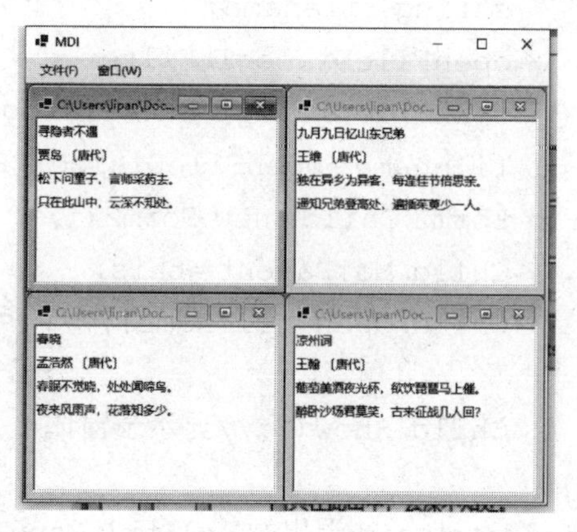

图 5-53　水平排列

5.5　委托与事件

5.5.1　委托

在 C#语言中，委托（Delegate）类似于 C 或 C++中函数的指针。委托是存有对某个方法的引用的一种引用类型变量，引用可在运行时被改变，用于实现事件和回调方法，它派生自 System. Delegate 类。在使用委托时，首先定义声明委托，然后实例化委托，最后调用委托。委托是方法的抽象，它存储的是一系列具有相同签名和返回类型的方法的地址。调用委托的时候，委托包含的所有方法将被执行。委托通常分为命名方法委托、多播委托和匿名委托。

1. 命名方法委托

命名方法委托是最常用的一种委托，定义的语法如下：

```
修饰符 delegate 返回值类型委托名([参数列表]);
```

实例化委托的语法形式如下：

```
委托名委托对象名=new 委托名(方法名);
```

委托中传递的方法名既可以是静态方法的名称，也可以是实例方法的名称。

调用委托，语法形式如下：

```
委托对象名(参数列表);
```

在这里，参数列表中传递的参数与委托定义的参数列表相同即可。

下面分别通过两个实例来演示在委托中应用静态方法和实例方法的形式。

例 5-19　委托演示。

具体步骤如下。

新建 1 个控制台应用程序，在 Program. cs 代码窗口，删除原有代码，编写以下代码：

```
class Test
{
    public void SayHello()
    {
        Console.WriteLine("你好,委托!");
    }
}
class Program
{
    public delegate void DelegateEX();
    static void Main(string[] args)
    {
        DelegateEX Delegate_ex=new DelegateEX(new Test().SayHello);
        Delegate_ex();
    }
}
```

运行结果如图 5-54 所示。

图 5-54　例 5-19 运行结果

2. 多播委托

在 C#语言中多播委托是指在一个委托中注册多个方法，在注册方法时可以在委托中使用加号（+）运算符或减号（-）运算符来实现添加或撤销方法。

例 5-20　模拟购物平台来购买食品，演示多播委托的应用。

具体步骤如下。

新建 1 个控制台应用程序，在 Program. cs 代码窗口，删除原有代码，编写以下代码：

```
class Buy
{
    public static void BuyFruit()
    {
        Console.WriteLine("买水果!");
    }
```

```
    public static void BuyVegetables()
    {
        Console.WriteLine("买蔬菜!");
    }
    public static void BuyEggs()
    {
        Console.WriteLine("买鸡蛋!");
    }
}
class Program
{
    public delegate void BuyDelegate();//定义购买食品委托
    static void Main(string[] args)
    {
        //实例化委托
        BuyDelegate buyDelegate=new BuyDelegate(Buy.BuyFruit);
        //向委托中注册方法
        buyDelegate+=Buy.BuyVegetables;//表示添加1个委托的引用(结果
                                                    见图5-55)
        buyDelegate+=Buy.BuyEggs;
        //buyDelegate-=Buy.BuyEggs;            //表示撤销1个委托的引用
                                                    (结果见图5-56)
        //调用委托
        buyDelegate();
    }
}
```

运行结果如图5-55和图5-56所示。

图5-55　添加委托

图5-56　撤销委托

在使用多播委托时，在委托中注册的方法参数列表必须与委托定义的参数列表相同，否则不能将方法添加到委托上。

3. 匿名委托

在 C#语言中匿名委托是指使用匿名方法注册在委托上，就是在委托中通过定义代码块来实现委托的作用，主要分 3 步实现。

定义委托的语法格式：

```
修饰符 delegate 返回值类型 委托名(参数列表);
```

定义匿名委托的语法格式：

```
委托名 委托对象=delegate
{
    代码块;
};
```

调用匿名委托的语法格式：

```
委托对象名(参数列表);
```

例 5-21 求圆的面积。

具体步骤如下。

新建 1 个控制台应用程序，在 Program. cs 代码窗口，删除原有代码，编写以下代码：

```
class Program
{
    public delegate void AreaDelegate(double r);
    static void Main(string[] args)
    {
        Console.WriteLine("请输入圆的半径:");
        double rr=double.Parse(Console.ReadLine());
        AreaDelegate areaDelegate=delegate
        {
            Console.WriteLine("圆的面积为:"+Math.PI* rr* rr);
        };
        areaDelegate(rr);
    }
}
```

执行上面的代码，效果如图 5-57 所示。

```
Microsoft Visual Studio 调试控制台
请输入圆的半径:
5
圆的面积为: 78.53981633974483
```

图 5-57 例 5-21 运行结果

从上面的执行效果可以看出，在使用匿名委托时并没有定义方法，而是在实例化委托时直接实现了具体的操作。由于匿名委托并不能很好地实现代码的重用，匿名委托通常适用于实现一些仅需要使用一次委托中代码的情况，并且代码比较少。

5.5.2 事件

在C#语言中，事件（Event）表示用户的操作，如按键、点击、鼠标移动等，或者是一些提示信息，如系统生成的通知，应用程序需要在事件发生时响应事件。事件在类中声明并且生成，可以通过使用同一个类或其他类中的委托与事件处理程序关联。发布器（publisher）类用于发布事件。订阅器（subscriber）类用来接受事件。事件使用发布-订阅（publisher-subscriber）模型。

在类的内部声明事件，首先必须声明该事件的委托类型。如：

```
public delegate void BoilerLogHandler(string status);
```

然后，声明事件本身，使用event关键字：

```
//基于上面的委托定义事件 public event BoilerLogHandler BoilerEventLog;
```

上面的代码定义了一个名为BoilerLogHandler的委托和一个名为BoilerEventLog的事件，该事件在生成的时候会调用委托。

例5-22 事件演示。

具体步骤如下。

新建1个控制台应用程序，在Program.cs代码窗口，删除原有代码，编写代码如下：

```
public class Publisher     //发布器类
{
    private int value;
    public delegate void NumManipulationHandler();
    public event NumManipulationHandler eventChange;
    protected virtual void Changed()
    {
        if(eventChange! =null)
            eventChange();//事件被触发
        else
        {
            Console.WriteLine("事件没触发");
            Console.ReadKey();//回车继续
        }
    }
    public Publisher()
    {
        int n=5;
```

```
        SetValue(n);
    }
    public void SetValue(int n)
    {
        if (value! =n)
        {
            value=n;
            Changed();
        }
    }
}
public class Subscriber     //订阅器类
{
    public void printf()
    {
        Console.WriteLine("事件触发");
        Console.ReadKey();//回车继续
    }
}
public class Program
{
    public static void Main()
    {
        Publisher event_p=new Publisher();   //初始化状态事件不触发
        Subscriber event_s=new Subscriber();
        event_p.eventChange +=new Publisher.NumManipulationHandler
        (event_s.printf);//注册
        event_p.SetValue(3);
        event_p.SetValue(6);
    }
}
```

运行结果如图 5-58 所示。

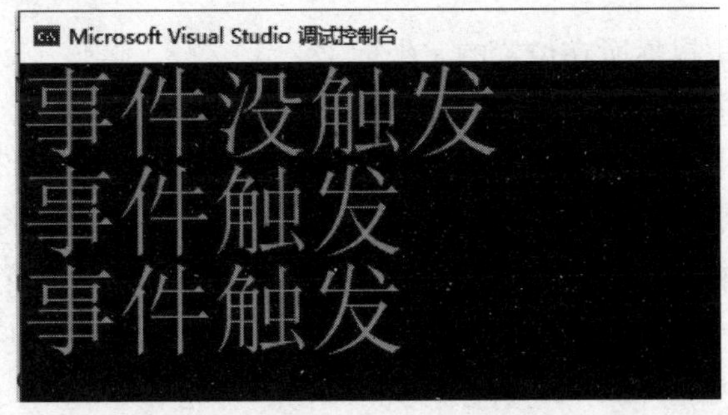

图 5-58　例 5-22 运行结果

5.5.3 键盘、鼠标事件

1. 键盘事件

键盘事件是在用户按下键盘上的键时发生的，分为以下2类。

（1）KeyPress事件。当按下的键表示的是一个ASCII字符时就会触发这类事件，可通过它的KeyPressEventArgs类型参数的属性KeyChar来确定按下键的ASCII码。其中KeyPressEventArgs类的常用属性有：Handled属性是用来获取或设置一个值，该值指示是否处理过KeyPress事件；KeyChar属性是用来获取按下的键对应的字符，通常是该键的ASCII码。但是使用KeyPress事件无法判断是否按下了修改键（如Shift键、Alt键和Ctrl键），为了判断这些动作，就引入KeyUp/KeyDown事件。

（2）KeyUp/KeyDown事件有一个KeyEventArgs类型的参数，通过该参数可以测试是否按下了一些修改键、功能键等特殊按键信息。其中KeyEventArgs类的常用属性有：Alt属性是用来获取一个值，该值指示是否曾按下Alt键；Control属性是用来获取一个值，该值指示是否曾按下Ctrl键；Shift属性是用来获取一个值，该值指示是否曾按下Shift键；Handled属性是用来获取或设置一个值，该值指示是否处理过此事件；KeyCode属性是以Keys枚举型值返回键盘键的键码，该属性不包含修改键（Alt键、Control键和Shift键）信息，用于测试指定的键盘键；KeyData属性是以Keys枚举类型值返回键盘键的键码，并包含修改键信息，用于判断关于按下键盘键的所有信息；KeyValue属性是以整数形式返回键码，而不是Keys枚举类型值。用于获得所按下键盘键的数字表示；Modifiers属性是以Keys枚举类型值返回所有按下的修改键（Alt键、Control键和Shift键），仅用于判断修改键信息。

2. 鼠标事件

鼠标事件很好地实现了人机交互，主要事件如下。

（1）MouseEnter事件：在鼠标指针进入控件时发生。

（2）MouseMove事件：在鼠标指针移到控件上时发生。事件处理程序接收一个MouseEventArgs类型的参数，该参数包含与此事件相关的数据。该参数的主要属性及其含义如下。

Button属性：用来获取曾按下的是哪个鼠标按钮。该属性是MouseButtons枚举型的值，取值及含义如下：Left（按下鼠标左按钮）、Middle（按下鼠标中按钮）、Right（鼠标右按钮）、None（没有按下鼠标按钮）。

Clicks属性：用来获取按下并释放鼠标按钮的次数。

Delta属性：用来获取鼠标轮已转动的制动器数的有符号计数。制动器是鼠标轮的一个凹口。

X属性：用来获取鼠标所在位置的x坐标。

Y属性：用来获取鼠标所在位置的y坐标。

（3）MouseHover事件：当鼠标指针悬停在控件上时将发生该事件。

（4）MouseDown事件：当鼠标指针位于控件上并按下鼠标键时将发生该事件。事件处理程序也接收一个MouseEventArgs类型的参数。

（5）MouseWheel事件：在移动鼠标轮并且控件有焦点时将发生该事件。该事件的事件处理程序接收一个 MouseEventArgs 类型的参数。

（6）MouseUp 事件：当鼠标指针在控件上并释放鼠标键时将发生该事件。事件处理程序也接收一个 MouseEventArgs 类型的参数。

（7）MouseLeave 事件：在鼠标指针离开控件时将发生该事件。

例 5-23 键盘鼠标事件的演示。

具体步骤如下。

新建 1 个窗体应用程序，选择窗体在属性窗口的事件中，双击相应的事件，添加以下代码：

```
private void Form1_MouseMove(object sender,MouseEventArgs e)
{
    this.Text="当前鼠标的位置为:( "+e.X+","+e.Y+")";
}
private void Form1_MouseDown(object sender, MouseEventArgs e)
{
    if (e.Button==MouseButtons.Left)
        MessageBox.Show("按动鼠标左键!");
    if (e.Button==MouseButtons.Middle)
        MessageBox.Show("按动鼠标中键!");
    if (e.Button==MouseButtons.Right)
        MessageBox.Show("按动鼠标右键!");
}
private void Form1_KeyDown(object sender, KeyEventArgs e)
{
    MessageBox.Show(e.KeyCode.ToString(),"您所按下的键为:");
}
private void Form1_KeyUp(object sender, KeyEventArgs e)
{
    MessageBox.Show(e.KeyCode.ToString(),"您所按下的键为:");
}
private void Form1_KeyPress(object sender, KeyPressEventArgs e)
{
    MessageBox.Show(e.KeyChar.ToString(),"Pressed Key");
}
```

运行结果如图 5-59 与图 5-60 所示。

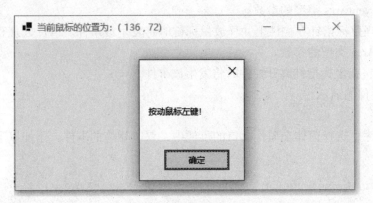

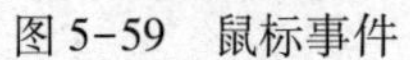
图 5-59　鼠标事件

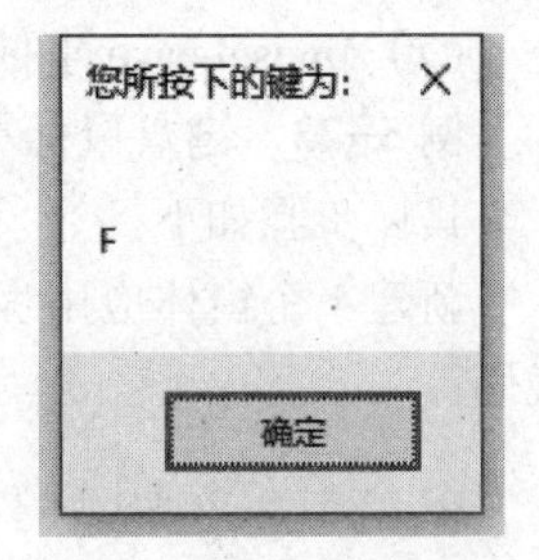

图 5-60　键盘事件

习　题　5

1. 单选题

(1) 当运行程序时，系统自动执行启动窗体的（　　）事件。

A. Click　　　　B. DoubleClick

C. Load　　　　D. Activated

(2) 在 VS 集成开发环境中有两类窗口，分别为浮动窗口和固定窗口，下面不属于浮动窗口的是（　　）。

A. 工具箱　　　　B. 属性

C. 工具栏　　　　D. 窗体

(3) 窗体中有一个年龄文本框 txtAge，下面（　　）代码可以获得文本框中的年龄值。

A. int age=txtAge

B. int age=txtAge. Text

C. int age=Convert. ToInt32（txtAge）

D. int age=int. Parse（txtAge. Text）

(4) 构建 Windows 窗体及其所使用空间的所有类的命名空间是选项（　　）。

A. System. IO　　　　B. System. Data

C. System. Text　　　　D. System. Windows. Forms

(5) 改变窗体的标题，需修改的窗体属性是（　　）。

A. Text　　　　B. Name

C. Title　　　　D. Index

2. 填空题

(1) 在 Visual Studio 中双击窗体中的某个按钮，则会自动添加该按钮的________事件。

(2) Windows 窗体应用程序的编程模型主要有________、________和________。

(3) 所有的 Windows 窗体控件都是从____________________类继承而来的，它公开的成员主要包含________、________、________。

(4) 消息对话框不是放置到窗体上的，是使用MessageBox. ________方法显示出来的。

3. 判断题

(1) 一个窗体可以有多个弹出式菜单。( )

(2) C#集成开发环境中主要有起始页、设计器视图与代码视图、解决方案资源管理器与类视图、工具箱与服务器资源管理器、属性与动态帮助等窗体。( )

(3) Resize事件会在改变窗体大小时发生。( )

(4) 重绘窗体时发生的FormClosing事件。( )

实 验 5

1. 实验目的与要求

(1) 掌握窗体的启动程序设计。

(2) 了解窗体的属性、事件和方法。

(3) 理解事件驱动的程序设计概念。

(4) 掌握控件的基本属性的应用。

(5) 掌握菜单栏的设计和使用。

2. 实验内容与步骤

实验5-1　C#创建Windows窗体应用程序，输入姓名。

步骤：

(1) 创建窗体（Form），即创建一个界面作为载体，用来设计显示页面，如图5-61所示。

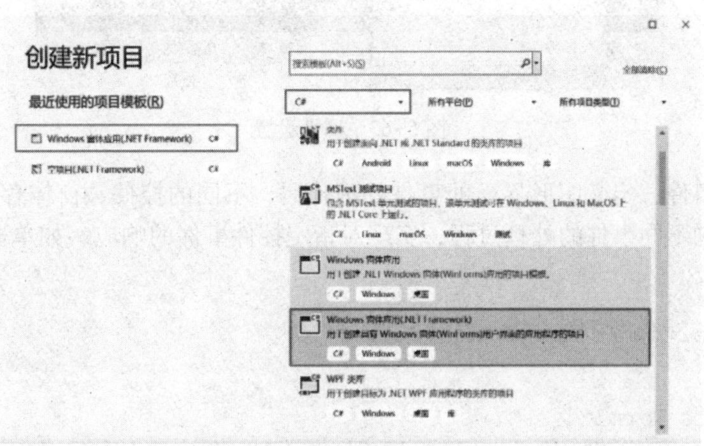

图5-61　新建项目

(2) 添加控件：根据应用程序需要，添加各种控件（包括按钮、文本框、菜单等），如图5-62所示。

(3) 属性设置：通过属性设置描述各个控件的外部特征（见图5-63）；指定各个控件在窗体中的布局（Layout），使其合理地排列在窗体上。

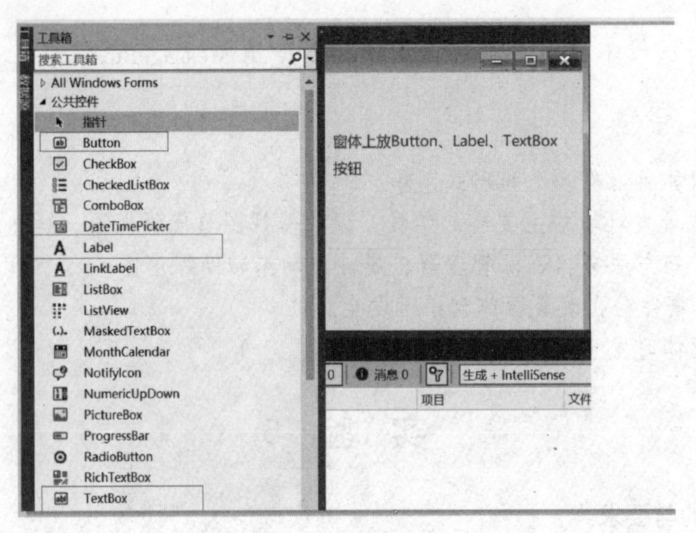

图 5-62　添加控件

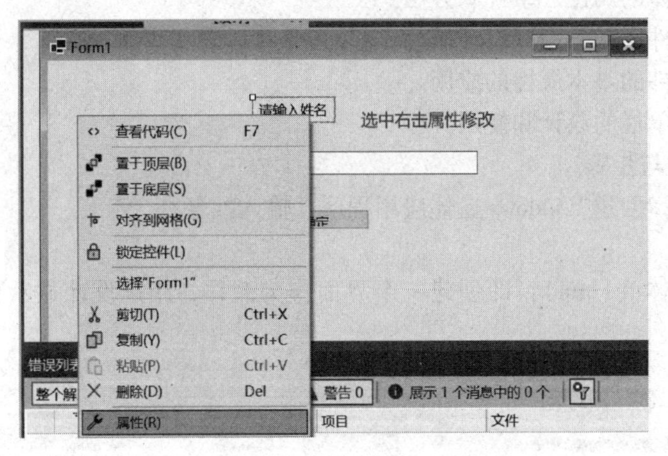

图 5-63　属性设置

（4）响应事件：定义图形界面的事件处理代码，不同的控件、窗体存在不同的事件，设置各个控件的不同事件的处理过程，实现对指定控件事件的响应，如单击按钮会触发什么样的事件。

```
public partial class Form1:Form
{
    public Form1()
    {
        InitializeComponent();
    }
    private void label1_Click(object sender, EventArgs e)
    {
    }
```

```
    private void button1_Click(object sender, EventArgs e)
    {
        MessageBox.Show(textBox1.Text+"登录成功!");
    }
}
```

运行结果如图 5-64 所示。

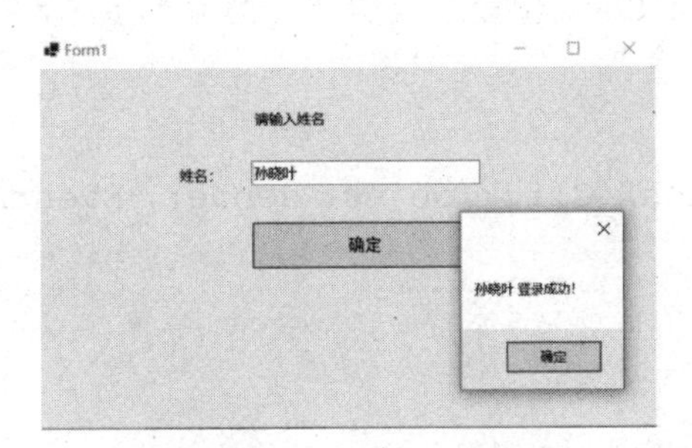

图 5-64　实验 5-1 运行结果

实验 5-2　创建 Windows 窗体应用程序，学生管理信息系统。

步骤：

（1）创建窗体（Form），即创建一个界面作为载体，用来设计显示页面。

（2）添加控件：根据应用程序需要，添加各种控件（包括按钮、文本框、菜单等），界面设计如图 5-65 所示。

图 5-65　界面设计

（3）属性设置：通过属性设置描述各个控件的外部特征；指定各个控件在窗体中的布局（Layout），使其合理地排列在窗体上。

（4）响应事件：定义图形界面的事件处理代码，不同的控件、窗体存在不同的事件，设置各个控件的不同事件的处理过程，实现对指定控件事件的响应，如单击按钮会触发什么样的事件。

```
private void button1_Click(object sender, EventArgs e)
{
    if (textBox1.Text.Trim()==""||textBox2.Text.Trim()=="")
    {MessageBox.Show("请输入用户名及密码", "登录失败");}
```

```
        if(! textBox1.Text.Equals("sxy") ||! textBox2.Text.Equals("123"))
        {
            MessageBox.Show("用户名或密码不正确!","登录");
        }
        else
        {
            MessageBox.Show("登录成功!","登录");
        }
    }
    private void button2_Click(object sender, EventArgs e)
    {
        this.Close();
    }
```

运行结果如图 5-66 与图 5-67 所示。

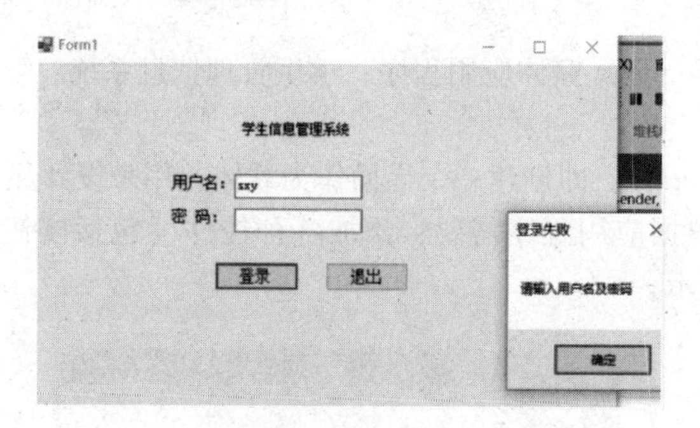

图 5-66　输入内容

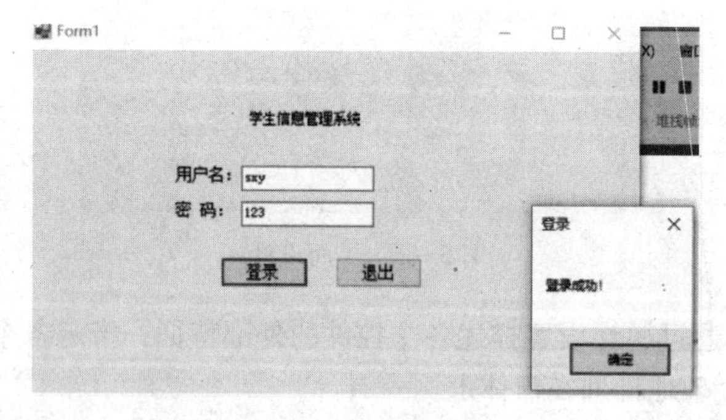

图 5-67　登录成功

第6章 文件操作

本章学习目标

(1) 理解文件和流的概念。
(2) 理解目录管理。
(3) 掌握文件的操作方法。

6.1 文件和流

在计算机中如果需要长期保存数据，以便重复使用，应将数据以文件的形式存储到外部设备中（如磁盘、U 盘、光盘或网盘等）。文件是存储在磁盘具有特定名称和目录路径的数据的集合。当一个文件被打开阅读或书写时，是按顺序进行操作的，实现内外存之间数据的交换，就形成了数据流（data stream）。数据流以字节的形式，顺序进行字节的流动读写，分为：输入流和输出流。输入流为从文件系统中读取数据，输出流为向文件中写数据。

在 C#语言中，System. IO 的命名空间有多种类，其中 Stream 类是一个抽象类，提供了将字节（读、写等）传输到源的标准方法，该读取/写入字节的类必须实现。很多类用来执行大量和文件有关的操作，例如，创建和删除文件，读写文件，关闭文件等，都继承于 Stream 类。表 6-1 列出了一些 System. IO 命名空间中常用的文件类。

表 6-1 常用文件类

I/O 类	作用
BinaryReader	以二进制流读取原始数据
BinaryWriter	以二进制形式写入原始数据
BufferedStream	字节流的临时存储
Directory	用于操作目录结构
DirectoryInfo	用于创建复合条件指令
DriveInfo	用于执行目录操作
File	用于操作文件
FileInfo	用于执行文件操作
FileStream	用于读写文件中任意位置的内容
MemoryStream	用于随机存取存储器中存储的流数据

续表

I/O 类	作用
Path	用于执行有关路径信息的操作
StreamReader	用于从字节流中读取字符
StreamWriter	用于向字节流中写字符
StringReader	用于读取字符串数组
StringWriter	用于写入字符串数组
TextReader	表示可读取有序字符系列的读取器
TextWriter	表示可以编写一个有序字符系列的编写器。此类为抽象类

6.2 目录操作

在 C#语言中，若对各种目录即文件夹进行操作，可使用 Directory 类、DirectoryInfo 类和 DriveInfo 类。

6.2.1 Directory 类

Directory 类主要用来操作文件的路径，该类是密封类，所有方法都是静态的，不可创建实例，直接调用，常用的方法如下。

CreateDirectory()：创建文件夹。

Delete()：删除文件夹。

GetDirectories()：获取指定目录下的子文件夹，返回的是一个字符串数组。

GetFiles()：获取指定目录下的同类型的文件，返回的是一个字符串数组。

Exists()：判断文件夹是否存在，如果存在返回 True，否则 False。

例 6-1 新建 1 个控制台应用程序，编写代码如下：

```
Directory.CreateDirectory(@ "D:\a");                 //创建文件夹 a
Directory.CreateDirectory(@ "D:\b");                 //创建文件夹 b
Directory.Delete(@ "D:\b",true);                     //删除文件夹 b
string[]path = Directory.GetDirectories(@ "C:\"); //获取 C 盘下所有文件夹
for (int i = 0; i <= path.Length - 1; i++)
{
    Console.WriteLine(path[i]);
}
path = Directory.GetFiles(@ "D:\","* .txt");      //获取 D 盘下所有文本文件
for (int i = 0; i <= path.Length - 1; i++)
{
    Console.WriteLine(path[i]);
```

```
}
if (Directory.Exists(@ "D:\a"))                //判断 D 盘下文件夹 a 是否存在
{
    Console.WriteLine("文件夹存在");
}
```

可打开 D 盘观察是否创建文件夹 a，运行结果如图 6-1 所示。

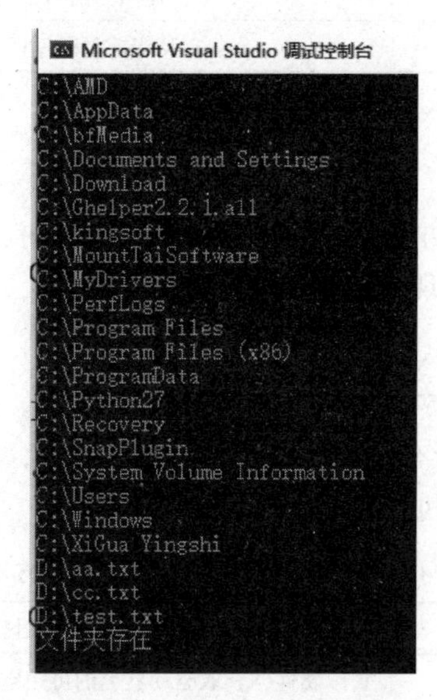

图 6-1　例 6-1 运行结果

6.2.2　DirectoryInfo 类

DirectoryInfo 类派生自 FileSystemInfo 类。它提供了各种用于创建、移动、浏览目录和子目录的方法。该类不能被继承。

表 6-2 列出了 DirectoryInfo 类中一些常用的属性。

表 6-2　DirectoryInfo 类的常用属性表

属性	作用
Attributes	获取当前文件或目录的属性
CreationTime	获取当前文件或目录的创建时间
Exists	获取一个表示目录是否存在的布尔值
Extension	获取表示文件存在的字符串
FullName	获取目录或文件的完整路径
LastAccessTime	获取当前文件或目录最后被访问的时间
Name	获取该 DirectoryInfo 实例的名称

表 6-3 列出了 DirectoryInfo 类中一些常用的方法。

表 6-3　DirectoryInfo 类的常用方法表

方法	作用
Create( )	创建一个目录
CreateSubdirectory(string path)	在指定的路径上创建子目录。指定的路径可以是相对于 DirectoryInfo 类的实例的路径
Delete( )	如果为空，则删除该 DirectoryInfo
GetDirectories( )	返回当前目录的子目录
GetFiles( )	从当前目录返回文件列表

6.2.3　DirveInfo 类

查看计算机驱动器信息的方法主要包括查看磁盘的空间、磁盘的文件格式、磁盘的卷标等，可通过 DriveInfo 类来实现。DriveInfo 类是一个密封类，即不能被继承，其仅提供了一个构造方法，语法形式如下：

```
Driveinfo(string driveName)
```

其中，dirveName 参数是指有效驱动器路径或驱动器号，Null 值是无效的。

DriveInfo 类中的常用属性和方法见表 6-4。

表 6-4　DriveInfo 类中的常用属性和方法表

属性或方法	作用
AvailableFreeSpace	只读属性，获取驱动器上的可用空闲空间量（以字节为单位）
DriveFormat	只读属性，获取文件系统格式的名称，如 NTFS 或 FAT32
DriveType	只读属性，获取驱动器的类型，如 CD-ROM、可移动驱动器、网络驱动器或固定驱动器
IsReady	只读属性，获取一个指示驱动器是否已准备好的值，True 为准备好了，False 为未准备好
Name	只读属性，获取驱动器的名称，如 C:\
RootDirectory	只读属性，获取驱动器的根目录
TotalFreeSpace	只读属性，获取驱动器上的可用空闲空间总量（以字节为单位）
TotalSize	只读属性，获取驱动器上存储空间的总大小（以字节为单位）
VolumeLabel	可设置属性，获取或设置驱动器的卷标
Driveinfo [ ] GetDrives ( )	静态方法，检索计算机上所有逻辑驱动器的驱动器名称

例 6-2　显示驱动器名称及目录名。

步骤：新建 1 个窗体应用程序，在窗体设计窗口添加相应控件，见表 6-5。

表 6-5　例 6-2 的对象设置属性值

对象名	属性	设置值
Form1	Text	目录显示
comboBox1	—	—
listBox1	—	—

双击窗体进入代码窗口，编写代码如下：

```
private void Form1_Load(object sender,EventArgs e)
{
    DriveInfo[] disk = DriveInfo.GetDrives();   //获取驱动器
    foreach (DriveInfo dddd in disk)
    {
      comboBox1.Items.Add(dddd.Name);           //添加到 comboBox1 中
    }
}
```

回到窗口设计界面，再次双击 ComboBox 控件，进入代码窗口，输入以下代码：

```
private void comboBox1_SelectedIndexChanged(object sender,EventArgs e)
{
    listBox1.Items.Clear();                     //清空节点
    DirectoryInfo dirinfo = new DirectoryInfo(comboBox1.Text);
    foreach (DirectoryInfo dir in dirinfo.GetDirectories())
    {
        listBox1.Items.Add(dir);
    }
}
```

运行结果如图 6-2 所示。

图 6-2　例 6-2 运行结果

根据选取的驱动器名称，显示出该驱动器下的所有文件夹。

6.3 文件管理

6.3.1 文件类

在 C#语言中，若对文件进行操作，所使用的类为 File 类和 FileInfo 类，可以实现文件的创建、更改文件的名称、删除文件、移动文件等操作。它们的区别在于：File 类是静态类，其成员也是静态的，通过类名即可访问类的成员；FileInfo 类不是静态成员，其类的成员需要类的实例来访问。

1. File 类

在 File 类中，对文件操作的常用方法见表 6-6。

表 6-6 文件操作的常用方法

方法	作用
Create()	在指定路径中创建或覆盖文件
Copy()	将现有文件复制到新文件
Move()	将指定文件移到新位置，并提供指定新文件名的选项
Delete()	删除指定的文件
Exists()	确定指定的文件是否存在
ReadAllText()	打开一个文本文件，将文件的所有行读入一个字符串，然后关闭该文件
AppendAllText()	将指定的字符串追加到文件中，如果文件还不存在则创建该文件

2. FileInfo 类

FileInfo 类和 File 类的作用类似，都是用来操作文件的，但 FileInfo 类不是静态的。

(1) FileInfo 类的常用属性见表 6-7。

表 6-7 FileInfo 类的常用属性

属性	作用
Attributes	获取当前文件的属性
CreationTime	获取当前文件的创建时间
Directory	获取文件所属目录的一个实例
Exists	获取一个表示文件是否存在的布尔值
Extension	获取表示文件存在的字符串
FullName	获取文件的完整路径
LastAccessTime	获取当前文件最后被访问的时间
LastWriteTime	获取文件最后被写入的时间
Length	获取当前文件的大小，以字节为单位
Name	获取文件的名称

（2）FileInfo 类的常用方法见表 6-8。

表 6-8　FileInfo 类的常用方法表

方法	描述
Create()	创建一个文件
Delete()	永久删除一个文件
MoveTo	移动一个指定的文件到一个新的位置，提供选项来指定新的文件名
Open	以指定的模式打开一个文件
OpenRead()	创建一个只读的 FileStream
OpenWrite()	创建一个只写的 FileStream

例 6-3　新建 1 个控制台应用程序，编写代码如下：

```
DirectoryInfo dir = new DirectoryInfo(@ "c:\Windows");
                                        //创建 DirectoryInfo 对象
FileInfo[] f = dir.GetFiles();   //获取目录中的文件及它们的名称和大小
foreach (FileInfo file in f)
{
    Console.WriteLine("文件名: {0};文件大小: {1}",file.Name,file.Length);
}
```

运行结果如图 6-3 所示。

图 6-3　例 6-3 运行结果

3. FileStream 类

FileStream 类派生自抽象类 Stream，可实现文件的读写与关闭。

（1）FileAccess 是枚举类型，用来定义文件的读取、写入或读/写访问权限的常量，枚举值如下。

Read：以只读方式打开文件。

Write：以写方式打开文件。

ReadWrite：以读写方式打开文件。

（2）FileMode 是枚举类型，用来设置文件打开或创建的方式，枚举值如下。

CreateNew：创建新文件，如果文件已经存在，则会抛出异常。

Create：创建文件，如果文件不存在，则删除原来的文件，重新创建文件。

Open：打开已经存在的文件，如果文件不存在，则会抛出异常。

OpenOrCreate：打开已经存在的文件，如果文件不存在，则创建文件。

Truncate：打开已经存在的文件，并清除文件中的内容，保留文件的创建日期。如果文件不存在，则会抛出异常。

Append：打开文件，用于向文件中追加内容，如果文件不存在，则创建一个新文件。

（3）FileShare 是枚举类型，主要用于设置多个对象同时访问同一个文件时的访问控制，枚举值如下。

None：谢绝共享当前的文件。

Read：允许随后打开文件读取信息。

ReadWrite：允许随后打开文件读写信息。

Write：允许随后打开文件写入信息。

Delete：允许随后删除文件。

Inheritable：使文件句柄可由子进程继承。

（4）FileOptions 是枚举类型，用于创建文件的高级选项，包括文件是否加密等操作，枚举值如下。

WriteThrough：指示系统应通过任何中间缓存、直接写入磁盘。

None：指示在生成 System. IO. FileStream 对象时不应使用其他选项。

Encrypted：指示文件是加密的，只能通过用于加密的同一用户账户来解密。

DeleteOnClose：指示当不再使用某个文件时自动删除该文件。

SequentialScan：指示按从头到尾的顺序访问文件。

RandomAccess：指示随机访问文件。

Asynchronous：指示文件可用于异步读取和写入。

例 6-4 FileStream 类的演示。

步骤：新建 1 个控制台应用程序，编写代码如下：

```
FileStream file = new FileStream("bytefile.dat",FileMode.OpenOrCreate,
FileAccess.ReadWrite);
for (int i = 0; i < 10; i++)
    file.WriteByte((byte)i);
file.Position = 0;
for (int i = 0; i < 10; i++)
    Console.Write(file.ReadByte() + " ");
file.Close();
```

运行结果如图 6-4 所示。

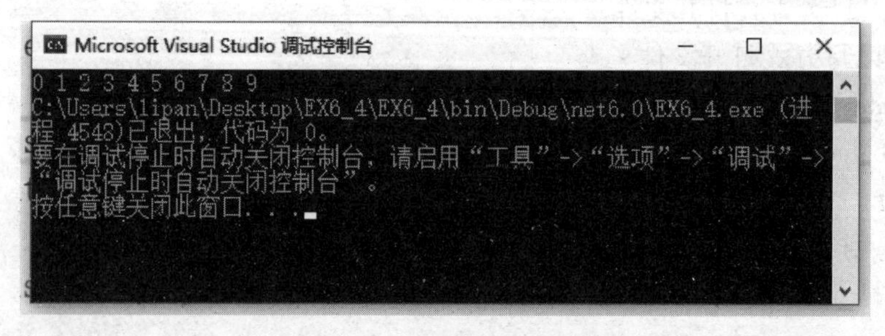

图 6-4 例 6-4 运行结果

6.3.2　文本文件的读写

文本文件是一种由若干行字符构成的计算机文件，是基于字符编码的文件，常见的编码有 ASCII 编码、UNICODE 编码等。StreamReader 和 StreamWriter 类用于文本文件的数据读写，这些类从抽象基类 Stream 继承，Stream 支持文件流的字节读写。

1. StreamReader 类

StreamReader 类继承自抽象基类 TextReader，表示读取一组字符。

StreamReader 类的常用方法见表 6-9。

表 6-9　StreamReader 类的常用方法表

方法	作用
Close()	关闭 StreamReader 对象和基础流，并释放系统资源
Peek()	返回下一个可用的字符，但不使用它
Read()	从输入流中读取下一个字符，并把字符位置往前移一个字符

2. StreamWriter 类

StreamWriter 类继承自抽象类 TextWriter，表示写入一组字符。

StreamWriter 类的常用方法见表 6-10。

表 6-10　StreamWriter 类的常用方法表

方法	作用
Close()	关闭当前的 StreamWriter 对象和基础流
Flush()	清理当前编写器的所有缓冲区，使得所有缓冲数据写入基础流
Write()	把文本写入到流中
WriteLine()	把行结束符写入到文本字符串或流中

例 6-5　文本文件读写。

步骤：新建 1 个控制台应用程序，编写代码如下：

```
string[] tangshi = new string[] { "静夜思","【唐】李白","床前明月光,疑是地上霜。","举头望明月,低头思故乡。"};
// 写入文件
using (StreamWriter txtw = new StreamWriter("D:/tangshi.txt"))
{
    foreach (string s in tangshi)
        txtw.WriteLine(s);
}
// 从文件中读取并显示每行
string line = "";
using (StreamReader txtr = new StreamReader("D:/tangshi.txt"))
{
    while ((line = txtr.ReadLine()) != null)
```

```
        Console.WriteLine(line);
    }
```

运行结果如图 6-5 所示。

图 6-5　例 6-5 运行结果

6.3.3　二进制文件的读写

二进制文件是基于值编码的文件，一般是可执行程序、图形、图像、声音等，用户不能直接读懂它们，只有通过相应的软件才能将其显示出来。

1. BinaryReader 类

BinaryReader 类用于从文件读取二进制数据。

BinaryReader 类的常用方法见表 6-11。

表 6-11　BinaryReader 类的常用方法

方法	作用
Close()	关闭 BinaryReader 对象和基础流
Read()	从基础流中读取字符，并把流的当前位置往前移
ReadBoolean()	从当前流中读取一个布尔值，并把流的当前位置往前移一个字节
ReadByte()	从当前流中读取下一个字节，并把流的当前位置往前移一个字节
ReadChar()	从当前流中读取指定数目的字节，在一个字符数组中返回数组并把流的当前位置按照所使用的编码和从流中读取的指定的字符往前移
ReadDouble()	从当前流中读取一个 8 字节浮点值，并把流的当前位置往前移 8 个字节
ReadInt32()	从当前流中读取一个 4 字节有符号整数，并把流的当前位置往前移 4 个字节
ReadString()	从当前流中读取一个字符串

2. BinaryWriter 类

BinaryWriter 类用于向文件写入二进制数据。

BinaryWriter 类的常用方法见表 6-12。

表 6-12　BinaryWriter 类的常用方法

方法	作用
Close()	关闭 BinaryWriter 对象和基础流
Flush()	清理当前编写器的所有缓冲区，使得所有缓冲数据写入基础设备
Seek(int offset，SeekOrigin origin)	设置当前流内的位置
Write()	把数据写入到当前流中

例 6-6　二进制文件读写。

步骤：新建1个控制台应用程序，编写代码如下：

```
int sum = 100;
string str = "Hello,C#!";
FileStream fsw = new FileStream("D:/Binary_file",FileMode.Create);
BinaryWriter twow=new BinaryWriter(fsw);
//写入文件
twow.Write(sum);
twow.Write(str);
twow.Close();
//读取文件
FileStream fsr = new FileStream("D:/Binary_file",FileMode.Open);
BinaryReader twor=new BinaryReader(fsr);
int sumr = twor.ReadInt32();
Console.WriteLine("整型数据为:{0}",sumr);
string strr = twor.ReadString();
Console.WriteLine("字符串为:{0}",strr);
twor.Close();
```

当上面的代码被编译和执行时，运行结果如图6-6所示。

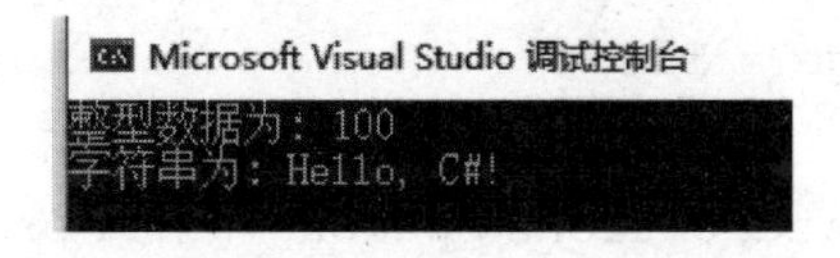

图6-6　例6-6运行结果

6.3.4　对象的序列化

本节主要介绍对Json（javascript object notation）对象的序列化和反序列化。Json对象是一种轻量级的数据交换格式，采用完全独立于语言的文本格式，易于人的阅读和编写，同时也易于机器解析和生成，是非常理想的数据交换语言。序列化是指将对象转换成字节流，从而存储对象或将对象传输到内存、数据库或文件的过程。它的主要用途是保存对象的状态，以便能够在需要时重新创建对象。反向过程称为“反序列化”。Json有对象和数组共2种结构，格式如下。

（1）对象格式：{"key1"：obj,"key2"：obj,"key3"：obj，...}；

（2）数组格式：[obj，obj，obj，...]。

在C#语言中使用JsonSerializer类，将对象或值类型序列化为Json及将Json反序列化为对象或值类型的功能，它属于命名空间：System.Text.Json。

JsonSerializer类主要包括2个常用方法，具体如下。

（1）JsonSerializer.Serialize（）方法：序列化。

（2）JsonSerializer.Deserialize（）方法：反序列化。

JsonSerializerOptions 类的 WriteIndented 属性获取或设置一个值，该值指示 JSON 是否应使用漂亮的打印输出。默认为 False。

例 6-7 JSON 文件的序列化和反序列化。

步骤：新建 1 个控制台应用程序，编写代码如下：

```
public class StudentInfo
{
    public string StudentID { get; set; }
    public string StudentName { get; set; }
    public int StudentAge { get; set; }
    public bool StudentSex { get; set; }
}
internal class Program
{
    static void Main(string[] args)
    {
        StudentInfo student = new StudentInfo
        {
          StudentID = "22012101",
          StudentName = "钱云",
          StudentAge = 19,
        };
        JsonSerializerOptions options = new JsonSerializerOptions
        {
          WriteIndented = true,
        };
         string json = System.Text.Json.JsonSerializer.Serialize<
StudentInfo>(student,options);
        Console.WriteLine(json);
        File.WriteAllText(@"test.json",json);
        string j = File.ReadAllText(@"test.json");
        StudentInfo f = JsonSerializer.Deserialize<StudentInfo>(j,
options);
        Console.WriteLine("学号:{0}\n 姓名:{1}\n 年龄:{2}",f.StudentID,
f.StudentName,f.StudentAge);
    }
}
```

运行结果如图 6-7 所示。

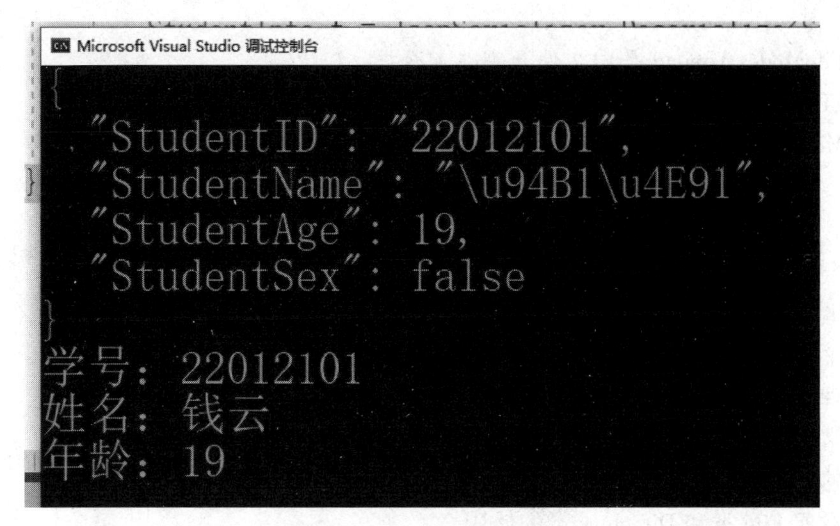

图6-7　例6-7运行结果

习　题　6

1. 单选题

(1) 在使用 FileStream 打开一个文件时，通过使用 FileMode 枚举类型的（　　）成员，来指定操作系统打开一个现有文件并把文件读写指针定位在文件尾部。

A. Append　　B. Create　　C. CreateNew　　D. Truncate

(2) 指定操作系统读取文件方式中的 FileMode . Create 的含义是（　　）。

A. 打开现有文件

B. 指定操作系统应创建文件，如果文件存在，将出现异常

C. 打开现有文件，若文件不存在，出现异常

D. 指定操作系统应创建文件，如果文件存在，将被改写

2. 填空题

(1) StreamWriter 的________方法，可以向文本文件写入一行带回车和换行的文本。

(2) public static string GetCurrentDirectory( ) 的功能____________________。

(3) 一般利用____________从二进制文件中读取数据，利用____________向二进制文件中写入数据。

(4) ________是指在各种存储介质上永久存储的数据的集合，它是进行数据读写操作的基本对象。

(5) ________是字节序列的抽象概念，例如，文件、输入/输出设备、内部进程通信管道或 TCP/IP 套接字等均可以看成流。

3. 判断题

(1) 当方法的修饰符设为 protected 时，表示该方法可以被处于同一个工程的文件访问。(　　)

(2) FileStream 类的 CanRead 属性用来获取一个值，该值指示当前文件流是否支持读

取操作。(　　)

(3) FileMode. Append 是向文件开头追加数据。(　　)

(4) Create 方法是删除一个文件。(　　)

(5) Move 方法是将文件或目录移动到新位置。(　　)

实　验　6

1. 实验目的与要求

(1) 了解文件和流的基本概念。

(2) 理解文本文件和二进制文件的区别及使用场景。

(3) 掌握文件和目录的创建、删除、改名等操作。

(4) 熟悉 C#文件系统的操作方法。

(5) 掌握 File 类和 Directory 类的使用。

2. 实验内容与步骤

实验 6-1　C#中 File 类和 FileInfo 类都是用来操作文件的，且作用相似，都能完成创建文件、更改文件名称、删除文件、移动文件等操作。

```
class Programma
{
    static void Main(string[] args)
    {
        //在 D 盘的 code 文件夹下创建名为 test1.txt 的文件,并获取该文件的
          相关属性,然后将其移动到 D 盘下的 code-1 文件夹中。
        Directory.CreateDirectory(@ "D:\code");
        FileInfo fileInfo=new FileInfo(@ "D:\code\test1.txt");
        if (! fileInfo.Exists)
            fileInfo.Create().Close();//创建文件。Close()关闭流并释放
                                        与之关联的所有资源
        fileInfo.Attributes=FileAttributes.Normal;
        Console.WriteLine("文件名:"+fileInfo.Name);
        Console.WriteLine("文件父目录:"+fileInfo.Directory);
        Console.WriteLine("文件的完整目录:"+fileInfo.FullName);
        Console.WriteLine("目录的完整路径:"+fileInfo.DirectoryName);
        Console.WriteLine("文件创建时间:"+fileInfo.CreationTime);
        Console.WriteLine("文件扩展名:"+fileInfo.Extension);
        Console.WriteLine("文件是否只读:"+fileInfo.IsReadOnly);
        Console.WriteLine("上次访问文件时间:"+fileInfo.LastAccessTime);
        Console.WriteLine("上次写入文件时间:"+fileInfo.LastWriteTime);
        Console.WriteLine("文件大小:"+fileInfo.Length);
        //将文件移动到 code-1 文件夹下
```

```
            Directory.CreateDirectory("D:\code-1");
            //判断目标文件夹中是否含有文件 test1.txt
             FileInfo newFileInfo = new FileInfo (@ "D:\code-1\test1.
txt");//判断 code-1 文件夹下是否存在 test1.txt
            if (! newFileInfo.Exists)
            {
                fileInfo.MoveTo(@ "D:\code-1\test1.txt");//不存在则移动
                                                                文件
                Console.WriteLine("移动后文件的完整目录:"+fileInfo.Full-
                                      Name);
            }
            else
                Console.WriteLine(fileInfo.FullName+"文件存在没移动");
        }
    }
```

运行结果如图 6-8 所示。

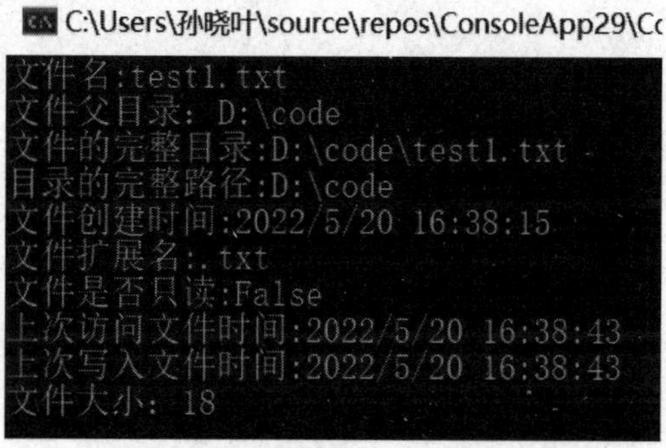

```
C:\Users\孙晓叶\source\repos\ConsoleApp29\Cc
文件名:test1.txt
文件父目录: D:\code
文件的完整目录:D:\code\test1.txt
目录的完整路径:D:\code
文件创建时间:2022/5/20 16:38:15
文件扩展名:.txt
文件是否只读:False
上次访问文件时间:2022/5/20 16:38:43
上次写入文件时间:2022/5/20 16:38:43
文件大小: 18
```

图 6-8 实验 6-1 运行结果

实验 6-2 创建一个程序，从控制台中读取用户输入的文本内容，如果用户输入一个空行，表示结束输入，需要将用户已经输入的文本内容写入到文件中。

```
class Program
{
    static void Main(string[] args)
    {
        string path = @ "D:\code\test.txt";//设置保存 txt 文件的路径
        File.Create(path).Close();

        using (StreamWriter sr = File.AppendText(path))
        {
            string str = Console.ReadLine();//输入 str 字符串,输入空行
```

则关闭

```
            sr.WriteLine(str);
            sr.Close();
            Console.WriteLine(File.ReadAllText(path));
        }
    }
}
```

运行结果如图 6-9 所示。

图 6-9　实验 6-2 运行结果

第 7 章　数据库开发

本章学习目标

（1）了解数据库和 ADO. NET 的基本概念。

（2）理解 . NET 数据提供程序；掌握 SQL 命令的用法。

（3）ADO. NET 对象及 ADO. NET 控件的应用。

（4）LINQ 的应用。

7.1　关系型数据库和非关系型数据库

数据库（database，DB），简而言之可视为电子化的文件柜——存储电子文件的处所，实际上就是一个文件集合，是一个存储数据的仓库，本质就是一个文件系统。用户可以对文件中的数据进行新增、截取、更新、删除等操作。

所谓“数据库”，是以一定方式储存在一起、能与多个用户共享、具有尽可能小的冗余度、与应用程序彼此独立的数据集合。

数据：能够输入到计算机中并被识别处理的信息的集合。

数据结构：组成一个数据集合的数据之间的关系。

数据库：按照一定的数据结构，存储数据的仓库。数据库是在数据库管理系统管理和控制下，在一定介质上的数据集合。

数据库管理系统：数据库管理软件，用于建立维护操作数据库。

数据库系统：由数据库和数据库管理系统等开发工具组成的集合。

最常用的数据库模型主要是两种，即关系型数据库和非关系型数据库。

关系型数据库：经过数学理论验证可以保存现实生活中的各种关系数据，数据库中存储数据以表为单位。指采用了关系模型来组织数据的数据库。

非关系型数据库：通常用来解决某些特定的需求，如数据缓存、高并发访问。指非关系型的、分布式的且一般不保证遵循 ACID 原则的数据存储系统。存储数据的形式有多种，如 Redis 数据库：通过键值对的形式存储数据。

7.1.1　关系型数据库

1. 关系模型中常用的概念

关系：一张二维表，每个关系都具有一个关系名，也就是表名。

元组：二维表中的一行，在数据库中称为记录。

属性：二维表中的一列，在数据库中称为字段。

域：属性的取值范围，也就是数据库中某一列的取值限制。

关键字：一组可以唯一标识元组的属性，在数据库中常称为主键，由一个或多个列组成。

关系模式：指对关系的描述。其格式为：关系名（属性 1，属性 2，……，属性 N），在数据库中称为表结构。

2. 关系型数据库的优点

（1）容易理解：二维表结构是非常贴近逻辑世界的一个概念，关系模型相对网状、层次等其他模型来说更容易理解。

（2）使用方便：通用的 SQL 语言使得操作关系型数据库非常方便。

（3）易于维护：数据一致性高，冗余低，数据完整性好，便于操作。

（4）技术成熟：功能强大，支持很多复杂操作。

3. 关系型数据库存在的问题

（1）网站的用户并发性非常高，往往达到每秒上万次读写请求，对于传统关系型数据库来说，硬盘 I/O 是一个很大的瓶颈。

（2）网站每天产生的数据量是巨大的，对于关系型数据库来说，在一张包含海量数据的表中查询，效率是非常低的。

（3）在基于 Web 的结构当中，数据库是最难进行横向扩展的，当一个应用系统的用户量和访问量与日俱增的时候，数据库却没有办法像 Web Server 和 App Server 那样简单地通过添加更多的硬件和服务节点来扩展性能和负载能力。当需要对数据库系统进行升级和扩展时，往往需要停机维护和数据迁移。

（4）性能欠佳：在关系型数据库中，导致性能欠佳的最主要原因是多表的关联查询，以及复杂的数据分析类型的复杂 SQL 报表查询。为了保证数据库的 ACID 特性，必须尽量按照其要求的范式进行设计，关系型数据库中的表都是存储一个格式化的数据结构。

数据库事务必须具备 ACID 特性，ACID 分别是 atomic（原子性）、consistency（一致性）、isolation（隔离性）、durability（持久性）。

4. 主流关系型数据库简介

MySQL：2008 年被 Sun 公司收购，2009 年，Sun 被 Oracle 收购，开源免费，到 Oracle 发布了 5.0 版本（使用了 Oracle 核心技术性能提高 30%），因为 Oracle 数据库地位受到威胁，计划把 MySQL 闭源，于是原 MySQL 程序员出去单干，发布了 MariaDB 数据库（该程序员女儿叫 Maria），市场排名第一。

Oracle：闭源、最贵、性能最高，市场排名第二。

SQLServer：微软公司的产品，市场排名第三，主要应用在 .NET（C#）开发的网站中。

DB2：IBM 公司有做网站的完整解决方案［操作系统、Web 服务器（如 tomcat）、数据库等］，主要应用在银行等国有大型企业中。

SQLite：轻量级数据库，只有几十 KB，一般应用在嵌入式和移动设备中。

7.1.2 非关系型数据库

非关系型数据库以键值对存储，且结构不固定，每一个元组可以有不一样的字段，每个元组可以根据需要增加一些自己的键值对，不局限于固定的结构，可以减少一些时间和空间的开销。

1. 非关系型数据库的优点

（1）用户可以根据需要去添加自己需要的字段，为了获取用户的不同信息，不像关系型数据库中，要对多表进行关联查询。仅需要根据 id 取出相应的 value 就可以完成查询。

（2）适用于 SNS（social networking services）中，如 facebook、微博。系统的升级，功能的增加，往往意味着数据结构的巨大变动，这一点关系型数据库难以应付，需要新的结构化数据存储。由于不可能用一种数据结构化存储应付所有的新的需求，因此，非关系型数据库严格意义上不是一种数据库，应该是一种数据结构化存储方法的集合。

2. 非关系型数据库的缺点

只适合存储一些较为简单的数据，对于需要进行较复杂查询的数据，关系型数据库显得更为合适。不适合持久存储海量数据。

3. 主流非关系型数据库简介

HBase：列式存储，以流的方式在列中存储所有的数据。对于任何记录，索引都可以快速地获取列上的数据；列式存储支持行检索，但这需要从每个列获取匹配的列值，并重新组成行。HBase（hadoop database）是一个高可靠性、高性能、面向列、可伸缩的分布式存储系统，利用 HBase 技术可在廉价 PC Server 上搭建起大规模结构化存储集群。HBase 是 Google BigTable 的开源实现，模仿并提供了基于 Google 文件系统的 BigTable 数据库的所有功能。

Redis：一个 key-value 存储系统。key 为字符串类型，只能通过 key 对 value 进行操作，支持的数据类型包括 string、list、set、zset（有序集合）和 hash。Redis 支持主从同步，数据可以从主服务器向任意数量的从服务器上同步。

MongoDB：一个基于分布式文件存储的开源数据库系统，为 Web 应用提供可扩展的高性能数据存储解决方案。MongoDB 将数据存储为一个文档，数据结构由键值（key value）对组成。

Neo4j：是一个高性能的 NoSQL 图形数据库，把数据保存为图中的节点及节点之间的关系。Neo4j 中两个最基本的概念是节点和边节点表示实体，边则表示实体之间的关系。节点和边都可以有自己的属性，不同实体通过各种不同的关系关联起来，形成复杂的对象图。

4. 非关系型数据库分类

非关系型数据库都是针对某些特定的应用需求出现的，因此，对于该类应用，具有极高的性能。依据结构化方法及应用场合的不同，主要分为以下几类。

1）文档型数据库

这类数据库的主要特点是在海量的数据中可以快速地查询数据。

文档存储通常使用内部表示法，可以直接在应用程序中处理，主要是 JSON。JSON 文档也可以作为纯文本存储在键值存储或关系数据库系统中。

主流代表为 MongoDB、Amazon DynamoDB、Couchbase、Microsoft Azure Cosmos DB 和 CouchDB，见表 7-1。

表 7-1 文档型

举例	CouchDB、MongoDB
典型应用场景	Web 应用（与 key-value 类似，value 是结构化的，不同的是数据库能够了解 value 的内容）
数据模型	key-value 为对应的键值对，value 为结构化数据
强项	数据结构要求不严格，表结构可变，不需要预先定义表结构
弱项	查询性能不高，而且缺乏统一的查询语法

2）键值型数据库

key-value 数据库的主要特点是具有极高的并发读写性能。

key-value 数据库是一种以键值对存储数据的一种数据库，类似 Java 中的 map。可以将整个数据库理解为一个大的 map，每个键都会对应一个唯一的值。

主流代表为 Redis、Amazon DynamoDB、Memcached、Microsoft Azure Cosmos DB 和 Hazelcast，见表 7-2。

表 7-2 key-value 型

举例	Redis、Voldemort、Oracle Berkeley DB
典型应用场景	内容缓存，主要用于处理大量数据的高访问负载，也用于一些日志系统等
数据模型	key 指向 value 的键值对，通常用 hash table 来实现
强项	查询速度快
弱项	数据无结构化，通常只被当作字符串或二进制数据

3）图形数据库

Neo4j 提供了在对象图上进行查找和遍历的功能：深度搜索、广度搜索。它的特点是完整的 ACID 支持；高可用性；轻易扩展到上亿级别的节点和关系；通过遍历工具高速检索数据；属性是由 key-value 键值对组成。应用于社交网络、歌曲信息、状态图。

主流代表为 Neo4j、InfoGrid、Infinite Graph，见表 7-3。

表 7-3 图形数据库

举例	Neo4j、InfoGrid、Infinite Graph
典型应用场景	专注于构建关系图谱，如社交网络、推荐系统等
数据模型	图结构
强项	利用图结构相关算法。如最短路径寻址、N 度关系查找等
弱项	很多时候需要对整个图做计算才能得出需要的信息，而且这种结构不太好做分布式的集群方案

4）列存储数据库

这类数据库的主要特点是具有很强的可拓展性。

普通的关系型数据库都是以行为单位来存储数据的，擅长以行为单位的读入处理，如特定条件数据的获取。因此，关系型数据库也被称为面向行的数据库。相反，面向列的数据库是以列为单位来存储数据的，擅长以列为单位读入数据。

这类数据库想解决的问题就是传统数据库存在可扩展性上的缺陷，这类数据库可以适应数据量的增加及数据结构的变化，将数据存储在记录中，能够容纳大量动态列。由于列名和记录键不是固定的，并且由于记录可能有数十亿列，因此可扩展性存储可以看作是二维键值存储。

主流代表为 Cassandra、HBase、Riak、Microsoft Azure Cosmos DB、Datastax Enterprise 和 Accumulo，见表 7-4。

表 7-4　列式数据库

举例	Cassandra、HBase、Riak
典型应用场景	分布式的文件系统
数据模型	以列簇式存储，将同一列数据存在一起
强项	查询速度快，可扩展性强，更容易进行分布式扩展
弱项	功能相对局限

7.2　ADO.NET 简介

ADO.NET 是 .NET 的数据库访问组件，由 ADO 发展而来。ADO 全称为 activex data objects（ActiveX 数据对象），于 1996 年由微软发布，它的作用是在 ODBC 和 OLE DB 接口之上建立统一的数据库访问编程模型。ADO.NET 是核心的一组数据访问服务的类，为创建分布式数据共享应用程序提供一组丰富的组件，它提供了对关系和非关系数据、XML 和应用程序数据的访问。ADO.NET 支持多种开发需求，包括创建由应用程序、工具、语言或 Internet 浏览器使用的前端数据库客户端和中间层业务对象。它使用 Microsoft.Data.SqlClient 命名空间可存取 SQL Server 数据库中的数据，使用 System.Data.Odbc 或 System.Data.Oledb 来存取其他数据库中的数据。

ADO.NET 里面最主要的类为 DataSet 类，它是独立于任何数据源而进行数据访问的，可以用于多种不同的数据源，用于 XML 数据，或者用于管理应用程序本地的数据。DataSet 包含 1 个或多个 DataTable 对象的集合，这些对象由数据行和数据列及有关 DataTable 对象中数据的主键、外键、约束和关系信息组成。DataSet 类似对物理数据库在内存新建 1 个副本，数据库的结构关系和 C#里提供的处理对象的对应见表 7-5。

表 7-5　对应关系表

名称	对象	作用
数据库	DataSet	表示数据库
表	DataTable	DataSet 中创建的表
列	DataColumn	与列有关的信息，包括列的名称、类型和属性
行	DataRow	表示 DataTable 中的记录

1. Connection 对象

该对象用来连接数据库，包括数据定位和打开数据库，数据库访问完毕之后关闭。使用这个对象前应导入 System. Data 和 System. SqlClient 两个命名空间。

Connection 对象创建的语法：

```
SqlConnection conn=new SqlConnection(ConnectionString);
```

参数 ConnectionString 用来指定数据库的链接方式，参数与参数之间用“;”分隔开，它包括以下几部分内容。

（1）Data Source：设置数据源的实际路径。

（2）Database 或 Initial Catalog：设置数据库的名称。

（3）Integrated Security=True（Windows 登录账户登录）或 Pwd User ID（数据库登录，用户名登录）：设置连接数据库的方式。

例如：

```
SqlConnection conn=new SqlConnection("Data Source=.; Initial Catalog=HrManage; Integrated Security=True");
```

Connection 对象的方法如下。

（1）Open( ) 方法，打开数据连接，ConnectionString 属性并没有真正地打开数据库，必须由 Open( ) 方法来打开，打开的方式由 ConnectionString 的属性指定。

（2）Close( ) 方法：关闭数据库连接，数据源使用后，务必记得关闭数据连接。

2. Command 对象及其使用

（1）常用属性如下。

CommandType 属性：枚举类型，取值为 StoredProcedure 是设置为要访问的存储过程的名称。取值为 TableDirect 是设置为要访问的表的名称；取值为 Text 是设置 SQL 文本命令（默认）。

CommandText 属性：获取或设置对数据库执行的 SQL 语句。

CommandTimeout 属性：获取或设置在终止尝试执行命令并生成错误之前的等待时间（以秒为单位）。

Connection 属性：获取或设置此 Command 对象使用的 Connection 对象的名称。

（2）常用方法如下。

Prepare 方法：在数据源上创建该命令的准备好的（或已编译的）版本，用来加快执行速度。

ExecuteNonQuery 方法：针对连接对象执行 SQL 语句并返回受影响的行数。

ExecuteReader 方法：将 CommandText 发送到 Connection 对象并生成一个 DataReader 对象。

3. DataReader 对象

DataReader 也可分成 SqlDataReader、OleDbDataReader 等几类。DataReader 对象可通过 Command 对象的 ExecuteReader 方法从数据源中检索数据来创建。

（1）常用属性如下。

FieldCount 属性：获取数据行的列数，此属性为只读。

RecordsAffected 属性：获取执行 Transact-SQL 语句所更改、插入或删除的行数。

（2）常用方法如下。

Read 方法：使 DataReader 对象前进到下一条记录。如果还有记录，则返回值为 True，否则为 False。

NextResult 方法：当读取批处理 SELECT 语句的结果时，使数据读取器前进到下一个结果。如果存在多个结果集，方法的返回值为 True，否则返回值为 False。默认情况下，数据读取器定位在第一项结果上。

Close 方法：关闭 DataReader 对象。

Get 方法的格式如下：

```
public×××Get×××(int ordinal);
```

说明从参数 ordinal 指定的列中读取数据，读取的数据类型由“×××”指定。“×××”通常是某种数据类型说明符，如 Byte、Int32、String 等，表示要读取的列的类型。参数 ordinal 表示从 0 开始的列的序号。

4. DataAdapter 对象及其使用

该对象表示用于填充 DataSet 和更新数据源的一组 SQL 命令和一个数据库连接。

（1）常用属性如下。

SelectCommand 属性：获取或设置一个 Transact-SQL 语句或存储过程，用于在数据源中选择记录。

InsertCommand 属性：插入记录。

UpdateCommand 属性：更新记录。

DeleteCommand 属性：删除记录。

（2）常用方法如下。

Fill 方法的格式如下：

```
public int Fill(DataSet dataSet,string srcTable);
```

表示从参数 srcTable 指定的表中提取数据以填充参数 dataSet 指定的数据集。

Update 方法的格式如下：

```
public override int Update(DataSet dataSet);
```

表示把对参数 dataSet 指定的数据集进行的插入、更新或删除操作更新到数据源中。该方法通常用于数据集中只有一个表的情况。

```
public override int Update(DataSet dataSet,string Table);
```

表示把对参数 dataSet 指定的数据集中的由参数 srcTable 指定的表进行的插入、更新或删除操作更新到数据源中。该方法通常在数据集中有多个表时使用。

5. DataSet 对象

（1）DataSet 对象的组成。DataSet 对象是一个创建在内存中的集合对象，它可以包含任意数量的数据表，以及所有表的约束、索引和关系，相当于在内存中一个小型的关系数据库。一个 DataSet 对象包括一组 DataTable 对象和 DataRelation 对象，其中每个 DataTable 对象由 DataColumn、DataRow 和 DataRelation 对象组成。

（2）组成对象及其含义如下。

DataTable 对象：代表创建在 DataSet 中的表。

DataRelation 对象：代表两个表之间的关系。关系建立在具有相同数据类型的列上，但列不必有相同的精确度。

DataColumn 对象：代表与列有关的信息，包括列的名称、类型和属性。

DataRow 对象：代表 DataTable 中的记录。

DataSet 中还有几个集合对象：包含 DataTable 对象的集合 Tables 和包含 DataRelation 对象的集合 Relations。另外，DataTable 对象还包括行的集合 Rows、列的集合 Coloumns 与数据关系的集合 ChildRelations 与 ParentRelations。

（3）DataSet 对象的填充。调用 DataAdapter 对象的 Fill 方法，使用 DataAdapter 对象的 SelectCommand 的结果来填充 DataSet 对象。通过程序创建 DataRow 对象，给 DataRow 对象的各列赋值，然后把 DataRow 对象添加到 Rows 集合中。将 XML 文档或流读入到 DataSet 对象中。合并（复制）另一个 DataSet 对象的内容到本 DataSet 对象中。

（4）DataSet 对象的访问。DataSet 对象的访问格式有 2 种，具体如下。

数据集对象名.Tables["数据表名"].Rows[n]["列名"]

访问由“数据集对象名”指定的数据集中的由“数据表名”指定数据表的第 n+1 行的由“列名”指定的列。n 代表行号，从 0 开始。

数据集对象名.Tables["数据表名"].Rows[n].ItemsArray[k]

访问由“数据集对象名”指定的数据集中的由“数据表名”指定数据表的第 n+1 行的第 k+1 列。k 代表列的序号，从 0 开始。

（5）向 DataSet 对象中添加行。

数据集对象名.Tables["数据表名"].Rows[n].Add(数据集的行对象名)

（6）从 DataSet 对象中删除行。

数据集对象名.Tables["数据表名"].Rows[n].Delete();

（7）修改 DataSet 对象中的数据。

数据集对象名.Tables["数据表名"].Rows[n][列名]="******";

（8）利用 DataSet 对象更新数据源。对 DataSet 对象的更改并没有实际写入到数据源中，要将更改传递给数据源，可调用 DataAdapter 对象的 Update 方法。

7.3 简单数据库编程

在 C#语言中，标准匹配数据库为 SQL Server，因此若使用该数据库，要在计算机中进行安装，安装步骤可查阅相关资料，本书由于篇幅有限不再赘述，以下内容均设定已安装该数据库 SQL Server 2019。在本书的编写过程中，SQL Server 2019 为正式版，SQL Server 2022 正式版还未上线。

例 7-1 对简单数据库进行增删改查的操作。

步骤：（1）在 SQL Server 2019（见图 7-1）新建 1 个数据库 MyStudent，在建好的数据库里，再新建 1 个表 stu_Table，也可直接执行以下代码：

```
CREATE TABLE [dbo].[stu_Table](
[学号]    NCHAR(10)    NOT NULL,
[姓名]    NCHAR(10)    NULL,
[年龄]    NCHAR(10)    NULL,
```

```
[性别]        BIT               NULL,
[班级]        NCHAR(10)         NULL,
[专业]        NCHAR(20)         NULL,
[家庭住址]    NCHAR(20)         NULL,
[电话]        NCHAR(11)         NULL,
[备注]        NVARCHAR(200)     NULL,
CONSTRAINT [PK__stu_Tabl__E53BAF197A630F62] PRIMARY KEY CLUSTERED
([学号] ASC)
);
```

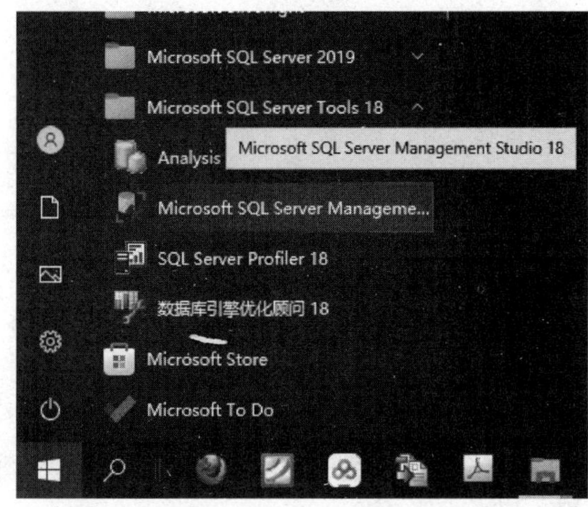

图 7-1　打开 SQL Server

如果表的设计需要修改，在工具菜单里面选择“选项”，如图 7-2 所示，在打开的选项窗口中进行如图 7-3 所示设置。

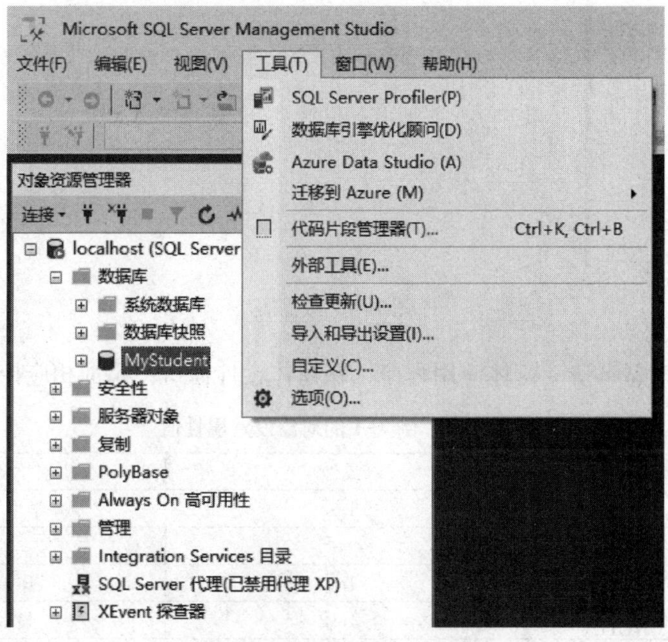

图 7-2　打开“选项”窗口

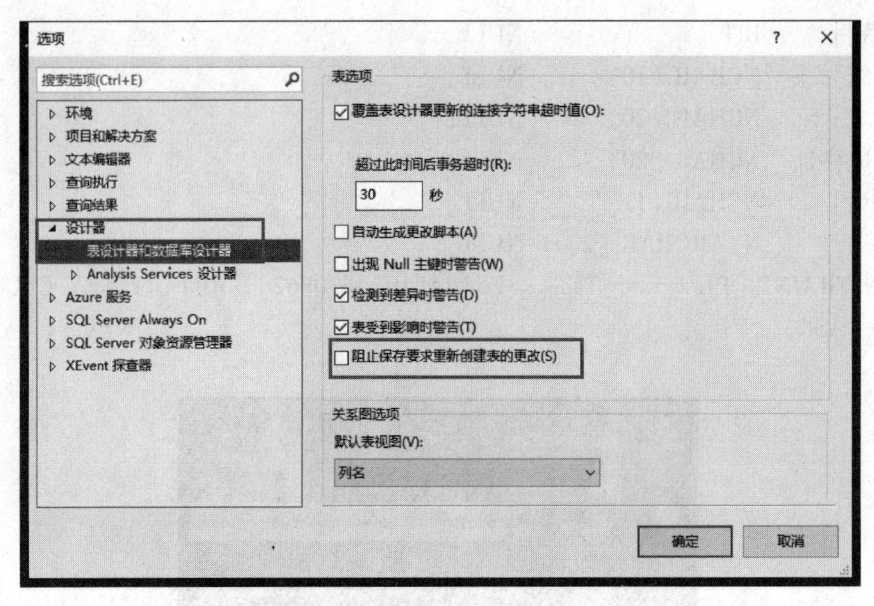

图 7-3 "选项"窗口设置

在表里添加一些记录（见图 7-4），然后回到 Visual Studio 2022 的编程环境。

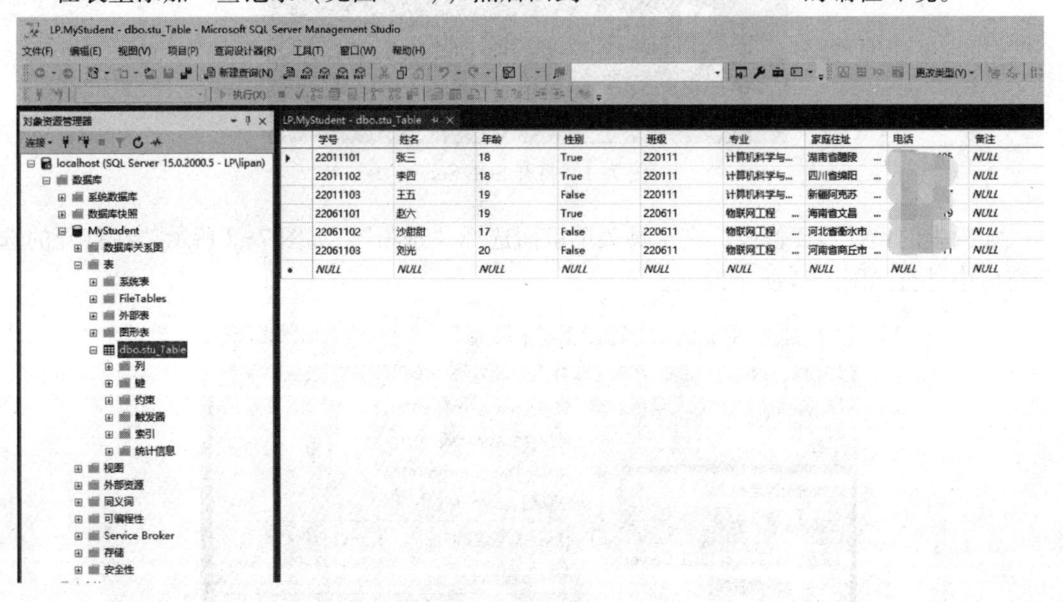

图 7-4 数据表

（2）新建 1 个 Windows 窗体应用程序，在窗体设计窗口，添加相应控件，见表 7-6。

表 7-6 例 7-1 的对象设置属性值

对象名	属性	设置值
Form1	Text	学生学籍信息
DataGridView1	—	—
Button1	Text	连接数据库
Button2	Text	显示数据表

续表

对象名	属性	设置值
Button3	Text	添加记录
Button4	Text	删除记录
Button5	Text	修改记录
Button6	Text	退出界面

（3）该项目是 .Net Core 框架下的，没有自动添加 System. Data 和 System. Data. SqlClient 的引用，解决办法是用 NuGet 包管理器手动添加，如图 7-5 所示。

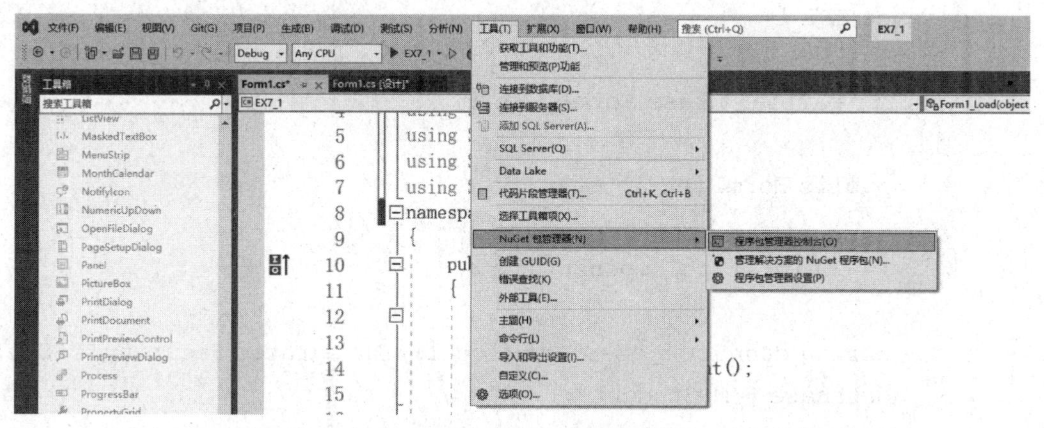

图 7-5 打开 NuGet 包管理器

在程序包管理器控制台窗口输入以下命令，然后回车。窗口如图 7-6 所示。

```
Install-Package System.Data.SqlClient
```

```
PM> Install-Package System.Data.SqlClient
正在还原 C:\Users\lipan\Desktop\EX7_1\EX7_1\EX7_1.csproj 的包...
193 %
程序包管理器控制台 错误列表 命令窗口 输出
```

图 7-6 程序包管理器控制台窗口

安装完，在解决方案资源管理器中将会出现 System. Data. SqlClient 的引用，如图 7-7 所示。

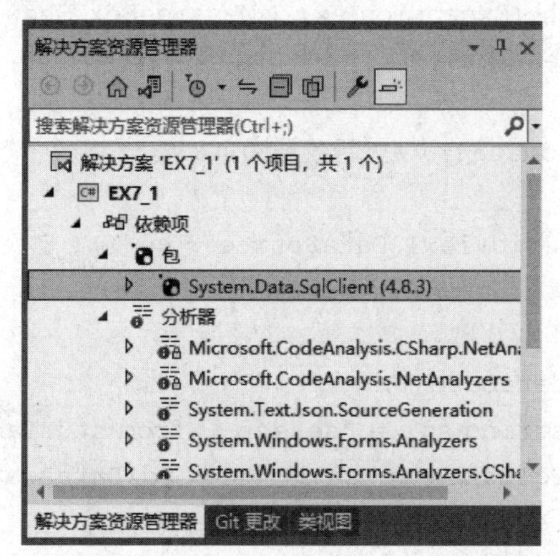

图 7-7 System. Data. SqlClient 的引用

（4）回到窗体设计界面，双击按钮，进入代码窗口，编写代码如下：

```
using System;
using System.Collections.Generic;
using System.Linq;
using System.Text;
using System.Threading.Tasks;
using System.Data;
using System.Data.SqlClient;
namespace EX7_1
{
    public partial class Form1 : Form
    {
        public Form1()
        {
            InitializeComponent();
        }
        string connStr = "Server=(local); Integrated Security = SSPI;
        database = MyStudent";
        SqlConnection conn;
        string sqlStr;
        void database() //连接数据库
        {
            try
            {
                conn = new SqlConnection(connStr);
                conn.Open();
            }
            catch (Exception ex) { MessageBox.Show("数据库连接有误!" +
            ex.Message); }
        }
        void loaddata() //更新数据库
        {
            dataGridView1.DataSource = null;
            try
            {
                database();
                string sql = "select *  from stu_Table";
                SqlDataAdapter da = new SqlDataAdapter(sql,conn);
                DataSet ds = new DataSet();
```

```
                da.Fill(ds);
                dataGridView1.DataSource = ds.Tables[0];
                conn.Close();
            }
            catch (Exception ex)
            {
                MessageBox.Show("数据表显示失败!" + ex.Message);
            }
        }
        private void button1_Click(object sender,EventArgs e)
                                                            //数据库连接
        {
            try
            {
                database();
                MessageBox.Show("数据库连接成功!");
                conn.Close();
            }
            catch (Exception ex)
            {
                MessageBox.Show("数据库连接失败!" + ex.Message);
            }
        }
        private void button2_Click(object sender,EventArgs e)
                                                            //数据表显示
        {
            loaddata();
        }
        private void button3_Click(object sender,EventArgs e)
                                                            //添加记录
        {
            sqlStr = "insert into [stu_Table]([学号],[姓名],[年龄],[性
            别],[班级],[专业],[家庭住址],[电话],[备注])values(@ 学号,@ 姓
            名,@ 年龄,@ 性别,@ 班级,@ 专业,@ 家庭住址,@ 电话,@ 备注)";
            SqlCommand cmd = new SqlCommand(sqlStr,conn);
            cmd.Parameters.Add("@ 学号",SqlDbType.Char,10).Value =
dataGridView1.CurrentRow.Cells[0].Value.ToString().Trim();
            cmd.Parameters.Add("@ 姓名",SqlDbType.Char,10).Value =
dataGridView1.CurrentRow.Cells[1].Value.ToString().Trim();
```

```
            cmd.Parameters.Add("@ 年龄",SqlDbType.Char,12).Value =
dataGridView1.CurrentRow.Cells[2].Value.ToString().Trim();
            if ((bool)dataGridView1.CurrentRow.Cells[3].Value == true)
                                                        //如果性别是男
                cmd.Parameters.Add("@ 性别",SqlDbType.Bit).Value = true;
            else if ((bool)dataGridView1.CurrentRow.Cells[3].Value
            ==false)                                    //如果性别是女
                cmd.Parameters.Add("@ 性别",SqlDbType.Bit).Value = false;
            else
                MessageBox.Show("请选择性别");
            cmd.Parameters.Add("@ 班级",SqlDbType.Char,10).Value =
dataGridView1.CurrentRow.Cells[4].Value.ToString().Trim();
            cmd.Parameters.Add("@ 专业",SqlDbType.Char,20).Value =
dataGridView1.CurrentRow.Cells[5].Value.ToString().Trim();
            cmd.Parameters.Add("@ 家庭住址",SqlDbType.Char,20).Value =
dataGridView1.CurrentRow.Cells[6].Value.ToString().Trim();
            cmd.Parameters.Add("@ 电话",SqlDbType.Char,11).Value =
dataGridView1.CurrentRow.Cells[7].Value.ToString().Trim();
            cmd.Parameters.Add("@ 备注",SqlDbType.Char,200).Value =
dataGridView1.CurrentRow.Cells[8].Value.ToString().Trim();
            try
            {
                conn.Open();  //打开数据库连接
                cmd.ExecuteNonQuery();  //执行 SQL 语句
                MessageBox.Show("保存成功!");
            }
            catch (Exception ex)
            {
                MessageBox.Show("出错!" + ex.Message);
            }
            finally
            {
                loaddata();
                conn.Close();  //关闭数据库连接
            }
        }
        private void button6_Click(object sender,EventArgs e)
        {
            this.Close();//this 指当前窗体
```

```
        }
        private void button4_Click(object sender,EventArgs e)
                                                          //删除记录
        {
            sqlStr = "Delete From [stu_Table] where [学号]=@ 学号";
            SqlCommand cmd = new SqlCommand(sqlStr,conn);
            cmd.CommandType = CommandType.Text;
            cmd.Parameters.Add("@ 学号",SqlDbType.Char,10).Value =
dataGridView1.CurrentCell.Value.ToString().Trim();
            try
            {
                conn.Open();
                int a = cmd.ExecuteNonQuery();  //执行 SQL 语句
                if (a == 1)  //如果受影响的行数为 1 则删除成功
                    MessageBox.Show("删除成功!");
                else
                    MessageBox.Show("数据库中没有此学生!");
            }
            catch (Exception ex)
            {
                MessageBox.Show(ex.Message);
            }
            finally
            {
                loaddata();
                conn.Close();
            }
        }
        private void button5_Click(object sender,EventArgs e)
                                                          //修改记录
        {
            sqlStr = "update [stu_Table] set";
            sqlStr += "[姓名]='  " + dataGridView1.CurrentRow.Cells
            [1].Value.ToString().Trim() + "'  ,";
            sqlStr += "[年龄]='  " + dataGridView1.CurrentRow.Cells
            [2].Value.ToString().Trim() + "'  ,";
            sqlStr += "[性别]='  " + (bool)dataGridView1.CurrentRow.
            Cells[3].Value + "'  ,";
            sqlStr += "[专业]='  " + dataGridView1.CurrentRow.Cells
```

```
                [4].Value.ToString().Trim() + "'  ,";
                sqlStr += "[家庭住址]='  " + dataGridView1.CurrentRow.Cells
                [5].Value.ToString().Trim() + "'  ,";
                sqlStr += "[电话]='  " + dataGridView1.CurrentRow.Cells
                [4].Value.ToString().Trim() + "'  ,";
                sqlStr += "[备注]='  " + dataGridView1.CurrentRow.Cells
                [5].Value.ToString().Trim()+"'  ";
                sqlStr += " where 学号='  " + dataGridView1.CurrentRow.
                Cells[0].Value.ToString().Trim() + "'  ";
                SqlCommand cmd = new SqlCommand(sqlStr,conn);
                try
                {
                    conn.Open();
                    int yxh = cmd.ExecuteNonQuery();
                    if (yxh == 1)  //如果受影响的行数为1,则修改成功
                        MessageBox.Show("修改成功! ");
                    else
                        MessageBox.Show("数据库中没有此学生!");
                }
                catch (Exception ex)
                {
                    MessageBox.Show("出错,没有完成学生的修改!" + ex.Message);
                }
                finally
                {
                    loaddata();
                    conn.Close();
                }
            }
        }
    }
```

运行结果如图 7-8 所示。

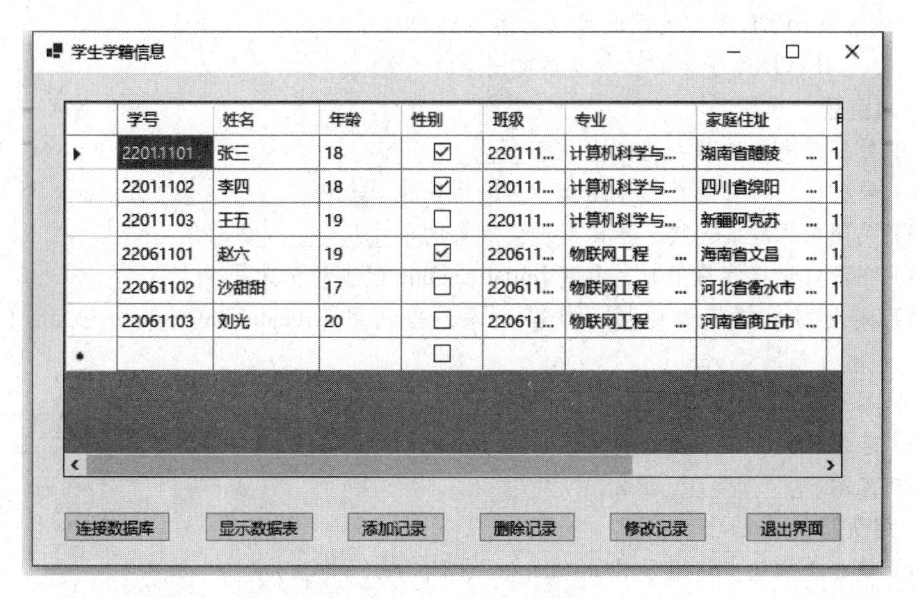

图7-8 例7-1运行结果

习 题 7

1. 单选题

(1) 创建数据库连接使用的对象是（ ）。

A. Connection B. Command C. DataReader D. DataSet

(2) 若将数据库中的数据填充到数据集，应调用 SqlDataAdapter 的（ ）方法。

A. Open B. Close C. Fill D. Update

(3) 若将数据集中所做更改更新回数据库，应调用 SqlAdapter 的（ ）方法。

A. Update B. Close C. Fill D. Open

(4) 在 SQL 的 SELECT 查询结果中消除重复记录的方法是（ ）。

A. 通过指定主关系键 B. 通过指定唯一索引

C. 使用 DISTINCT D. 使用 HAVING 子句

(5) 使用 SQL 语句向学生表 S（SNO，SN，AGE，SEX）中添加一条新记录字段：学号（SNO）、姓名（SN）、性别（SEX）、年龄（AGE）的值分别为 0401、王芳、女、18，正确的命令是（ ）。

A. APPEND INTO S（SNO，SN，SXE，AGE）value S（'0401'，'王芳'，'女'，18）

B. APPEND S value S（'0401'，'王芳'，'女'，18）

C. INSERT INTO S（SNO，SN，SEX，AGE）value S（'0401'，'王芳'，'女'，18）

D. INSERT S value S（'0401'，'王芳'，18，'女'）

(6) 下列关于 SQL 中 HAVING 子句的描述错误的是（ ）。

A. HAVING 子句必须与 GROUP BY 子句同时使用

B. HAVING 子句与 GROUP BY 子句无关

C. 使用 WHERE 子句的同时可以使用 HAVING 子句

D. 使用 HAVING 子句的作用是限定分组的条件

2. 填空题

(1) 数据库表中的每一行称为一条____________。

(2) 要关闭已打开的数据库连接，应使用连接对象的____________方法。

(3) 关闭数据库的连接，应使用连接对象的____________方法。

(4) 在设置连接字符串时，参数 Initial Catalog 代表的含义是____________。

(5) 成功向数据库表中插入 5 条记录，当调用 ExecuteNonQuery 方法后，返回值为____________。

(6) 属于 DDL 语句（数据定义语句）____________、____________和____________。

(7) 若想从数据库中查询到 student 表和 course 表中的所有信息并显示出来，则应该调用命令对象的____________方法。

3. 判断题

(1) 填充数据集应使用 SqlDataAdapter 的 Update( ) 方法。(　　)

(2) 使用 SqlDataReader 一次可以读取 1 条记录。(　　)

(3) SQL 关键字不区分大小写。(　　)

(4) 在 ADO. NET 中，可以在 DataSet 中维护 DataRelation 对象的集合来管理表间的导航关系。(　　)

(5) 主键索引是不允许其中任何两行具有相同索引的索引。(　　)

实 验 7

1. 实验目的与要求

(1) 了解数据库和 ADO. NET 的基本概念。

(2) 理解 . NET 数据提供程序。

(3) 掌握 SQL 命令的用法。

2. 实验内容与步骤

安装 MySQL 软件，配置 Visual Studio 2022 和该数据库的连接，将例 7-1 的功能应用 C#语言实现。

第 8 章　多线程技术

本章学习目标

(1) 了解进程和线程的概念。
(2) 掌握多线程的使用方法。
(3) 掌握线程同步的方法。
(4) 了解线程池的概念。
(5) 掌握异步编程的实现方法。

8.1　线程的使用

在进行一些大型复杂的软件系统开发时，采用多线程编程技术，可以提高 CPU 资源的利用率，还可以提高应用程序的响应能力。在操作系统的概念中，进程是程序的一次动态执行过程，每个进程都有自己独立的内存空间。一个应用程序可同时启动多个进程，每个进程被分配循环使用 CPU 时间片，这样可以使所有进程看上去像在同时运行一样。线程是一组指令的集合，它是比进程更小的执行流程，一个进程可以同时包含多个运行的线程。

线程的一次动态执行过程被称为线程的生命周期，主要包括新建、就绪、运行、死亡和堵塞。① 新建（new）：当线程实例被创建但 Start 方法未被调用时的状况。② 就绪：当线程准备好运行并等待 CPU 周期时的状况。③ 运行：线程获得 CPU 资源正在执行方法。④ 死亡（dead）：当线程执行完毕或被其他线程杀死。⑤ 堵塞（blocked）：由于某种原因导致正在运行的线程让出 CPU 并暂停自己的执行，即进入堵塞状态。

在 C#程序中，一般使用 Thread 类创建线程，属于 System. Threading 命名空间。该类用来创建和控制线程，设置其优先级并获取其状态。Thread 类的主要属性见表 8-1。表 8-2 为线程的优先级 Priority 的取值列表，表 8-3 为线程的状态 ThreadState 枚举的取值列表。

表 8-1　Thread 类的主要属性表

属性	作用
CurrentContext	获取线程正在其中执行的当前上下文
CurrentPrinciple	获取或设置线程的当前负责人（对基于角色的安全性而言）
CurrentThread	获取当前正在运行的线程
CurrentUICulture	获取或设置资源管理器使用的当前区域性以便在运行时查找区域性特定的资源
ExecutionContext	获取一个 ExecutionContext 对象，该对象包含有关当前线程的各种上下文的信息

续表

属性	作用
IsAlive	获取一个值，该值指示当前线程的执行状态
IsBackground	获取或设置一个值，该值指示某个线程是否为后台线程
IsThreadPoolThread	获取一个值，该值指示线程是否属于托管线程池
ManagedThreadId	获取当前托管线程的唯一标识符
Name	获取或设置线程的名称
Priority	获取或设置一个值，该值指示线程的调度优先级
ThreadState	获取一个值，该值包含当前线程的状态

表 8-2　线程的优先级 Priority 的取值列表

优先级	作用
AboveNormal	可以将 Thread 安排在具有 Highest 优先级的线程之后，在具有 Normal 优先级的线程之前
BelowNormal	可以将 Thread 安排在具有 Normal 优先级的线程之后，在具有 Lowest 优先级的线程之前
Highest	可以将 Thread 安排在具有任何其他优先级的线程之前
Lowest	可以将 Thread 安排在具有任何其他优先级的线程之后
Normal	可以将 Thread 安排在具有 AboveNormal 优先级的线程之后，在具有 BelowNormal 优先级的线程之前。默认情况下，线程具有 Normal 优先级

表 8-3　线程的状态 ThreadState 枚举的取值列表

状态	作用
Aborted	线程状态包括 AbortRequested 并且该线程现在已死，但其状态尚未更改为 Stopped
AbortRequested	已对线程调用了 Abort(Object) 方法，但线程尚未收到试图终止它的挂起的 ThreadAbortException
Background	线程正作为后台线程执行（相对于前台线程而言）。此状态可以通过设置 IsBackground 属性来控制
Running	线程已启动且尚未停止
Stopped	线程已停止
StopRequested	正在请求线程停止。这仅用于内部
Suspended	线程已挂起
SuspendRequested	正在请求线程挂起
Unstarted	尚未对线程调用 Start() 方法
WaitSleepJoin	线程已被阻止。这可能是调用 Sleep(Int32) 或 Join()、请求锁定［如通过调用 Enter(Object) 或 Wait(Object, Int32, Boolean)］或在线程同步对象上（如 ManualResetEvent）等待的结果

Thread 类的常用方法见表 8-4。

表 8-4　Thread 类的常用方法表

方法名称	方法作用
Abort()	调用此方法通常会终止线程
Start()	导致操作系统将当前实例的状态更改为 Running
Sleep()	将当前线程挂起指定的时间
Suspend()	挂起线程，或者如果线程已挂起，则不起作用
Interrupt()	中断处于 WaitSleepJoin 线程状态的线程
Join()	线程终止前，阻止调用线程
ResetAbort()	取消当前线程所请求的 Abort（Object）

例 8-1　演示线程创建、启动、中断、唤醒和终止。

步骤：

（1）新建 1 个窗体应用程序，在窗体设计窗口，添加相应控件，见表 8-5。

表 8-5　例 8-1 的对象设置属性值

对象名	属性	设置值
Form1	Text	线程工作演示
Textbox1	Multiline	True
Button1	Text	线程启动
Button2	Text	线程挂起
Button3	Text	线程唤醒
Button4	Text	线程终止

（2）双击按钮 Button1 进入代码窗口，编写代码如下：

```
public Form1()
{
    InitializeComponent();
    System.Windows.Forms.Control.CheckForIllegalCrossThreadCalls=
    false;
}
Thread thread;
ManualResetEvent mr;
bool thread_on_off = false;
bool thread_stop = false;
void threadRuntime()
{
    for (int i = 1; i <= 100; i++)
    {
```

```
            if (thread_stop) return;
            if (thread_on_off)
            {
                mr = new ManualResetEvent(false);
                mr.WaitOne();
            }
            textBox1.AppendText("线程计时:" + i + "\r\n");
            Thread.Sleep(100);
        }
    }
    private void button1_Click(object sender,EventArgs e)
    {
        thread = new Thread(threadRuntime);
        thread.Start();
        textBox1.AppendText("线程启动:\r\n");
}
```

（3）回到设计窗口，双击按钮 Button2 进入代码窗口，编写代码如下：

```
    private void button2_Click(object sender,EventArgs e)
    {
        thread_on_off = true;
        textBox1.AppendText("线程挂起:\r\n");
    }
```

（4）回到设计窗口，双击按钮 Button3 进入代码窗口，编写代码如下：

```
    private void button3_Click(object sender,EventArgs e)
    {
        thread_on_off = false;
        mr.Set();
        textBox1.AppendText("线程唤醒:\r\n");
    }
```

（5）回到设计窗口，双击按钮 Button4 进入代码窗口，编写代码如下：

```
    private void button4_Click(object sender,EventArgs e)
    {
        thread_stop = true;
        textBox1.AppendText("线程停止。\r\n");
    }
```

运行结果如图 8-1 所示。

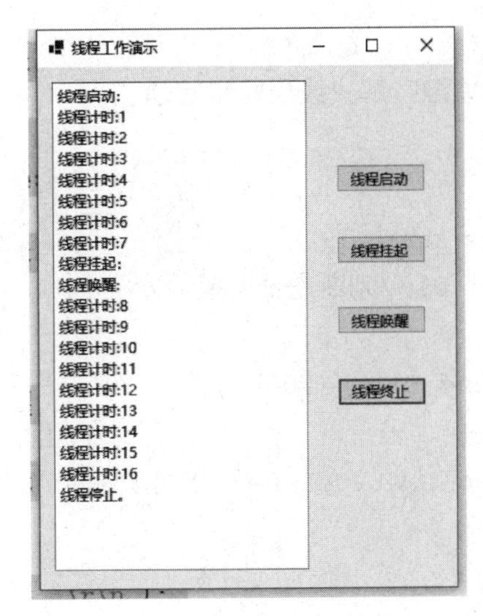

图 8-1　例 8-1 运行结果

8.2 线程同步

在计算机工作的过程中，有很多共享资源，如何在某一时刻只有一个线程可以访问某些共享资源，如变量，而不会产生错误，这就是线程同步的思想。C#为同步访问变量提供了几种方法。

8.2.1 lock 关键字

lock 关键字是实现线程同步的比较简单的方式，可将语句块标记为同步代码区，当 1 个线程进入同步代码区时加互斥锁，其他线程必须等待，离开代码区时释放互斥锁。在C#语言中，lock 关键字的格式如下：

```
lock(expression)
{
    statement_block
}
```

其中，expression 表示要跟踪的对象，若是类的实例，可以使用 this；若是静态变量，使用类名。statement_block 是同步代码区，它在某个时刻内只能被一个线程执行。

例 8-2　演示超市卖水。

步骤：新建 1 个控制台应用程序，在 Program. cs 代码窗口，删除原有代码，编写代码如下：

```
class Shop
{
    public int num = 1; //剩余矿泉水数量
    public void Sale()
```

```
    {
        //使用 lock 关键字解决线程同步问题
        lock (this)
        {
            int tmp = num;
            if (tmp > 0)//判断是否有矿泉水
            {
                Thread.Sleep(1000);
                num -= 1;
                Console.WriteLine("出售 1 瓶矿泉水,还剩{0}瓶",num);
            }
            else
            {
                Console.WriteLine("矿泉水已售空");
            }
        }
    }
}
class Program
{
    static void Main(string[] args)
    {
        Shop water = new Shop();
        //创建两个线程同时访问 Sale 方法
        Thread t1 = new Thread(new ThreadStart(water.Sale));
        Thread t2 = new Thread(new ThreadStart(water.Sale));
        //启动线程
        t1.Start();
        t2.Start();
    }
}
```

运行结果如图 8-2 所示。

```
Microsoft Visual Studio 调试控制台
出售1瓶矿泉水，还剩0瓶
矿泉水已售空
```

图 8-2　例 8-2 运行结果

8.2.2 Monitor 类

Monitor 类也称为监视器，它比 lock 更为灵活，提供同步访问对象的机制。若使同步代码区在同一时刻只能有一个线程使用，该类的常用方法有以下几种。

Enter( )方法：获得一个锁。

Exit( )方法：释放该锁。

IsEntered(object)方法：判断当前线程是否获取指定对象上的锁。

TryEnter( )方法：尝试获取指定对象的排他锁。

例 8-3　Monitor 类的使用演示。

步骤：新建 1 个控制台应用程序，在 Program. cs 代码窗口，删除原有代码，编写代码如下：

```
class AClass
{
    public int count = 15;
    public void ReadA()//读取 count 的值
    {
        Monitor.Enter(this);
        Console.WriteLine("进入读的同步区");
        for (int i = 1; i < 5; i++)
        {
            Console.WriteLine("{0}:Count={1}",Thread.CurrentThread.
            Name,count);
        }
        Console.WriteLine("退出读的同步区");
        Monitor.Exit(this);
    }
    public void WriteA()//修改 count 的值
    {
        Monitor.Enter(this);
        Console.WriteLine("进入写的同步区");
        for (int i = 1; i < 5; i++)
        {
            count++;
            Console.WriteLine("{0}:Count={1}",Thread.CurrentThread.
            Name,count);
        }
        Console.WriteLine("退出写的同步区");
        Monitor.Exit(this);
    }
```

```
}                        //using System.Runtime.Remoting.Contexts;
class Program
{
    static void Main(string[] args)
    {
        AClass c = new AClass();
        Thread readThread = new Thread(new ThreadStart(c.ReadA));
        readThread.Name = "读线程";
        Thread writeThread = new Thread(new ThreadStart(c.WriteA));
        writeThread.Name = "写线程";
        readThread.Start();
        writeThread.Start();
    }
}
```

运行结果如图 8-3 所示。

图 8-3　例 8-3 运行结果

8.2.3　InterLocked 类

InterLocked 类提供了多个线程共享的变量，提供原子操作，是静态类，它可以在线程安全的方式下，进行递增、递减、交换和读取值的操作（见表 8-6）。它比其他线程同步技术速度更快，但只能用于简单的同步问题。

表 8-6　InterLocked 类主要方法表

方法	作用
CompareExchange()	安全比较两个值是不是相等。如果相等，将第三个值与其中一个值交换
Decrement()	安全递减 1，相当于 i--
Exchange()	安全交换数据，相当于 a = 30
Increment()	安全递加 1，相当于 i++

续表

方法	作用
Add( )	安全相加一个数值，相当于 a = a + 3
Read( )	安全读取数值，相等于 int a=b

例 8-4　InterLocked 类的使用演示。

步骤：新建 1 个控制台应用程序，在 Program. cs 代码窗口，删除原有代码，编写代码如下：

```
char buffer = ' ! ' ;  //声明字符类型缓冲区,每次只能放入 1 个字符
string str = "Hello C#!";
//定义写入数据的线程:
Thread writer = new Thread(() =>
{
    for (int i = 0; i < str.Length; i++)
    {
        buffer = str[i];
        Thread.Sleep(20);
    }
}
);
//定义读取数据的线程:
Thread Reader = new Thread(() =>
{
    for (int i = 0; i < str.Length; i++)
    {
        char cc = buffer;
        Console.Write(cc);
        Thread.Sleep(30);
    }
}
);
writer.Start();
Reader.Start();
```

运行结果如图 8-4 所示。

图 8-4　例 8-4 运行结果 1

每次运行的结果都不同，因此加上 InterLocked 类，可以控制对共享变量的读取问题，可注释上述代码，重新添加新代码：

```
class Program
{
    private static char buffer;  //声明字符类型缓冲区,每次只能放入 1 个字符
    private static long flag = 0;  //标识量
    static void Main(string[] args)
    {
        //定义写入数据的线程:
        Thread Writer = new Thread(delegate ()
        {
            string str = "Hello C#! Hello C#! Hello C#! ";
            for (int i = 0; i < 30; i++)
            {
                while (Interlocked.Read(ref flag) == 1)
                      Thread.Sleep(100);
                   buffer = str[i];  //向缓冲区写入数据
                                      //写入数据后把缓冲区标记为满(由 0 变为 1)
                   Interlocked.Increment(ref flag);
                }
            });
            //定义读取数据的线程:
            Thread Reader = new Thread(delegate ()
            {
                for (int i = 0; i < 30; i++)
                {
                   while (Interlocked.Read(ref flag) == 0)
                      Thread.Sleep(100);
                   char cc = buffer;  //从缓冲区读取数据
                   Console.Write(cc);
                   Interlocked.Decrement(ref flag);
                }
            });
            //启动线程
            Writer.Start();
            Reader.Start();
        }
    }
```

运行结果如图 8-5 所示。

Microsoft Visual Studio 调试控制台

Hello C#! Hello C#! Hello C#!

图 8-5　例 8-4 运行结果 2

注意：写入数据前检查缓冲区是否已满，如果已满，就进行等待，直到缓冲区中的数据被进程 Reader 读取为止；读取数据前检查缓冲区是否为空，如果为空，就进行等待，直到进程 Writer 向缓冲区中写入数据为止。

8.2.4　Mutex 类

Mutex 类是可用于进程间同步的同步基元。它与 Monitor 类相似，但它更复杂，因为使用互斥不仅能够在同一应用程序不同线程中实现资源的安全共享，而且可以在不同应用程序的线程之间实现对资源的安全共享。

例 8-5　Mutex 类的使用演示。

步骤：新建 1 个控制台应用程序，在 Program. cs 代码窗口，删除原有代码，编写代码如下：

```
class Program
{
    private static Mutex m = new Mutex();  // 创建 1 个 Mutex 类的对象 m
    private const int Tnum = 2;  // 线程个数
    private static void MyThread()
    {
        m.WaitOne();  // 线程等待
        Console.WriteLine("{0}启动",Thread.CurrentThread.Name);
        Thread.Sleep(1000);
        Console.WriteLine("{0}终止\r\n",Thread.CurrentThread.Name);
        m.ReleaseMutex();  // 线程释放
    }
    static void Main(string[] args)
    {
        for (int i = 0; i < Tnum; i++)  // 线程启动
        {
            Thread thread = new Thread(new ThreadStart(MyThread));
            thread.Name = String.Format("线程{0}",i + 1);
            thread.Start();
        }
    }
}
```

运行结果如图 8-6 所示。

图 8-6　例 8-5 运行结果

8.2.5　ReaderWriterLock 类

定义支持单个写线程和多个读线程的锁。当请求写线程锁后，在写线程取得访问权之前，不会接受任何新的读线程，从而实现多个线程在任何时刻执行读方法，或者允许单个线程在任何时刻执行写方法。

例 8-6　ReaderWriterLock 类的演示。

步骤：新建 1 个控制台应用程序，在 Program. cs 代码窗口，删除原有代码，编写代码如下：

```
class RW
{
    ReaderWriterLock rw = new ReaderWriterLock();
    int count = 0;
    public void Read()
    {
        rw.AcquireReaderLock(Timeout.Infinite);
        try
        {
            Console.WriteLine("{0}进入读的方法:count={1}",Thread.Current
            Thread.Name,count);
            Thread.Sleep(1000);
        }
        finally
        {
            rw.ReleaseReaderLock();
```

```
            Console.WriteLine("{0}离开读的方法。",Thread.CurrentThread.Name);
        }
    }
    public void Write()
    {
        rw.AcquireWriterLock(Timeout.Infinite);
        try
        {
            count++;
            Console.WriteLine("{0}进入写的方法:count={1}",Thread.Current
            Thread.Name,count);
            Thread.Sleep(1000);
        }
        finally
        {
            rw.ReleaseWriterLock();
            Console.WriteLine("{0}离开写的方法。",Thread.CurrentThread.Name);
        }
    }
}
class Program
{
    static void Main(string[] args)
    {
        RW r = new RW();
        Thread t1 = new Thread(new ThreadStart(r.Write));//创建写线程 1
        Thread t2 = new Thread(new ThreadStart(r.Write));//创建写线程 2
        Thread t3 = new Thread(new ThreadStart(r.Read));//创建读线程 1
        Thread t4 = new Thread(new ThreadStart(r.Read));//创建读线程 2
        t1.Name = "写线程 1";
        t2.Name = "写线程 2";
        t3.Name = "读线程 1";
        t4.Name = "读线程 2";//设置线程名
        t1.Start();
        t3.Start();
        t2.Start();
        t4.Start();//启动线程,顺序为:写读写读
    }
}
```

运行结果如图 8-7 所示。

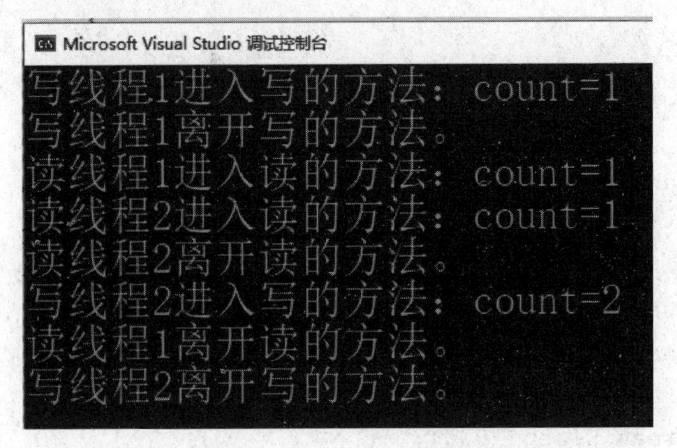

图 8-7　例 8-6 运行结果图

8.3　线　程　池

在操作系统中，多线程技术提高了对应用程序的响应速度，但是频繁地创建和销毁线程，还有线程的阻塞状态，都会降低资源的利用率。为此，在 C#语言中提供了缓冲机制——线程池（ThreadPool）类来解决，使用线程池可以并行地处理工作。

ThreadPool 中常用的一些方法如下。

QueueUserWorkItem( )方法用来启动一个多线程。

GetMaxThreads( )用来获取线程池中最多可以有多少个辅助线程和最多有多少个异步线程。

GetMinThreads( )用来获取线程池中最少可以有多少个辅助线程和最少有多少个异步线程。

SetMaxThreads( )设置线程池中最多线程数。

SetMinThreads( )设置线程池中最少线程数。

例 8-7　线程池的演示。

步骤：新建 1 个控制台应用程序，在 Program. cs 代码窗口，删除原有代码，编写代码如下：

```
class Program
{
    const int num1 = 6;
    static int num2 = 6;
    static AutoResetEvent Event = new AutoResetEvent(false);
    public static void test(object obj)
    {
        num2 -= 1;
```

```
        Console.WriteLine(string.Format("{0}:第{1}个线程",DateTime.Now.
        ToString(),obj.ToString()));
        Thread.Sleep(3000);
        if (num2 == 0)
        {
            Event.Set();
        }
    }
    static void Main(string[] args)
    {
        ThreadPool.SetMinThreads(1,1);
        ThreadPool.SetMaxThreads(5,5);
        for (int i = 1; i <= num1 ; i++)
            ThreadPool.QueueUserWorkItem(new WaitCallback(test),i.ToS-
            tring());
        Console.WriteLine("主线程启动!");
        Console.WriteLine("主线程结束!");
        Event.WaitOne();
        Console.WriteLine("线程池终止!");
        Console.ReadKey();
    }
}
```

运行结果如图 8-8 所示。

图 8-8 例 8-7 运行结果

8.4 异步编程

在编程过程中，最简单的请求响应过程为：调用一个方法，等待其响应返回，也就是一个线程做完一个任务才能去做下一个任务。如果被调用的方法需要执行的时间较长，那其他的程序将长时间地等待，这样效率很低。因此，在C#语言中引入异步编程思想，多个线程并发工作，可以向其他组件发出方法调用，并继续执行其他任务，而不用等待调用的操作完成。

8.4.1 异步编程模型

异步编程模型（asynchronous programming model，APM），使用IAsyncResult接口提供异步行为，属于旧模型，不建议在新的开发中使用此模式。在这种模式下，同步操作需要Begin和End方法。

8.4.2 基于事件的异步模式

基于事件的异步模式（event-based asynchronous pattern，EAP），采用Async后缀、一个或多个事件、事件处理程序委托类型和EventArg派生类型。自NET 2.0引入，但在新方案中不再推荐使用。

8.4.3 基于任务的异步模式

基于任务的异步模式（task-based asynchronous pattern，TAP）使用一种方法来表示异步操作的启动和完成。在.NET 4.5中，引入TAP，基于.NET 4.0中新增的Task类型，通过async和await关键字使用编译器功能。该模式为异步编程的推荐使用方法。

1. Task类

任务（Task）是在线程池的基础上推出的，它跟线程不是一对一的关系，Task类似线程池，但是Task比线程池的开销更小，精确性更易控制。

2. async关键字

TAP一般定义一个带有async后缀的方法，并返回一个Task类型。

async：当一个方法由async关键字标识，表明这个方法是异步方法，当它被调用时，会创建一个线程来执行。

async只能修饰用于返回void、Task、Task<>的方法。

3. await关键字

await修饰符只能用于返回Task的方法。

async和await这两个关键字由编译器转换为状态机，通过System.Threading.Tasks中的类实现异步编程。即async和await关键字只是编译器的功能。编译器最终会用Task类创建代码。

例8-8 异步编程示例。

步骤：新建1个控制台应用程序，在Program.cs代码窗口，删除原有代码，编写代码如下：

```
using System;
using System.Threading.Tasks;
class Congee { }                        //米粥
class Egg { }                           //鸡蛋
```

```
class Steamed_bun_piece { }//馒头片
class Program
{
    private static Congee CookCongee()
    {
        Console.WriteLine("正在煮粥");
        return new Congee();
    }
    private static async Task<Egg> FryEggsAsync(int num)
    {
        Console.WriteLine("加热平底锅...");
        await Task.Delay(5000);
        Console.WriteLine($"打上{num}个鸡蛋");
        Console.WriteLine("进行煎蛋...");
        await Task.Delay(5000);
        Console.WriteLine("把煎蛋放到盘子里");
        return new Egg();
    }
    private static async Task<Steamed_bun_piece> FryBunAsync(int slices)
    {
        Console.WriteLine($"在锅里放{slices}片馒头片");
        Console.WriteLine("煎馒头片的一面...");
        await Task.Delay(5000);
        for (int slice = 0; slice < slices; slice++)
            Console.WriteLine("煎 1 片馒头片");
        Console.WriteLine("煎馒头片的另一面...");
        await Task.Delay(5000);
        Console.WriteLine("把馒头片放到盘子里");
        return new Steamed_bun_piece();
    }
    static async Task Main(string[] args)
    {
        Congee cup = CookCongee();
        var eggsTask = FryEggsAsync(1);
        var bunTask = FryBunAsync(2);
        var breakfastTasks = new List<Task> { eggsTask,bunTask };
        while (breakfastTasks.Count > 0)
        {
            Task finishedTask = await Task.WhenAny(breakfastTasks);
```

```
            if (finishedTask == eggsTask)
                Console.WriteLine("煎蛋好了");
            else if (finishedTask == bunTask)
                Console.WriteLine("馒头片好了");
            breakfastTasks.Remove(finishedTask);
        }
        Console.WriteLine("粥煮好了");
        Console.WriteLine("早餐好了!");
    }
}
```

运行结果如图 8-9 所示。

图 8-9　例 8-8 运行结果

习　题　8

1. 单选题

(1) Thread 类的一些常用的属性里面获取线程正在其中执行的当前上下文是（　　）。

A. CurrentContext　　B. CurrentPrinciple

C. CurrentThread　　D. CurrentUICulture

(2) Thread 类的一些常用的方法在所有的线程上分配未命名的数据槽是（　　）。

A. public void Abort ()

B. public static AppDomain GetDomain ()

C. public static LocalDataStoreSlot AllocateDataSlot ()

D. public void Interrupt ()

(3)（　　）方法用于销毁线程。

A. Wait　　B. Start ()　　C. sleep ()　　D. Abort ()

2. 填空题

(1) 在线程的生命周期中，它要经过新建________、就绪________、运行________、阻塞________和死亡________五种状态。

(2) 当线程的优先级没有指定时，所有线程都携带__________。

(3) (CLR) 为每个线程分配自己的内存堆栈，以便将局部变量分开。

(4) 线程生命周期开始于__________类的对象被创建时，结束于线程被终止或完成执行时。

(5) 线程状态控制的方法包括__________、__________、__________、__________、__________。

3. 判断题

(1) C#支持通过多线程并行执行代码。一个线程是一个独立的执行路径，能够与其他线程同时运行。(　　)

(2) C# 语言中实现线程同步可以使用 lock 关键字和 Monitor 类、Mutex 类来解决。(　　)

(3) Running 表示线程结束运行。(　　)

(4) 进程和线程的主要差别在于它们是不同的操作系统资源管理方式。(　　)

(5) 当所有前台线程关闭时，所有的后台线程也会被直接终止，不会抛出异常。(　　)

实　验　8

1. 实验目的与要求

(1) 熟悉线程的基本概念。

(2) 熟练掌握 Thread 类的常用属性和用法。

(3) 熟练掌握创建、管理、销毁线程。

2. 实验内容与步骤

实验 8-1　创建线程。

```
class ThreadCreationProgram
{
    //线程函数
    public static void CallToChildThread()
    {
        Console.WriteLine("Child thread starts");
    }
    static void Main(string[] args)
    {
        //创建 ThreadStart 的委托实例
        ThreadStart childref = new ThreadStart(CallToChildThread);
        Console.WriteLine("In Main: Creating the Child thread");
        //创建 Thread 类的实例
        Thread childThread = new Thread(childref);
        childThread.Start(); //开始一个线程
    }
```

运行结果如图 8-10 所示。

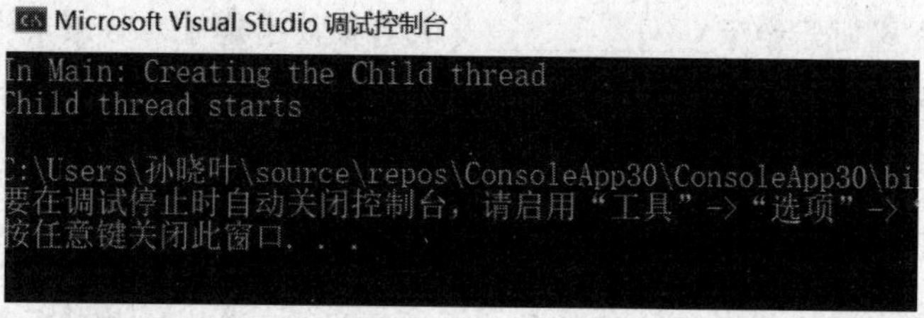

```
Microsoft Visual Studio 调试控制台
In Main: Creating the Child thread
Child thread starts

C:\Users\孙晓叶\source\repos\ConsoleApp30\ConsoleApp30\bi
要在调试停止时自动关闭控制台，请启用“工具”->“选项”->
按任意键关闭此窗口. . .
```

图 8-10　实验 8-1 运行结果

实验 8-2　创建线程 ParameterizedThreadStart。

```
using System;
using System.Threading;
namespace MultithreadingApplication
{
    class Program
    {
        static void Main(string[] args)
        {
            //创建一个线程委托对象
            ParameterizedThreadStart pts = new ParameterizedThread-
            Start(PrintEven);
            Console.WriteLine("In Main: Creating the Child thread");

            // 创建一个线程对象
            Thread childThread = new Thread(pts);
            childThread.Start(10);
            Console.ReadKey();
        }

        //打印 0~n 中的偶数
        private static void PrintEven(Object n)
        {
            Console.WriteLine("Child thread started");
            for(int i=0; i<=(int)n; i+=2)  //类型转换
            {
                Console.WriteLine(i);
            }
        }
```

```
    }
}
```

运行结果如图 8-11 所示。

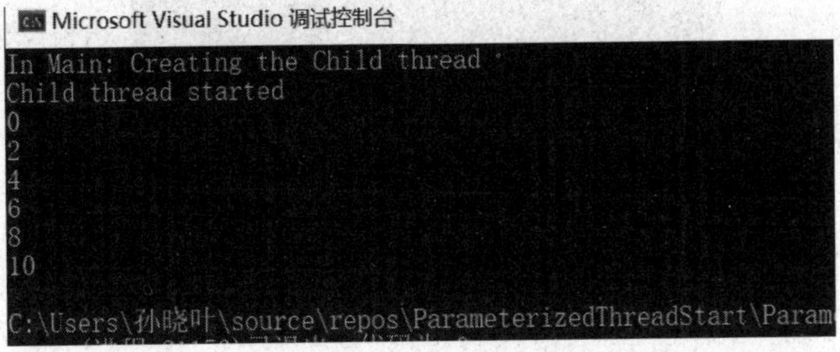

```
Microsoft Visual Studio 调试控制台
In Main: Creating the Child thread
Child thread started
0
2
4
6
8
10

C:\Users\孙晓叶\source\repos\ParameterizedThreadStart\Param
```

图 8-11　实验 8-2 运行结果

实验 8-3　管理线程。

说明：Thread 类提供了各种管理线程的方法用 sleep（）方法的使用，用于在一个特定的时间暂停线程。

```
class ThreadCreationProgram
{
    public static void CallToChildThread()
    {
        Console.WriteLine("Child thread starts");
        int sleepfor = 5000;
        Console.WriteLine("Child Thread Paused for {0} seconds",
        sleepfor / 1000);
        Thread.Sleep(sleepfor);  //让线程暂停,单位为毫秒
        Console.WriteLine("Child thread resumes");
    }
    static void Main(string[] args)
    {
        //创建一个线程的委托
        ThreadStart childref = new ThreadStart(CallToChildThread);
        Console.WriteLine("In Main: Creating the Child thread");
        //创建线程的实例
        Thread childThread = new Thread(childref);
        childThread.Start();
        Console.ReadKey();
    }
```

运行结果如图 8-12 所示。

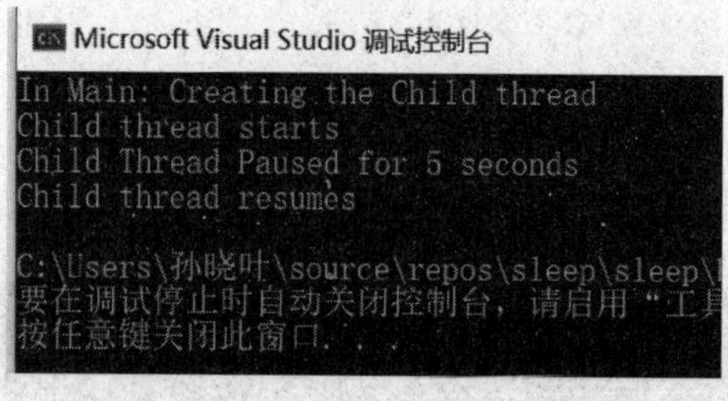

```
Microsoft Visual Studio 调试控制台
In Main: Creating the Child thread
Child thread starts
Child Thread Paused for 5 seconds
Child thread resumes

C:\Users\孙晓叶\source\repos\sleep\sleep\
要在调试停止时自动关闭控制台，请启用“工具
按任意键关闭此窗口. . .
```

图 8-12　实验 8-3 运行结果

实验 8-4　销毁线程。

```
class ThreadCreationProgram
{
    //委托函数
    public static void CallToChildThread()
    {
        try//引起异常的语句
        {
            Console.WriteLine("Child thread starts");
            for(int counter = 0; counter <= 10; counter++)
            {
                Thread.Sleep(500);
                Console.WriteLine(counter);
            }
            Console.WriteLine("Child Thread Completed");
        }
        catch(ThreadAbortException e)//错误处理代码
        {
            Console.WriteLine("Thread Abort Exception");
        }
        finally //执行的语句
        {
            Console.WriteLine("Could'  t catch the Thread Exception");
        }
    }
    static void Main(string[] args)
    {
        //创建一个线程的委托实例
        ThreadStart childref = new ThreadStart(CallToChildThread);
        Console.WriteLine("In Main: Creating the Child thread");
        //创建一个线程对象
```

```
            Thread childThread = new Thread(childref);
            childThread.Start();
            //主线程休眠
            Thread.Sleep(2000);
            Console.WriteLine("In Main:Aborting the Child thread");
            //在调用此方法的线程上引发 ThreadAbortException,以开始终止
              此线程的过程。
            //调用此方法通常会终止线程
            childThread.Abort();
        }
    }
```

运行结果如图 8-13 所示。

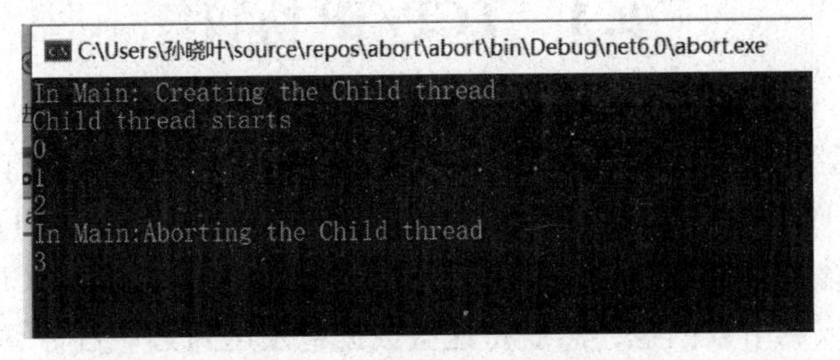

图 8-13　实验 8-4 运行结果

第9章 网络编程

本章学习目标

（1）理解TCP/IP协议。
（2）理解Socket的原理。
（3）掌握Socket的编程方法。

9.1 TCP/IP协议

世界各地的计算机之所以能够在Internet上进行通信是因为彼此有共同的约定，这个约定即协议，其中TCP/IP（transmission control protocol/internet protocol）协议是Internet协议系统的一部分，该协议族允许计算机具有相互通信的标准方式。TCP（传输控制协议）是将大量数据编译成网络数据包，然后将这些数据包发送到另一台计算机上。IP（网际协议）可以保证将每个数据包送到正确的目的地。

互联网的本质就是一系列的网络协议，因此ISO（国际标准化组织）提出的一套理论性的网络标准化协议为OSI（开放系统互连）七层模型。而TCP/IP协议是在实践中提出更为合理的四层模型，分别为：网络接口层、网络层、传输层和应用层，这些层协同工作，通过互联网成功传输数据，二者之间的对照见表9-1。

表9-1 TCP/IP协议族和OSI模型的对照表

TCP/IP协议族		OSI模型
应用层	TELNET、FTP、HTTP、SMTP、DNS等	应用层
		表示层
		会话层
传输层	TCP、UDP	传输层
网络层	IP、ICMP、ARP、RARP	网络层
网络接口层	各种物理通信网络接口	数据链路层
		物理层

1. 网络接口层

网络接口层为TCP/IP协议族的最底层，负责接收IP数据报并通过网络发送，或者从网络上接收物理帧，抽出IP数据报，交给IP层。涉及以太网、无线局域网等一些物理传输。

2. 网络层

网络层是进行物理地址与逻辑地址之间的转换。网络层定义的地址就是IP地址，规定网络地址的协议叫作 IP 协议。现存的 IP 协议有两套，即 IPv4 和 IPv6。IPv4 由于最初设计的“缺陷”，长度只有 32 位，大约只能提供 40 亿个地址，所以 128 位二进制的 IPv6 应用越来越广泛。

（1）IP 地址（基于 IPv4）。TCP/IP 协议规定网络上的每一个网络适配器都有一个唯一的 IP 地址。IP 地址是一个 32 位的地址，这个地址通常分成 4 段，每 8 个二进制为一段，但是为了方便阅读，通常会将每段都转换为十进制来显示，如：192.168.0.1。以十进制 127 开头的地址都是环回地址。目的地址是环回地址的消息，其实是由本地发送和接收的。主要是用于测试 TCP/IP 软件是否正常工作。用 ping 功能的时候，一般用的环回地址是 127.0.0.1。

（2）地址解析协议 ARP。ARP 的作用就是把 IP 地址映射为物理地址，而 RARP（逆向 ARP）就是将物理地址映射为 IP 地址。

3. 传输层

传输层保证数据在 IP 地址标记的两点之间“可靠”地传输，它提供了两种到达目标网络的方式。

（1）传输控制协议（TCP）。提供了完善的错误控制和流量控制，能够确保数据正常传输，是一个面向连接的协议。主要特点为：建立连接通道；数据大小无限制；速度慢，但是可靠性高。

（2）用户数据报协议（UDP）。只提供了基本的错误检测，是一个无连接的协议。主要特点：把数据打包；数据大小有限制（64 KB）；不建立连接；速度快，但可靠性低。

4. 应用层

应用层是 TCP/IP 协议的最高层级，也是开发人员接触最多的一层。

（1）在 TCP 协议上，运行的协议主要包括以下几个。

HTTP（hypertext transfer protocol，超文本传送协议），主要用于普通浏览。

HTTPS（hypertext transfer protocol secure，或 HTTP over SSL，超文本传送安全协议），HTTP 协议的安全版本。

FTP（file transfer protocol，文件传送协议），由名知义，用于文件传输。

POP3（post office protocol，version 3，邮局协议），收邮件用。

SMTP（simple mail transfer protocol，简单邮件传送协议），用来发送电子邮件。

TELNET（teletype over the network，网络电传），通过一个终端（terminal）登录到网络。

SSH（secure shell，用于替代安全性差的 TELNET），用于加密安全登录用。

（2）在 UDP 协议上，运行的协议主要包括以下几个。

BOOTP（boot protocol，启动协议），应用于无盘设备。

NTP（network time protocol，网络时间协议），用于网络同步。

DHCP（dynamic host configuration protocol，动态主机配置协议），动态配置 IP 地址。

（3）其他协议。

DNS（domain name service，域名服务），用于完成地址查找，邮件转发等工作（运行在 TCP 和 UDP 协议上）。

ECHO（echo protocol，回绕协议），用于查错及测量应答时间（运行在 TCP 和 UDP 协议上）。

SNMP（simple network management protocol，简单网络管理协议），用于网络信息的收

集和网络管理。

ARP（address resolution protocol，地址解析协议），用于动态解析以太网硬件的地址。

9.2 Socket 网络编程

9.2.1 Socket 概述

Socket（套接字）是两个网络应用程序在进行通信时，各自通信连接中的端点，它是支持 TCP/IP 协议的网络通信的基本操作单元。可以将套接字看作不同主机间的进程进行双间通信的端点，它构成了单个主机内及整个网络间的编程界面。用于描述 IP 地址和端口，是一个通信链的句柄，应用程序通常通过“套接字”向网络发出请求或应答网络请求。Socket 的英文原义是“孔”或“插座”。Socket 像一个多孔插座。一台主机犹如布满各种插座的房间，每个插座有一个编号，有的插座提供 220 V 交流电，有的提供 110 V 交流电，有的则提供有线电视节目。客户软件将插头插到不同编号的插座，就可以得到不同的服务。Socket 来源于 Unix，而 Unix/Linux 基本哲学之一就是“一切皆文件”，对于文件用打开、读写、关闭模式来操作。Socket 就是该模式的一个实现，Socket 就是一种特殊的文件，一些 Socket 函数就是对其进行的操作（读/写 IO、打开、关闭）。

Socket 和文件（file）的区别如下。

（1）file 模块是针对某个指定文件进行打开、读写及关闭。

（2）Socket 模块是针对服务器端和客户端，进行打开、读写及关闭。

两个程序通过“网络”交互数据就使用 Socket，它只负责两件事：建立连接，传递数据。

完整的 Socket 通信流程如图 9-1 所示。

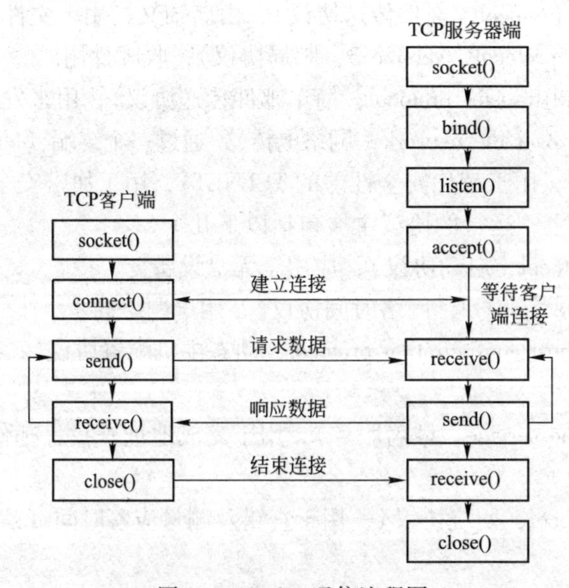

图 9-1 Socket 通信流程图

Socket 服务器和客户端通信过程，类似于在日常生活中拨打电话的过程，需要手机和电话卡，然后开机，拨号，建立连接，发送消息一直到通话结束，中间可能有其他人打进电话的情况出现。即 Socket 客户端连接服务器端，服务器端正在连接客户端时会将新进来的连接放到连接池中处于等待状态。

9.2.2 C#中的 Socket 类

在 C#语言中，大部分网络操作都可以在 System. Net 和 System. Net. Sockets 命名空间中，找到其相应的类来实现，例如，Socket 的创建和连接，网络流收发方法的封装，创建服务端和客户端的快速通道等功能。Socket 类在 System. Net. Sockets 命名空间下，是最基本的网络操作类，其中封装了网络连接的创建和关闭，数据的收发，以及网络状态监控等一系列有用的功能。

（1）Socket 类的构造函数，见表 9-2。

表 9-2 构造函数表

构造函数	说明
Socket(AddressFamily，SocketType，ProtocolType)	使用指定的地址族、套接字类型和协议初始化 Socket 类的新实例
Socket(SafeSocketHandle)	为指定的套接字句柄初始化 Socket 类的新实例
Socket(SocketInformation)	使用 Socket 返回指定的值初始化 DuplicateAndClose（Int32）类的新实例
Socket(SocketType，ProtocolType)	使用指定的地址族、套接字类型和协议初始化 Socket 类的新实例。如果操作系统支持 IPv6，此构造函数将创建双模式套接字；否则，它会创建 IPv4 套接字

（2）Socket 类的属性，见表 9-3。

表 9-3 属性表

属性	说明
AddressFamily	获取 Socket 的地址族
Available	获取已经从网络接收且可供读取的数据量
Blocking	获取或设置一个值，该值指示 Socket 是否处于阻止模式
Connected	获取一个值，该值指示 Socket 是在上次 Send 还是 Receive 操作时连接到远程主机
DontFragment	获取或设置一个值，该值指定 Socket 是否允许将 Internet 协议（IP）数据报分段
DualMode	获取或设置一个值，该值指定是否 Socket 是用于 IPv4 和 IPv6 的双模式套接字
EnableBroadcast	获取或设置一个 Boolean 值，该值指定是否可以 Socket 发送广播数据包
ExclusiveAddressUse	获取或设置 Boolean 值，该值指定 Socket 是否仅允许一个进程绑定到端口
Handle	获取 Socket 的操作系统句柄
IsBound	获取一个值，该值指示 Socket 是否绑定到特定的本地端口
LingerState	获取或设置一个值，该值指定 Socket 在尝试发送所有挂起数据时是否延迟关闭套接字

续表

属性	说明
LocalEndPoint	获取本地终结点
MulticastLoopback	获取或设置一个值，该值指定传出的多路广播数据包是否传递到发送应用程序
NoDelay	获取或设置 Boolean 值，该值指定流 Socket 是否正在使用 Nagle 算法
OSSupportsIPv4	指示基础操作系统和网络适配器是否支持 Internet 协议第 4 版（IPv4）
OSSupportsIPv6	指示基础操作系统和网络适配器是否支持 Internet 协议第 6 版（IPv6）
OSSupportsUnixDomainSockets	指示基础操作系统是否支持 Unix 域套接字
ProtocolType	获取 Socket 的协议类型
ReceiveBufferSize	获取或设置一个值，它指定 Socket 接收缓冲区的大小
ReceiveTimeout	获取或设置一个值，该值指定之后同步 Receive 调用将超时的时间长度
RemoteEndPoint	获取远程终结点
SafeHandle	获取一个 SafeSocketHandle，它表示当前 Socket 对象封装的套接字句柄
SendBufferSize	获取或设置一个值，该值指定 Socket 发送缓冲区的大小
SendTimeout	获取或设置一个值，该值指定之后同步 Send 调用将超时的时间长度
SocketType	获取 Socket 的类型

（3）Socket 类的常用方法，见表 9-4。

表 9-4　常用方法表

方法	说明
Accept( )	为新建连接创建新的 Socket
AcceptAsync( )	接受传入连接
BeginAccept( )	开始一个异步操作来接受一个传入的连接尝试
BeginConnect( )	开始一个对远程主机连接的异步请求
BeginDisconnect( )	开始异步请求从远程终结点断开连接
BeginReceive( )	开始从连接的 Socket 中异步接收数据
BeginReceiveFrom( )	开始从指定网络设备中异步接收数据
BeginSend( )	将数据异步发送到连接的 Socket
BeginSendFile( )	将文件和数据缓冲区异步发送到连接的 Socket 对象
BeginSendTo( )	以异步方式将数据发送到特定远程主机
Bind( )	使 Socket 与一个本地终结点相关联
Close( )	关闭 Socket 连接并释放所有关联的资源
Connect( )	与远程主机建立连接
Dispose( )	释放 Socket 类的当前实例所使用的所有资源
Disconnect( )	关闭套接字连接并允许重用套接字
DuplicateAndClose( )	重复目标进程的套接字引用，并关闭此进程的套接字
EndAccept( )	异步接受传入的连接尝试
EndConnect( )	结束挂起的异步连接请求

续表

方法	说明
EndDisconnect()	结束挂起的异步断开连接请求
EndReceive()	结束挂起的异步读取
EndSend()	结束挂起的异步发送
Equals()	确定指定对象是否等于当前对象
Finalize()	释放 Socket 类使用的资源
Listen()	将 Socket 置于侦听状态
Receive()	从绑定的 Socket 套接字接收数据，将数据存入接收缓冲区
ReceiveFrom()	将数据报接收到数据缓冲区并存储终结点
Select()	确定一个或多个套接字的状态
Send()	将数据发送到连接的 Socket
SendFile()	使用 Socket 传输标志，将文件 fileName 发送到连接的 UseDefaultWorkerThread 对象
SendTo()	将数据发送到指定的终结点
Shutdown()	禁用某 Socket 上的发送和接收

例 9-1　编写获取 IP 地址的程序。

步骤：

(1) 新建 1 个窗体应用程序，在窗体设计窗口，添加相应控件，见表 9-5。

表 9-5　为例 9-1 的对象设置属性值

对象名	属性	设置值
Form1	Text	IP 地址
Label1	Text	请输入网址：
Label2	Text	IP 地址：
Textbox1	—	—
Textbox2	Multiline	True
Button1	Text	获取 IP

(2) 双击按钮 Button1 进入代码窗口，编写代码如下：

```
using System.Net;
namespace EX8_1
{
    public partial class Form1 : Form
    {
        public Form1()
        {
            InitializeComponent();
        }
```

```
        private void button1_Click(object sender,EventArgs e)
        {
            textBox2.Text = "";
            try
            {
                IPHostEntry hostInfo = Dns.GetHostEntry(textBox1.Text.
                Trim());
                foreach (IPAddress ipadd in hostInfo.AddressList)
                {
                    textBox2.Text += ipadd.ToString() + "\r\n";
                }
            }
            catch (Exception ex)
            {
                MessageBox.Show(ex.Message.ToString());
            }
        }
    }
}
```

运行结果如图 9-2 所示。

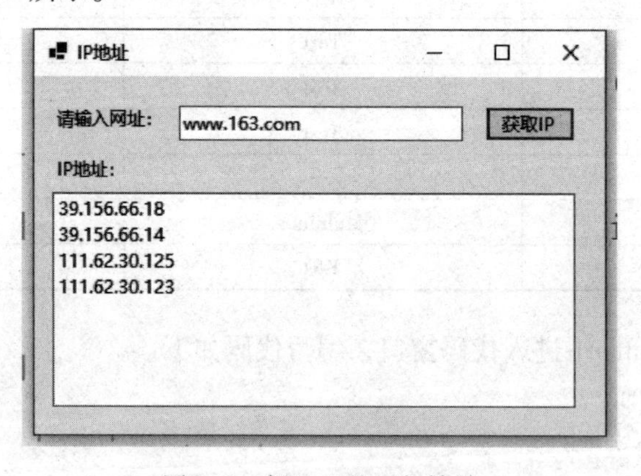

图 9-2　例 9-1 的运行结果

9.2.3　TCP 协议编程

TCP 是一种可靠的、面向连接的协议，传输效率低、全双工通信且面向字节流。使用 TCP 的应用包括：Web 浏览器；电子邮件、文件传输程序。

1. TcpClient 类

在 C#语言中，提供 TcpClient 类来实现为 TCP 网络服务提供客户端连接。命名空间为：System. Net. Sockets。

表 9-6 为 TcpClient 类构造函数表。

表 9-6　TcpClient 类构造函数表

构造函数	作用
TcpClient( )	初始化 TcpClient 类的新实例
TcpClient(IPEndPoint)	初始化 TcpClient 类的新实例，并将其绑定到指定的本地终结点
TcpClient(AddressFamily)	使用指定的族初始化 TcpClient 类的新实例
TcpClient(String，Int32)	初始化 TcpClient 类的新实例并连接到指定主机上的指定端口

表 9-7 为 TcpClient 类的常用属性和方法表。

表 9-7　TcpClient 类的常用属性和方法表

属性及方法	作用
Available 属性	获取已经从网络接收且可供读取的数据量
Client 属性	获取或设置基础 Socket
Connected 属性	获取一个值，该值指示 TcpClient 的基础 Socket 是否已连接到远程主机
ReceiveBufferSize 属性	获取或设置接收缓冲区的大小
ReceiveTimeout 属性	获取或设置在初始化一个读取操作以后 TcpClient 等待接收数据的时间量
SendBufferSize 属性	获取或设置发送缓冲区的大小
SendTimeout 属性	获取或设置 TcpClient 等待发送操作成功完成的时间量
BeginConnect 方法	开始一个对远程主机连接的异步请求
Close 方法	释放此 TcpClient 实例，而不关闭基础连接
Connect 方法	使用指定的主机名和端口号将客户端连接到 TCP 主机
EndConnect 方法	异步接收传入的连接尝试
GetStream 方法	返回用于发送和接收数据的 NetworkStream

2. TcpListener 类

TcpClient 类用于在同步阻止模式下通过网络来连接、发送和接收流数据，侦听来自 TCP 网络客户端的连接。可使用 TcpClient 类或 Socket 类来连接 TcpListener，并且可以使用 IPEndPoint、本地 IP 地址及端口号或仅使用端口号来创建 TcpListener 实例对象。命名空间为：System. Net. Sockets。

表 9-8 为 TcpListener 类构造函数表。

表 9-8　TcpListener 类构造函数表

构造函数	作用
TcpListener(Int32)	已过时。初始化在指定端口上侦听的 TcpListener 类的新实例
TcpListener(IPEndPoint)	使用指定的本地终结点初始化 TcpListener 类的新实例
TcpListener(IPAddress，Int32)	初始化 TcpListener 类的新实例，该类在指定的本地 IP 地址和端口号上侦听是否有传入的连接尝试

表 9-9 为 TcpListener 类的常用属性和方法表。

表 9-9 TcpListener 类的常用属性和方法表

属性及方法	作用
LocalEndPoint 属性	获取当前 TcpListener 的基础 EndPoint
Server 属性	获取基础网络 Socket
AcceptSocket AcceptTcpClient 方法	接受挂起的连接请求
BeginAcceptSocket BeginAcceptTcpClient 方法	开始一个异步操作来接收一个传入的连接尝试
EndAcceptSocket 方法	异步接收传入的连接尝试，并创建新的 Socket 来处理远程主机通信
EndAcceptTcpClient 方法	异步接收传入的连接尝试，并创建新的 TcpClient 来处理远程主机通信
Start 方法	开始侦听传入的连接请求
Stop 方法	关闭侦听器

例 9-2 TCP 协议通信演示。

步骤：

（1）新建 2 个窗体应用程序，文件名分别为：TCPClient 和 TCPServer，在窗体设计窗口，添加相应控件，见表 9-10。

表 9-10 例 9-2 的 TCPClient 窗体和控件设置属性值

对象名	属性	设置值
Form1	Text	客户端
Label1	Text	接收服务器端信息
Label2	Text	输入客户端信息
ListBox1	—	—
Textbox1	Multiline	True
Button1	Text	接收
Button2	Text	发送
Button3	Text	停止连接

（2）双击 Button1 进入代码窗口，编写代码如下：

```
using System.Text;
using System.Net;
using System.Net.Sockets;
namespace TCPClient
{
    public partial class Form1 : Form
    {
        static TcpClient client = null;
        static NetworkStream stream = null;
        public Form1()
```

```
    {
        InitializeComponent();
        client = new TcpClient();  //创建TCP客户端
        client.Connect("127.0.0.1",1234);  //连接服务器
    }
    private void button2_Click(object sender,EventArgs e)
    {
        Byte[] data = Encoding.UTF8.GetBytes(textBox1.Text);
                                            //转换UTF8编码
        stream = client.GetStream();  //获取用于读取和写入的流对象
        stream.Write(data,0,data.Length); //将消息发送到服务器
    }
    private void button1_Click(object sender,EventArgs e)
    {
        stream = client.GetStream();  //获取用于读取和写入的流对象
        Byte[] data = new Byte[1024];  //接收服务器的响应
        String responseData = String.Empty;
        int bytes = stream.Read(data,0,data.Length);
        responseData = Encoding.UTF8.GetString(data,0,bytes);
        listBox1.Items.Add("服务器：" + responseData);
    }
    private void button3_Click(object sender,EventArgs e)
    {
        if (stream != null) stream.Close();
        if (client != null) client.Close();
    }
  }
}
```

表9-11为例9-2的TCPServer窗体和控件设置属性值。

表9-11　例9-2的TCPServer窗体和控件设置属性值

对象名	属性	设置值
Form1	Text	服务器端
Label1	Text	接收客户端信息
Label2	Text	输入服务器端信息
ListBox1	—	—
Textbox1	Multiline	True
Button1	Text	接收

续表

对象名	属性	设置值
Button2	Text	发送
Button3	Text	停止连接
Button4	Text	创建连接

（3）双击 Button1 进入代码窗口，编写代码如下：

```
using System.Text;
using System.Net;
using System.Net.Sockets;
namespace TCPServer
{
    public partial class Form1 : Form
    {
        static TcpClient client = null;  //客户端对象,用来接收或发送消息
        static NetworkStream stream = null;  //流对象,完成接收或发送消息操作
        TcpListener server = null;  //监听器对象,用来监听 TCP 连接
        public Form1()
        {
            InitializeComponent();
        }
        private void button2_Click(object sender,EventArgs e)
        {
            byte[] msg = Encoding.UTF8.GetBytes(textBox1.Text);
            stream = client.GetStream();  // 获取用于读取和写入的流对象
            stream.Write(msg,0,msg.Length); // 发回一个响应消息
        }
        private void button3_Click(object sender,EventArgs e)
        {
            {
                if (stream ! = null) stream.Close();
                if (client ! = null) client.Close();
                if (server ! = null) server.Stop();
            }
        }
        private void button1_Click(object sender,EventArgs e)
        {
            Byte[] bytes = new Byte[256];  //缓存读入的数据
            stream = client.GetStream();  // 获取用于读取和写入的流对象
```

```
            stream.Read(bytes,0,bytes.Length);
            string data = Encoding.UTF8.GetString(bytes,0,bytes.Length);
            listBox1.Items.Add("客户端: " + data);
        }
        private void button4_Click(object sender,EventArgs e)
        {
            IPEndPoint p = new IPEndPoint(IPAddress.Any,1234);
                                                    //创建 TCP 连接的端点
            server = new TcpListener(p);  //初始化 TcpListener 的新实例
            server.Start();  // 开始监听客户端的请求
            listBox1.Items.Add("服务器启动!");
            client = server.AcceptTcpClient();  //执行挂起和接受客户
                                                      端的连接请求
            listBox1.Items.Add("连接客户端!");
        }
    }
}
```

（4）以上2个项目创建完，先启动服务器端程序，再单击创建连接，然后启动客户端程序，在输入客户端信息的文本框输入信息，然后单击客户端“发送”按钮，在服务器端界面，单击“接收”按钮，收到客户端信息，同理，输入服务器端信息，客户端也可以收到，这样服务器端和客户端进行了通信，运行结果如图9-3所示。

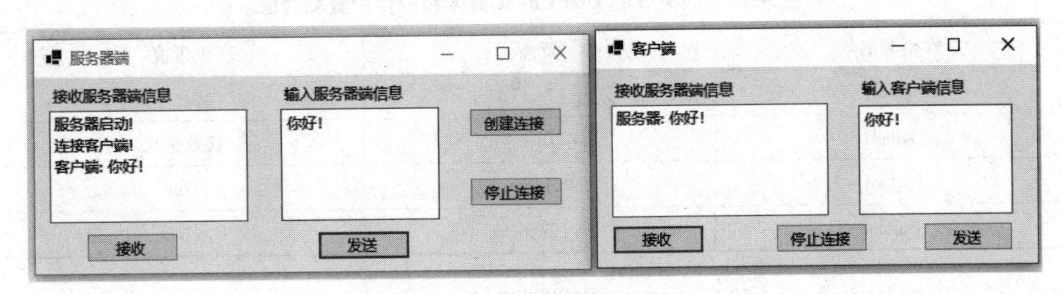

图9-3　例9-2的运行结果

9.2.4　UDP协议编程

用户数据报协议（user datagram protocol，UDP）是不可靠的、无连接的服务，传输效率高（发送前延迟小），无拥塞控制，一般使用UDP的应用有：域名系统（DNS）、视频流、IP语音（VoIP）等。在C#语言中，提供了UdpClient类来实现用户数据报协议（UDP）网络服务。命名空间为：System.Net.Sockets。

表9-12为UdpClient类构造函数。

表 9-12　UdpClient 类构造函数

名称	作用
UdpClient( )	初始化 UdpClient 类的新实例
UdpClient(Int32)	新实例初始化 UdpClient 类，并将其绑定到提供的本地端口号
UdpClient(IPEndPoint)	初始化 UdpClient 类的新实例，并将其绑定到指定的本地终结点
UdpClient(String, Int32)	新实例初始化 UdpClient 类，并建立默认远程主机

表 9-13 为 UdpClient 类方法。

表 9-13　UdpClient 类方法

名称	作用
Connect(IPAddress, Int32)	建立默认远程主机使用指定的 IP 地址和端口号
Connect(IPEndPoint)	建立默认远程主机使用指定的网络终结点
Connect(String, Int32)	建立默认远程主机使用指定的主机名和端口号
Close( )	关闭 UDP 连接
Send(Byte [ ], Int32)	将 UDP 数据报发送到远程主机

例 9-3　UDP 协议通信演示。

步骤：

（1）新建 2 个窗体应用程序，文件名分别为：UDPClient 和 UDPServer，在窗体设计窗口，添加相应控件，见表 9-14。

表 9-14　例 9-3 的 UDPClient 窗体和控件设置属性值

对象名	属性	设置值
Form1	Text	客户端
Label1	Text	接收信息
Textbox1	Multiline	True
Button1	Text	监听

（2）双击 Button1 进入代码窗口，编写代码如下：

```
using System.Text;
using System.Net;
using System.Net.Sockets;
namespace UDPClient
{
    public partial class Form1 : Form
    {
        public Form1()
        {
            InitializeComponent();
```

```
        }
        private void button1_Click(object sender,EventArgs e)
        {
            UdpClient udpClient = new UdpClient(5000);
            try
            {
                IPEndPoint RemoteIpEndPoint = new IPEndPoint
                (IPAddress.Any,0);
                Byte[] receiveBytes = udpClient.Receive(ref
                RemoteIpEndPoint);
                string returnData = Encoding.UTF8.GetString
                (receiveBytes);
                textBox1.Text = "消息来源 IP:" + RemoteIpEndPoint.Address.
                ToString() + "端口号:" + RemoteIpEndPoint.Port.ToString
                () + "\r\n 内容:" + returnData.ToString();
                udpClient.Close();
            }
            catch (Exception ex)
            {
                Console.WriteLine(ex.Message);
            }
        }
    }
}
```

表9-15为例9-3的UDPServer窗体和控件设置属性值。

表9-15　例9-3的UDPServer窗体和控件设置属性值

对象名	属性	设置值
Form1	Text	服务器端
Label1	Text	发送信息
Textbox1	Multiline	True
Button1	Text	发送

(3) 双击Button1进入代码窗口，编写代码如下：

```
using System.Text;
using System.Net;
using System.Net.Sockets;
namespace UDPServer
{
    public partial class Form1 : Form
```

```
    {
        public Form1()
        {
            InitializeComponent();
        }

        private void button1_Click(object sender,EventArgs e)
        {
            UdpClient udpClient = new UdpClient();
            try
            {
                udpClient.Connect(IPAddress.Parse("127.0.0.1"),5000);
                Byte[] sendBytes = Encoding.UTF8.GetBytes(textBox1.
                Text.Trim());
                udpClient.Send(sendBytes,sendBytes.Length);
                                                              //发送信息
                udpClient.Close();
            }
            catch (Exception ex)
            {
                Console.WriteLine(ex.Message.ToString());
            }
        }
    }
}
```

(4) 以上 2 个项目建立完毕，可分别启动客户端和服务器端，然后单击客户端的“监听”按钮，再在服务器端文本框输入以下文字，单击服务器端的“发送”按钮，这时就将该文本发送至客户端显示，运行结果如图 9-4 所示。

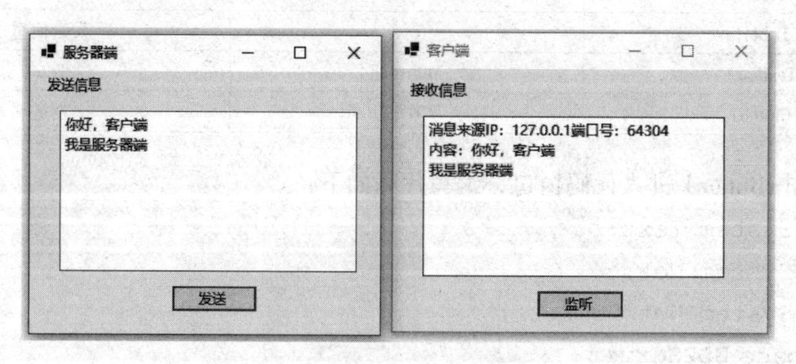

图 9-4　例 9-3 的运行结果

习 题 9

1. 单选题

(1) 在C#中利用Socket进行网络通信编程的一般步骤是：建立Socket侦听、(　　)、利用Socket接收和发送数据。

A. 建立Socket连接　　B. 获得端口号

C. 获得IP地址　　D. 获得主机名

(2) 从Socket中读取数据(　　)。

A. Accept()　　B. Receive()　　C. Send()　　D. Bind

(3) 服务器Socket的函数有Bind()、Listen()、(　　)。

A. Accept()　　B. connect()　　C. Send()　　D. Close()

2. 填空题

(1) 电子邮件的传输是通过电子邮件简单传输协议______________完成的。

(2) __________是对网络中不同主机上的应用进程之间进行双向通信的端点的抽象。

(3) __________类包含了一对IP地址和端口号。

(4) Socket构造函数参数__________指定Socket用来解析地址的寻址方案。

3. 判断题

(1) 要想通过TCP传输报文，就必须先建立TCP连接通道，建立通道就要经过TCP 3次握手。(　　)

(2) ProtocolType类向Windows Sockets API通知所请求的协议。(　　)

(3) 使用Accept绑定IP地址和端口号。(　　)

实 验 9

1. 实验目的与要求

(1) 熟练掌握Socket通信。

(2) 熟练掌握电子邮件。

2. 实验内容与步骤

实验9-1　简单的Socket通信。

步骤：服务器端代码如下：

```
int port = 6000;
string host = "127.0.0.1";
IPAddress ip = IPAddress.Parse(host);
IPEndPoint ipe = new IPEndPoint(ip,port);
Socket sSocket = new Socket(AddressFamily.InterNetwork,
SocketType.Stream,ProtocolType.Tcp);
sSocket.Bind(ipe);
```

```
sSocket.Listen(0);
Console.WriteLine("监听已经打开,请等待");
//receive message
Socket serverSocket = sSocket.Accept();
Console.WriteLine("连接已经建立");
string recStr = "";
byte[] recByte = new byte[4096];
int bytes = serverSocket.Receive(recByte,recByte.Length,0);
recStr += Encoding.ASCII.GetString(recByte,0,bytes);
//send message
Console.WriteLine("服务器端获得信息:{0}",recStr);
string sendStr = "send to client :hello";
byte[] sendByte = Encoding.ASCII.GetBytes(sendStr);
serverSocket.Send(sendByte,sendByte.Length,0);
serverSocket.Close();
sSocket.Close();
```

客户端代码如下:

```
int port = 6000;
string host = "127.0.0.1";//服务器端 ip 地址
IPAddress ip = IPAddress.Parse(host);
IPEndPoint ipe = new IPEndPoint(ip,port);
Socket clientSocket = new Socket(AddressFamily.InterNetwork,
SocketType.Stream,ProtocolType.Tcp);
clientSocket.Connect(ipe);
//send message
string sendStr = "send to server : hello,ni hao";
byte[] sendBytes = Encoding.ASCII.GetBytes(sendStr);
clientSocket.Send(sendBytes);
//receive message
string recStr = "";
byte[] recBytes = new byte[4096];
int bytes = clientSocket.Receive(recBytes,recBytes.Length,0);
recStr += Encoding.ASCII.GetString(recBytes,0,bytes);
Console.WriteLine(recStr);
clientSocket.Close();
```

实验 9-2 使用 System.Web.Mail 发送邮件。

步骤:参考代码如下:

```
public static void SendEmailByWebMail()
```

```
{
    MailMessage mail = new MailMessage();
    try
    {
        mail.To = "收件人邮箱";
        mail.From = "发件人邮箱";
        mail.Subject = "subject";
        mail.BodyFormat = System.Web.Mail.MailFormat.Html;
        mail.Body = "body";
mail.Fields.Add("http://schemas.microsoft.com/cdo/configuration/smt-
pauthenticate","1"); //basic authentication
mail.Fields.Add("http://schemas.microsoft.com/cdo/configuration/sen-
dusername","发件人邮箱"); //set your username here
         mail.Fields.Add("http://schemas.microsoft.com/cdo/configura-
         tion/sendpassword","发件人邮箱密码"); //set your password here
        mail.Fields.Add("http://schemas.microsoft.com/cdo/configu-
        ration/smtpserverport",465); //set port
        mail.Fields.Add("http://schemas.microsoft.com/cdo/configu-
        ration/smtpusessl","true"); //set is ssl
        SmtpMail.SmtpServer = "smtp.qq.com";
        SmtpMail.Send(mail);
        //return true;
    }
    catch (Exception ex)
    {
        ex.ToString();
    }
}
```

第10章　图形图像

本章学习目标

（1）掌握绘图对象与方法。
（2）掌握图像基本处理方法。
（3）掌握多媒体控件的使用方法。

10.1　图形绘制

在C#语言中，编写图形绘制程序时需要使用图形设备接口（graphics device interface，GDI），GDI包括两部分：一部分是GDI对象，另一部分是GDI函数。GDI对象定义了GDI函数使用的工具和环境变量，而GDI函数使用GDI对象绘制各种图形，在C#中，进行图形程序编写时用到的是GDI+版本，GDI+是GDI的进一步扩展，它使编程更加方便：GDI+主要提供：①二维矢量图形。GDI+提供了存储图形基元自身信息的类（或结构体）、存储图形基元绘制方式信息的类及实际进行绘制的类。②图像处理。大多数图片都难以划定为直线和曲线的集合，无法使用二维矢量图形方式进行处理。因此，GDI+提供了Bitmap、Image等类，它们可用于显示、操作和保存BMP、JPG、GIF等图像格式。③ 文字显示。GDI+支持使用各种字体、字号和样式来显示文本。

10.1.1　Graphics类

Graphics类提供将对象绘制到显示设备的方法，Graphics与特定的设备上下文关联。画图方法都被包括在Graphics类中，在画任何对象时，首先要创建一个Graphics类实例，此实例相当于建立了一块画布，有了画布才可以用各种画图方法进行绘图。在.NET中，GDI+的所有绘图功能都包括在System、System. Drawing、System. Drawing. Imaging、System. Drawing. Darwing2D和System. Drawing. Text等命名空间中，因此在开始用GDI+类之前，需要先引用相应的命名空间。

表10-1为Graphics类常用方法。

表10-1　Graphics类常用方法

名称	作用
DrawArc	画弧
DrawBezier	画立体的贝塞尔曲线
DrawBeziers	画连续立体的贝塞尔曲线

续表

名称	作用
DrawClosedCurve	画闭合曲线
DrawCurve	画曲线
DrawEllipse	画椭圆
DrawImage	画图像
DrawLine	画线
DrawPath	通过路径画线和曲线
DrawPie	画饼形
DrawPolygon	画多边形
DrawRectangle	画矩形
DrawString	绘制文字
FillEllipse	填充椭圆
FillPath	填充路径
FillPie	填充饼图
FillPolygon	填充多边形
FillRectangle	填充矩形
FillRectangles	填充矩形组
FillRegion	填充区域

在创建 Graphics 对象后，相当于创建了画布，绘图工具可以用于画线、填充图形、显示文本等，因此下面介绍绘图工具。

10.1.2　绘图工具

1. Pen 类

Pen 类可绘制指定宽度和样式的直线，使用 DashStyle 属性绘制几种虚线，可以使用各种填充样式（包括纯色和纹理）来填充 Pen 绘制的直线，填充模式取决于画笔或用作填充对象的纹理。

Pen 类的常用方法见表 10-2。

表 10-2　Pen 类的常用方法

方法	作用
Pen(Color);	用指定的颜色实例化 1 支画笔
Pen(Brush);	用指定的画刷实例化 1 支画笔
Pen(Brush, float);	用指定的画刷和宽度实例化 1 支画笔
Pen(Color, float);	用指定的颜色和宽度实例化 1 支画笔

Pen 类进行实例化的语句格式如下：

```
Pen pn=new Pen(Color.Blue);
Pen pn=new Pen(Color.Blue,100);
```

Pen 类的常用属性见表 10-3。

表 10-3　Pen 类的常用属性

名称	作用
Alignment	获得或设置画笔的对齐方式
Brush	获得或设置画笔的属性
Color	获得或设置画笔的颜色
Width	获得或设置画笔的宽度

2. Color 结构

在生活中，颜色由透明度（A）和三基色（R，G，B）组成。在 GDI+中，Color 结构封装颜色的定义，Color 结构的基本属性见表 10-4。

表 10-4　Color 结构的基本属性

名称	说明
A	获取此 Color 结构的 alpha 分量值，取值（0~255）
B	获取此 Color 结构的蓝色分量值，取值（0~255）
G	获取此 Color 结构的绿色分量值，取值（0~255）
R	获取此 Color 结构的红色分量值，取值（0~255）
Name	获取此 Color 结构的名称，这将返回用户定义的颜色的名称或已知颜色的名称（如果该颜色是从某个名称创建的），对于自定义的颜色，将返回 RGB 值

Color 结构的静态方法见表 10-5。

表 10-5　Color 结构的静态方法

名称	说明
FromArgb	从 4 个 8 位 ARGB 分量（alpha、红色、绿色和蓝色）值创建 Color 结构
FromKnowColor	从指定的预定义颜色创建一个 Color 结构
FromName	从预定义颜色的指定名称创建一个 Color 结构

Color 结构变量可以通过已有颜色构造，也可以通过 RGB 建立，如：

```
Color co1 = Color.FromArgb(0,0,255);
Color co2 = Color.FromKnowColor(KColor.Brown);//KColor 为枚举类型
Color co3 = Color.FromName("SlateBlue");
```

3. Font 类

Font 类是用来定义特定文本格式，包括字体、字号和字形属性。Font 类的常用构造函数格式如下：

```
public Font(string 字体名,float 字号,FontStyle 字形);
```

其中，字号和字体为可选项，“字体名”为 Font 的 FontFamily 的字符串表示形式，比如：

```
FontFamily fontFamily = new FontFamily("Arial");
Font font = new Font ( fontFamily, 16, FontStyle.Regular, Graphic-
```

```
sUnit.Pixel);
```

Font 类的常用属性见表 10-6。

表 10-6　Font 类的常用属性

属性	作用
Bold	是否为粗体
FontFamily	字体成员
Height	字体高
Italic	是否为斜体
Name	字体名称
Size	字体尺寸
SizeInPoints	获取此 Font 对象的字号，以磅为单位
Strikeout	是否有删除线
Style	字体类型
Underline	是否有下划线
Unit	字体尺寸单位

4. Brush 类

Brush 类是一个抽象的基类，因此它不能被实例化，一般用它的派生类进行实例化一个画刷对象，当对图形内部进行填充操作时就会用到画刷。

5. Point 结构

Point 结构描述了一对有序的 x、y 两个坐标值，其构造函数为：

```
public Point(int x,int y);
```

其中，x 为该点的水平位置；y 为该点的垂直位置，比如：

```
Point pt1=new Point(0,0);
Point pt2=new Point(100,100);
```

例 10-1　绘制图形和文字。

步骤：新建 1 个窗体应用程序，选中窗体 Form1，将属性 Text 设置为："绘图"，然后在属性窗口，选择"事件"，双击"Paint"（见图 10-1），进入代码窗口，编写代码如下：

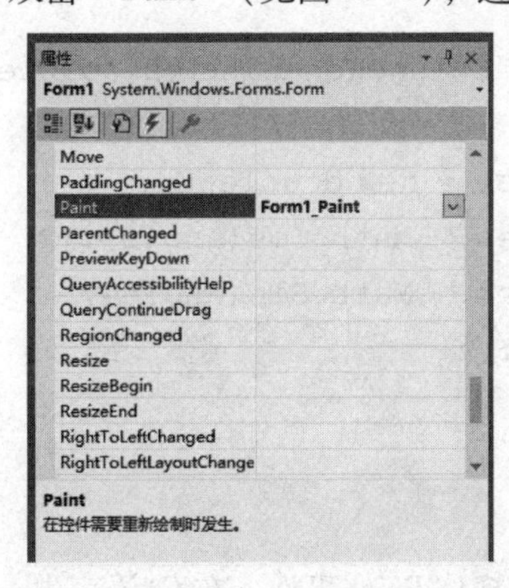

图 10-1　Paint 事件

```
namespace EX10_1
{
    public partial class Form1 : Form
    {
        public Form1()
        {
            InitializeComponent();
        }
        private void Form1_Paint(object sender,PaintEventArgs e)
        {
            Graphics g = e.Graphics;
            Pen p = new Pen(Color.Red,8);
            for (int i = 1; i <= 360; i++)
            {
                double[] point1 = getPoint(200,(i - 1) * Math.PI / 180,2);
                double[] point2 = getPoint(200,i * Math.PI / 180,2);
                g.DrawLine(p,250 + Convert.ToInt32(point1[0]),200 + Con
                vert.ToInt32(point1[1]),250 + Convert.ToInt32(point2
                [0]),200 + Convert.ToInt32(point2[1]));
            }
            Font fnt = new Font("Verdana",16);
            g.DrawString("四叶玫瑰线",fnt,new SolidBrush(Color.Blue),14,10);
        }
        private double[] getPoint(int r,double i,int num)
        {
            double len = r * Math.Sin(num * i);
            double[] point = Change(len,i);
            return point;
        }
        private double[] Change(double len,double angle)
        {
            double[] array = new double[2];
            array[0] = len * Math.Cos(angle);
            array[1] = len * Math.Sin(angle);
            return array;
        }
    }
}
```

在以上的代码中，用到了窗体 Paint 事件。在 C#语言中，窗体、容器和控件的绘制有一定的顺序，一般先绘制容器里的控件，然后绘制窗体上的容器，最后再绘制窗体。大多数控件都有 Paint 事件，但有一些控件不具有，如 ListBox 控件。当程序启动后，窗体上事件的执行顺序为：窗体的构造方法先于 Load 事件，Load 事件先于 Paint 事件发生。具体执行结果如图 10-2 所示。

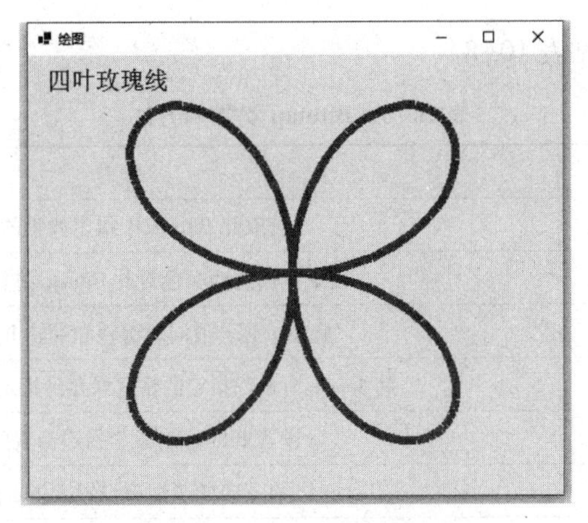

图 10-2　例 10-1 的运行结果

10.2　图像处理

GDI+技术支持的图像格式有：BMP、GIF、JPEG、EXIF、PNG、TIFF、ICON、WMF 和 EMF 等，使用 GDI+可以显示和处理多种格式的图像文件。GDI+提供了 Image、Bitmap 和 Metafile 等类用于图像处理，用户可以对图像格式进行加载、变换和保存等操作。

10.2.1　图像类

1. Image 类

Image 类是为 Bitmap 和 Metafile 的类提供功能的抽象基类。

2. Metafile 类

定义图形图元文件，图元文件包含描述一系列图形操作的记录，这些操作可以被记录（构造）和被回放（显示）。

3. Bitmap 类

封装 GDI+位图，此位图由图形图像及其属性的像素数据组成，Bitmap 是用于处理由像素数据定义的图像的对象，它属于 System. Drawing 命名空间，该命名空间提供了对GDI+基本图形功能的访问。Bitmap 类常用属性见表 10-7。

表 10-7　Bitmap 类常用属性

属性	说明
Height	获取此 Image 对象的高度
RawFormat	获取此 Image 对象的格式

续表

属性	说明
Size	获取此 Image 对象的宽度和高度
Width	获取此 Image 对象的宽度

Bitmap 类常用方法见表 10-8。

表 10-8　Bitmap 类常用方法

方法	作用
GetPixel	获取此 Bitmap 中指定像素的颜色
MakeTransparent	使默认的透明颜色对此 Bitmap 进行透明处理
RotateFlip	旋转、翻转或同时旋转和翻转 Image 对象
Save	将 Image 对象以指定的格式保存到指定的 Stream 对象
SetPixel	设置 Bitmap 对象中指定像素的颜色
SetPropertyItem	将指定的属性项设置为指定的值
SetResolution	设置此 Bitmap 的分辨率

Bitmap 类有多种构造函数，声明 Bitmap 对象的方式如下：

```
Bitmap box1 =new Bitmap(pictureBox1.Image);
//从指定的现有图像建立 Bitmap 对象
Bitmap box2 =new Bitmap("C:\\MyImages\\TestImage.bmp");
                                              //给出存储图像的存放地址
Bitmap box3 = new Bitmap(box1);//根据旧 Bitmap 对象建立新的 Bitmap 对象
```

10.2.2　图像处理方法

1. 图像的输入

在窗体或图形框内输入图像有 2 种方式：①在窗体设计时使用图形框对象的 Image 属性输入；②在程序中通过打开文件对话框输入。

2. 图像的分辨率

所谓分辨率，也称画面的解析度，是指画面由多少像素构成，数值越大，图像也就越清晰。通常所看到的分辨率都以乘法形式表现，如 800 * 600，其中“800”表示屏幕上水平方向显示的点数，“600”表示垂直方向显示的点数。图像分辨率越大，越能表现更丰富的细节。图像的分辨率决定了图像与原物的逼进程度，对同一大小的图像，其像素数越多，即将图像分割得越细，图像越清晰，称之为分辨率高，反之为分辨率低，分辨率的高低取决于采样操作。

3. 彩色位图图像的颜色

图像像素的颜色是由三种基本色颜色［红（R）、绿（G）、蓝（B）］有机组合而成的，称为三基色。每种基色可取 0~255 的值，因此由三基色可组合成（256 * 256 * 256）16 777 216 种颜色，每种颜色都有其对应的 R、G、B 值。例如，常见的 7 种颜色及其对应的 R、G、B 值见表 10-9。

表 10-9　常见的 7 种颜色及其对应的 R、G、B 值

颜色名	R 值	G 值	B 值
红	255	0	0
蓝	0	0	255
绿	0	255	0
白	255	255	255
黄	255	255	0
黑	0	0	0
青	0	255	255
品红	255	0	255

1）彩色图像颜色值的获取

在使用 C#系统处理彩色图像时，使用 Bitmap 类的 GetPixel 方法获取图像上指定像素的颜色值，格式为：

```
Color c = new Color();
c = box1.GetPixel(i,j);
```

其中，(i，j）为获得颜色的坐标位置。GetPixel 方法取得指定位置的颜色值并返回一个长整型的整数。例如，求图片框 1 中图像在位置（i，j）的像素颜色值 c 时，可写为：

```
Color c=new Color();
c = box1.GetPixel(i,j);
```

2）彩色位图颜色值的分解

像素颜色值 c 是一个长整型的数值，占 4 个字节，最上位字节的值为“0”，其他 3 个下位字节依次为 B、G、R，值为 0~255，从值中分解出 R、G、B 值可直接使用：

```
Color c =new Color();
c= box1.GetPixel(i,j);
r=c.R;
g=c.G;
b=c.B;
```

3）图像像素颜色的设定

设置像素可使用 SetPixel 方法，用法如下：

```
Color c1=Color.FromArgb(rr,gg,bb);
box2.SetPixel(i+k1,j+k2,c1);
```

例 10-2　用户选择 1 张图片，进行二值化处理，图像二值化（image binarization）就是将图像上的像素点的灰度值设置为 0 或 255，也就是将整个图像呈现出明显的黑白效果的过程。

步骤：

（1）新建 1 个窗体应用程序，在窗体设计窗口，添加相应控件，见表 10-10。

表 10-10　例 10-2 的对象设置属性值

对象名	属性	设置值
Form1	Text	显示
PictureBox1	—	—
PictureBox2	—	—
Button1	Text	二值化

（2）双击按钮 Button1 进入代码窗口，编写代码如下：

```
namespace EX10_2
{
    public partial class Form1 : Form
    {
        public Form1()
        {
            InitializeComponent();
        }
        Bitmap bt;
        private void button1_Click(object sender,EventArgs e)
        {
            OpenFileDialog ofd = new OpenFileDialog();
            if (ofd.ShowDialog() == DialogResult.OK)
            {
                bt = new Bitmap(ofd.FileName);
                pictureBox1.Image = bt;
            }
            Color p1;
            Bitmap bt1 = bt.Clone() as Bitmap;
            for (int x1 = 0; x1 < bt.Width; x1++)
            {
                for (int x2 = 0; x2 < bt.Height; x2++)
                {
                    p1 = bt.GetPixel(x1,x2);
                    int temp = (p1.R + p1.B + p1.G) / 3;
                    bt1.SetPixel(x1,x2,Color.FromArgb(temp,temp,temp));
                }
            }
```

```
            Color p2;
            for (int x1 = 0; x1 < bt1.Width; x1++)
            {
                for (int x2 = 0; x2 < bt1.Height; x2++)
                {
                    p2 = bt1.GetPixel(x1,x2);
                    if (p2.G > 150)
                        bt1.SetPixel(x1,x2,Color.FromArgb(255,255,255));
                    else
                        bt1.SetPixel(x1,x2,Color.FromArgb(0,0,0));
                }
            }
            pictureBox2.Image = bt1;
        }
    }
}
```

（3）程序运行后，单击“二值化”按钮，选择一张图片，然后就将显示原图和二值化处理后的图像，如图 10-3 所示。

图 10-3　例 10-2 的运行结果

习　题　10

1. 单选题

（1）GetPixel 方法和（　　）方法获取和设置一个图像的指定像素的颜色。

A. Pixelformat　　　　B. Palette

C. Setpixel　　　　D. Lockbits

(2) Bitmap 常用属性和方法里面（　　）是获取 Image 对象的格式。

A. RotateFlip　　B. SetPixel

C. Save　　D. RawFormat

2. 填空题

(1) C#创建 Graphics 对象的方法包括：PainEventArgs 方法、CreateGraphics 方法、________。

(2) ____________绘制 GraphicsPath 对象。

(3) GDI 提供基本的绘图工具，包括画笔________和笔刷________，并且可以控制画笔和笔刷的颜色，还可以控制文本字体。

3. 判断题

(1) GDI+支持的图像格式有 BMP、GIF、JPEG、EXIF、PNG、TIFF、ICON、WMF、EMF 等，几乎涵盖了所有的常用图像格式，使用 GDI+可以显示和处理多种格式的图像文件。(　　)

(2) SolidBrush 是单色画刷。(　　)

(3) 窗体设计时使用图形框对象通过打开文件对话框输入。(　　)

实验 10

1. 实验目的与要求

(1) 掌握使用 GDI+来进行绘图的方法。

(2) 熟练掌握 C#程序进行简单的图像处理。

(3) 掌握创建、编译和执行一个简单的 C#程序。

2. 实验内容与步骤

设计一个 Windows 应用程序，在窗体之中绘制线条，要求：线条绘制从按下鼠标时开始直到释放鼠标时结束，可选择线条宽度，可修改线条的颜色。

```
using System;
using System.Collections.Generic;
using System.ComponentModel;
using System.Data;
using System.Drawing;
using System.Linq;
using System.Text;
using System.Windows.Forms;
namespace test10_1
{
    public partial class Test10_1 : Form
    {
        private Point pStart,pEnd;
        private Graphics g;
```

```
        private Pen p;
        private Color c;
        private int width;
        public Test10_1()
        {
            InitializeComponent();
            c = Color.Black;
            width = 1;
            p = new Pen(c,width);
            g = pnlDraw.CreateGraphics();
        }
        private void ReDrawLine(object sender,EventArgs e)
        {
             c = Color.FromArgb((int)nudAlpha.Value,(int)nudRed.Value,
             (int)nudGreen.Value,(int)nudBlue.Value);
            width =(int)nudWidth.Value;
            p = new Pen(c,width);
            g.Clear(this.BackColor);
            g.DrawLine(p,pStart,pEnd);
        }
        private void pnlDraw_MouseDown(object sender,MouseEventArgs e)
        {
            pStart = new Point(e.X,e.Y);
        }
        private void Test14_1_Load(object sender,EventArgs e)
        {
        }
        private void pnlDraw_MouseUp(object sender,MouseEventArgs e)
        {
            pEnd = new Point(e.X,e.Y);
            g.DrawLine(p,pStart,pEnd);
        }
    }
}
```

运行结果如图 10-4 所示。

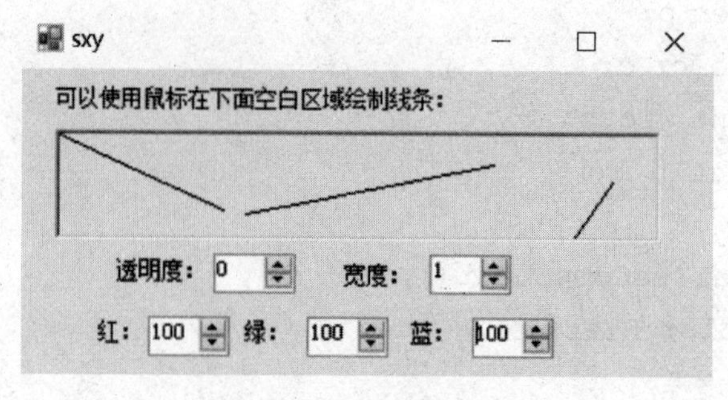

图 10-4　实验运行结果

参考文献

[1] C#文档 [EB/OL](2022-06-01)[2022-06-01]. https：//docs. microsoft. com/zh-cn/dotnet/csharp/.

[2] C#教程 [EB/OL](2022-06-01)[2022-06-01]. https：//www. runoob. com/csharp/csharp-tutorial. html.

[3] C#教程 [EB/OL](2022-06-01)[2022-06-01]. https：//www. w3cschool. cn/csharp/.

[4] 童爱红，张欣茹. Visual C#. NET 应用教程 [M]. 2 版. 北京：北京交通大学出版社，2011.

[5] 郑阿奇，梁敬东. C#实用教程 [M]. 3 版. 北京：电子工业出版社，2018.

[6] 罗福强，熊永福，杨剑. Visual C#. NET 程序设计教程 [M]. 3 版. 北京：人民邮电出版社，2019.

[7] 帕金斯，里德. C#入门经典：第 9 版. [M]. 齐立博，译. 北京：清华大学出版社，2022.

[8] 陈福明，李晓丽，杨秋格，等. Python 程序设计基础与案例教程 [M]. 北京：北京交通大学出版社，2020.

[9] 王茂发. Python 语言基础教程 [M]. 北京：北京师范大学出版社，2020.